Doris Wastl-Walter
Gender Geographien

Sozialgeographie kompakt

Herausgeber: Werner Gamerith

Wissenschaftlicher Beirat:
Julia Lossau
Wolf-Dietrich Sahr
Ute Wardenga
Peter Weichhart

Band 2

Doris Wastl-Walter

Gender Geographien

Geschlecht und Raum
als soziale Konstruktionen

Franz Steiner Verlag 2010

Bibliografische Information der Deutschen Nationalbibliothek:
Die Deutsche Nationalbibliothek verzeichnet diese
Publikation in der Deutschen Nationalbibliografie;
detaillierte bibliografische Daten sind im Internet über
<http://dnb.d-nb.de> abrufbar.

ISBN 978-3-515-08783-4

Jede Verwertung des Werkes außerhalb der
Grenzen des Urheberrechtsgesetzes ist unzulässig
und strafbar. Dies gilt insbesondere für Übersetzung,
Nachdruck, Mikroverfilmung oder vergleichbare
Verfahren sowie für die Speicherung in Datenver-
arbeitungsanlagen.
© 2010 Franz Steiner Verlag, Stuttgart
Gedruckt auf säurefreiem, alterungsbeständigem Papier.
Druck: AZ Druck und Datentechnik, Kempten
Printed in Germany

Inhaltsverzeichnis

    Vorwort... 7
    Einleitung.. 9

1.   **Theoretische Konzepte von Geschlecht und Raum**.... 19
1.1   Geschlecht als soziale Konstruktion
      in der alltäglichen Praxis........................... 21
1.2   Raum als soziale Konstruktion in der alltäglichen Praxis..... 28
1.3   Intersektionalität als Ansatz der Gender Geographien....... 33
1.4   Spaces of Masculinities –
      Männlichkeiten in der Geographie.................... 37
1.5   Queere Geographien................................ 45
1.6   Postkoloniale Gender Geographien.................... 49
1.7   Methodische Implikationen der theoretischen Zugänge..... 58
1.7.1 Partizipative Methoden in den Gender Geographien....... 60
1.7.2 Diskursanalyse als Methode der Gender Geographien...... 61
1.7.3 Visuelle Methoden in den Gender Geographien.......... 63
1.7.4 Intersektionalitätsforschung......................... 64

2.   **Körper und Körperlichkeit im Raum**................ 68
2.1   Körper und Identität............................... 69
2.2   Performativität von Raum und Geschlecht.............. 75

3.   **Natur/Umwelt und Naturwissenschaft/Technik
      aus einer geschlechtsspezifischen Perspektive**......... 79
3.1   Feministische Naturwissenschafts- und Technikkritik....... 79
3.2   Der Ökofeminismus: Die Natur/Frau und Kultur/
      Mann-Dichotomien in der Kritik..................... 83

4.   **Das Geschlecht der Arbeit**......................... 89
4.1   Arbeits(ver)teilung durch Geschlechterkonstruktionen...... 90
4.2   Produktion und Reproduktion – zwei Seiten
      eines Arbeitsbegriffs............................... 98

5.   **Geschlechterkonstrukte und globalisierte
      Geographien**..................................... 107
5.1   Globalisierung, Migration und Geschlecht.............. 109
5.2   Der globalisierte Dienstleistungssektor................. 112
5.3   Frauenarbeit für den Weltmarkt....................... 120

6.	**Stadt – ein geschlechtsloser Raum?**	124
6.1	Städtische Öffentlichkeit und häusliche Privatheit	125
6.2	Angst- und Sicherheitsdiskurse in städtischen Kontexten	134
7.	**Nationalstaaten und Gender Regimes**	139
7.1	Ein Blick auf Geschlecht in der Politischen Geographie	139
7.2	Staat und Nation als Symbolsysteme von Männlichkeit und Weiblichkeit	143
7.3	Gender Regimes in Umbruchphasen	149
8.	**Geschlechterkonstruktionen in Sicherheitsdiskursen**	161
8.1	Konstruktionen von Männlichkeit und Weiblichkeit in Kriegs- und Friedenszeiten	161
8.2	Militarismus und neue Sicherheitskonzepte	176
9.	**Ressourcen und Entwicklung aus einer Genderperspektive**	184
9.1	Genderspezifische Zugänge zu Ressourcen: Eine feministische politische Ökologie	185
9.2	Gender als Aspekt nachhaltiger Entwicklung	192

Fazit und Ausblick 203
Literaturverzeichnis 205
Abbildungsverzeichnis 228
Glossar 230
Sachregister 237
Personenregister 239

Vorwort

Werner Gamerith steht am Anfang dieses Buches, denn er hat mich eines Tages angerufen und gefragt, ob ich nicht ein Buch über Feministische Geographien und Gender Geographien schreiben möchte. Er und die anderen Mitglieder des wissenschaftlichen Beirates der Reihe Sozialgeographie kompakt sowie Susanne Henkel vom Franz Steiner Verlag wollten eine Reihe schaffen, die spannende Themen und innovative Fragestellungen aufgreift und für Interessierte jeweils eine mit zahlreichen Beispielen bereicherte Einführung gibt. Diese Aufgabe habe ich gerne übernommen, auch wenn es eine große Herausforderung ist, einen Text zu schreiben, der sowohl die Experten und Expertinnen in diesem Fach befriedigt, wie auch „Neulinge" in das Thema und die Argumentationsmuster einführt. Dazu kam die Vorgabe des Verlages, mich auf 250 Seiten zu beschränken, da die Reihe sich eben als eine Serie kompakter Einführungen versteht und nicht alles in extensu ausgeführt werden sollte. Demnach haben mich zwei Fragen die ganze Zeit begleitet: „In welchem Sprachduktus schreibe ich?" und „Was lasse ich weg?".

Bei der Beantwortung dieser Fragen haben mir dankenswerter Weise einige Personen geholfen, die das Manuskript in unterschiedlichen Phasen der Entstehung gelesen haben und mit ihrem Feedback wertvolle Hinweise gaben. Dafür bedanke ich mich beim Herausgeber und dem Beirat, bei Susanne Henkel, bei meinen Kolleginnen Elisabeth Bäschlin, Sabin Bieri, Christa Binswanger, Patrizia Felber, Bettina Fredrich, Brigitte Schnegg, Carolin Schurr und bei meinem Mann, Rudolf Wastl.

Sie alle konnten mir aber nicht die Auslese und Schwerpunktsetzung bei den Inhalten des Buches abnehmen, für die ich allein verantwortlich bin. Ich wollte neben den bekannten und mittlerweile auch im *mainstream* verankerten Themen auch die neueste Diskussion unter den Expert_innen einbeziehen und so finden sich Themen, die für manche möglicherweise nicht typisch feministisch sind. Da ich aber die geschlechtsspezifische Perspektive als Querschnittsanalyse verstehe und nicht als ein (eng) begrenztes Teilgebiet des Faches, ist dies erklärlich.

Dieses Buch wäre aber nie über die reine Absichtserklärung hinausgekommen, hätte sich nicht Jeannine Wintzer voll engagiert und kompetent dafür eingesetzt. Ich war während der Entstehung auch gleichzeitig Direktorin des Geographischen Institutes der Universität Bern (GIUB) und darüber hinaus Direktorin des Interdisziplinären Zentrums für Geschlechterforschung (IZFG) dieser Universität und als solche mit spannenden und richtungsweisenden Aufgaben beschäftigt, so dass bedauerlich wenig Zeit für dieses Manuskript blieb. Dass es trotzdem schließlich fertig wurde, ist vor allem dem Team der Studienassistent_innen Cornelia Jost, Urezza Caviezel, Michael Regli, Christoph Müller und Germaine Spoerri, dem Kartographen Alexander Hermann, Harald Schmitt von der Herstellung beim Steiner Verlag und ganz besonders Jeannine Wintzer zu verdanken.

Ihr und den anderen jungen Frauen vom IZFG und GIUB danke ich für die andauernde Motivation durch zahlreiche Gespräche und kritische Auseinandersetzungen, für wichtige Literaturhinweise und Konferenzberichte und damit für viele Einsichten und meine persönliche Weiterentwicklung. Wissen entsteht relational! Damit möchte ich ihnen dieses Buch widmen sowie den etablierten Kolleg_innen in diesem Kreis, allen voran Brigitte Schnegg.

Doris Wastl-Walter
Bern, Sommer 2009

Einleitung

Generationen von Geographiestudierenden wurden von Peter HAGGETTS Strandbeispiel geprägt, mit dem er sein Einführungsbuch „Geography – A Modern Synthesis" (1979) bzw. „Geographie. Eine moderne Synthese" (1983)[1] beginnt und an dem er wesentliche geographische Konzepte erläutert. Doch er spricht immer von Menschen, Leuten, Personen, Kindern und Jugendlichen, älteren Strandbenutzern (1983: 31ff), nie jedoch von Männern und Frauen. Haben diese Personen kein Geschlecht? Ist es nicht so, dass wir am Strand, aber auch anderswo, Menschen über ihren Körper und damit über ihr Geschlecht wahrnehmen?

> Geschlecht ist eine soziale Kategorie, die an biologischen Merkmalen festgemacht wird und deren normative Kraft im Alltag, aber auch in der Wissenschaft, äußerst wirkungsmächtig ist.

Unsere Vorstellungen von Zweigeschlechtlichkeit und damit verbunden von Männlichkeit und Weiblichkeit sind kulturell geprägt und sozial konstruiert, doch werden sie häufig als „natürlich" und damit vorgegeben und unveränderlich gesehen. Dies hat Konsequenzen für die alltägliche und die wissenschaftliche Praxis. *Geschlecht – eine soziale Kategorie*

Dieses Buch ist daher explizit den Geographien der Geschlechter gewidmet, es soll unterschiedliche Konzepte von Geschlecht und Sexualität mit ihren jeweiligen Raumbezügen darstellen und die Konsequenzen reflektieren. Geschlecht bzw. Gender wird hier als ein Produkt von sozialen Interaktionen und symbolischen Ordnungen verstanden. *Geschlecht – eine Analysekategorie*

> Mit der begrifflichen Differenzierung zwischen den ‚natürlichen', biologischen Unterschieden und den sozial und kulturell konstruierten Ungleichheiten zwischen den Geschlechtern ist ein analytisches Konzept geschaffen worden, das die Erforschung jener Prozesse erlaubt, welche die Individuen zu Männern und Frauen machen und welche gesellschaftliche, kulturelle, politische und ökonomische Ordnungen geschlechtsspezifisch strukturieren und Hierarchien zwischen den Geschlechtern produzieren
>
> *(FAQ, www.izfg.unibe.ch).*

---

1 Die dritte, völlig überarbeitete Auflage heißt „Geographie. Eine globale Synthese" (2004), das Strandbeispiel bleibt jedoch gleich.

EINLEITUNG

Geographien – vom Menschen gemacht

Da die jeweiligen Geographien ebenfalls als von Menschen gemacht bzw. als in sozialen Beziehungen hergestellt verstanden werden, stehen auch sie im Plural. Der Titel Gender Geographien benutzt das englische Wort *gender* für das soziale Geschlecht, um die im deutschen vorhandene semantische Unschärfe (der Begriff Geschlecht bezieht sich auf das biologische und soziale Geschlecht sowie auf Familien mit Stammbaum) zu vermeiden. Wenn der Begriff Geschlecht hier gebraucht wird, dann bezieht er sich auf das soziale, praktisch und diskursiv hergestellte Geschlecht.

Ein Lehrbuch

Neben Einführung und Schlussbetrachtung umfasst das Buch neun Kapitel, von denen die ersten drei der Metaebene gewidmet sind und die theoretischen Konzepte vorstellen, während Kapitel vier bis neun wichtige und aktuelle Forschungsthemen der Gender Geographien in der gebotenen Kürze präsentieren, die das Schlusskapitel zusammenfasst. Das Buch ist als Lehrbuch gedacht und will daher einen Überblick bieten. Viele Literaturverweise sollen aber einen vertieften Einstieg in das Thema bzw. Subthemen ermöglichen.

Geograph_innen sammeln und produzieren praxis- und politikrelevante Informationen, machen insbesondere räumliche Unterschiede zwischen den Handlungsoptionen, Lebensperspektiven und Einschränkungen von Männern und Frauen öffentlich und stellen so ein differenziertes Wissen über Männer und Frauen bereit. Dies soll auch in diesem Buch in sehr knapper, überblicksartiger Form erfolgen.

Atlanten – raumbezogene Daten und Informationen

Die Geographin Joni SEAGER stellt beispielsweise in ihrem Frauenatlas seit über zehn Jahren (letzte Auflage 2009) weltweit Daten, Fakten und Informationen zur Situation von Frauen in verschiedenen Bereichen wie Politik, Wirtschaft, Bildung und Gesundheit zur Verfügung. Auch Elisabeth BÜHLER arbeitet in ihrem Frauen- und Gleichstellungsatlas der Schweiz ausführliche Daten und Informationen zu unterschiedlichen Variablen im Hinblick auf Männer und Frauen auf (www.bfs.admin.ch). Damit machen sie immer noch diskriminierende Strukturen offensichtlich.

Frauen sind in Politik und Wirtschaft untervertreten

Diese Daten zeigen unter anderem, dass bis heute in keinem Land der Welt Frauen in den Regierungen proportional zu ihrem Anteil in der Bevölkerung vertreten sind. Im Europäischen Parlament liegt der Frauenanteil seit den Wahlen vom 10. Juni 2009 bei 35 % und vermittelt ein positives Bild, dem die Länder, einzeln betrachtet, aber kaum standhalten können (so gibt es aus Malta keine Frau, bei andern Ländern macht der Frauenanteil an der Delegation wenig aus: Tschechien 18 %, Polen 22 %, Litauen 25 %, Irland 25 %). Es gab aber einzelne Staaten, die ihren Anteil seit 2005 nachdrücklich verbessert haben (Frankreich von 13 % auf 44 %, Italien von 12 % auf 25 %, Griechenland von 6 % auf 32 %, Großbritannien von 20 % auf 33 %). Bemerkenswert ist die hohe Repräsentation von Frauen in den Delegationen der nordischen Länder wie Finnland 62 %, Schweden 56 %, Estland 50 %, Niederlande 48 % und von Bulgarien 47 % (TNS opinion in Zusammenarbeit mit dem Europäischen Parlament 2009).

Dagegen scheint es in der Wirtschaft, die eine zentrale Rolle bei der Teilhabe von Personen am öffentlichen Leben spielt, einen nahezu völligen Ausschluss von Frauen in Entscheidungsgremien zu geben. In den 200 größten Unternehmen in Deutschland entfielen im Juli 2007 nur 7,8 % aller Sitze in den Aufsichtsräten auf Frauen, wobei über ein Drittel der Unternehmen keine Frau im Aufsichtsrat hat. Bei den 100 größten Unternehmen ist nur eine Frau im Vorstand, bei den 200 größten sind es elf (E. HOLST 2007). In Österreich und der Schweiz ist die Situation vergleichbar.

Zudem scheint auch der Arbeitsmarkt für Frauen schwieriger zu erobern zu sein als für Männer, trotz CEDAW (UN-Konvention zur Beseitigung jeder Form der Diskriminierung der Frau), die mit dem Artikel 11 auch die Gleichstellung von Frauen im Berufsleben vorsieht.

<small>Männer und Frauen haben unterschiedliche Lebenschancen</small>

Auch bieten sich für Frauen wesentlich weniger Möglichkeiten der finanziellen und persönlichen Absicherung. Ersteres zeigt sich in den geschlechtsspezifischen Armutszahlen. 70 % aller in Armut lebenden Menschen und 60 % aller Analphabeten sind Frauen. Zweiteres wird in den Gewaltstatistiken deutlich. Laut UNHCR, dem UN-Kommissariat für Flüchtlinge, sind weltweit 20 % aller Frauen Vergewaltigungsopfer. Häusliche Gewalt ist eine der Hauptursachen für Verletzungen und Tod von Frauen zwischen 19 und 44 Jahren. So wird beispielsweise in Großbritannien jede Minute ein Fall von häuslicher Gewalt bei der Polizei angezeigt (J. SEAGER 2009: 29).

> Geschlecht ist somit, ebenso wie Alter, Bildung, Stadium im Lebenszyklus oder Einkommen eine soziale Analysekategorie, auch für die Geographie.

Denn so wie wir jeden Tag Geschichte(n) machen, machen wir auch Geographie(n). Indem wir uns mit Menschen oder einer Gruppe identifizieren, uns an einem Ort zu Hause fühlen und einen bestimmten Beruf ausüben, verorten wir uns in der Welt. Ob politisch, wirtschaftlich oder sozial, diese Verortung ist eine Form der Verankerung und spiegelt zudem auch Weltbilder wider. Ausgangspunkt des Buches ist es, dass diese Verankerungen und Weltbilder *gendered* – geschlechtsspezifisch – sind. So sind zum Beispiel die Entscheidung für einen Beruf ebenso wie alltägliche Lebensstile und Strategien die Folge einer geschlechtsspezifisch vorgedachten Welt. In diesem Buch sollen diese geschlechtsspezifischen Codierungen aus der geographischen Perspektive erfasst und dargestellt werden.

<small>Geschlecht als Struktur- und Analysekategorie in der Geographie</small>

Die vorangestellten Beispiele zeigen jedoch noch etwas anderes, nämlich, dass sowohl Geschlecht (Frauen und Männer) als auch Raum (USA, Großbritannien) im Alltagsdiskurs als gegeben und damit eindeutig definiert scheinen. Sie sind operationell und führen zu eindeutigen Daten, die sehr gut statistisch darzustellen sind. Setzen wir uns jedoch theoretisch mit den

<small>Geschlecht und Raum gesellschaftlich konstruiert</small>

EINLEITUNG

zunächst so einfach und klar erscheinenden Kategorien auseinander, so zeigt sich rasch, dass sich soziale und räumliche Phänomene kaum auf natürliche Phänomene zurückführen lassen, sondern dass es sich um gesellschaftliche konstruierte und kulturell geprägte Konzepte handelt: im Fall der Kategorie ‚Geschlecht' um Entwürfe von Weiblichkeit und Männlichkeit, im Fall der Kategorie ‚Raum' um den Entwurf eines dreidimensionalen Raums über die räumlichen Komponenten Nähe und Distanz.

Basis der Konstruktionen sind Homogenisierungen

Wenn wir also als Geograph_innen mit solchen Daten arbeiten und bestimmte Informationen bestimmten Personen und Personengruppen (Frauen, Schweizer, Studierende) innerhalb bestimmter Räume (Gemeinden, Länder, Regionen) zuschreiben, muss uns bewusst sein, dass wir damit die jeweiligen sozialen und räumlichen Kategorien erst bilden. Grundlage dieser Kategorien sind idealtypische Homogenisierungen, wie zum Beispiel ‚Frau', ‚Afrikanerin', ‚Student', über welche Repräsentativität hergestellt wird. Dabei spiegeln diese Kategorien die gesellschaftlichen Vorstellungen, nach welchen Merkmalen differenziert wird: So gibt es beispielsweise keine Statistiken, die Blauäugige und Braunäugige unterscheiden oder Daten über Menschen nach der Körpergröße. Diese Merkmale sind in der Regel nicht gesellschaftlich differenzierend und strukturierend. Auch naturräumliche Phänomene wie Biotopgrenzen werden kaum als strukturierend herangezogen, andere, wie Flüsse oder Kammlinien, an manchen Orten sehr wohl (beispielsweise als ‚natürliche' Grenze), an anderen aber nicht.

> Gesellschaftliche Vorstellungen über Personengruppen und Räume erzeugen diese erst und fassen sie als Kategorien und Begriffe.

Die alltägliche Praxis erzeugt vielfältige Gender Geographien

Aus diesem Grund wird im akademischen Bereich der Essentialismus der beiden Kategorien ‚Geschlecht' und ‚Raum' weitgehend aufgegeben zu Gunsten einer konstruktivistischen Perspektive, nach der soziale Wirklichkeit in der alltäglichen Praxis produziert und reproduziert wird. Dies ist auch der theoretische Zugang, der diesem Buch zugrunde liegt, wobei damit selbstverständlich nicht biologische Unterschiede geleugnet werden sollen. Was hier aber interessiert, ist die gesellschaftliche Bedeutung, die ihnen gegeben wird im Rahmen eines in der Regel historisch gewachsenen, kulturell geprägten, interessengeleiteten und machterfüllten räumlichen Kontexts. Damit ist klar, dass hier auch nicht in dualistischen und homogenisierenden Kategorien wie ‚Männer' und ‚Frauen' argumentiert wird, sondern ganz im Sinn des Poststrukturalismus mit vielfältigen und differenzierten Geschlechteridentitäten.

Auch ein anderer, häufig thematisierter Dualismus soll hier überwunden werden: Vielfach wird deutlich zwischen Feministischer Geographie und Gender Geographien unterschieden. Die Trennlinie verläuft dabei einerseits zwischen der sehr praxisorientierten und politisch engagierten Feministischen Geographie, die sich klar in der Perspektive der Frauen verortet und den eher theoretischen und pluralistischen Gender Geographien, die sich jedoch ebenfalls sehr politisch verstehen, aber in einem viel breiteren, auch postkolonialen Sinn. Dieses Buch situiert sich eindeutig in den Gender Geographien, wie der Titel schon sagt, es soll aber auch den Standpunkt der Feministischen Geographie in ihren historischen und theoretischen Varianten angemessen darstellen.

Dieses Buch soll zeigen, dass Geschlecht und Raum keine unabhängigen Kategorien sind, sondern einander bedingen und bestätigen. Geschlecht erfährt im Alltag eine kontextuelle Verankerung und Verortung so wie Raum durch die handelnden Personen vergeschlechtlicht wird. Beides sind Voraussetzungen für das jeweils andere und gleichsam dessen Folge. *(Geschlecht und Raum konstituieren einander)*

In diesem Sinne ist es die zentrale Aufgabe des Buches, durch die breite Einführung und vielseitige Darstellung des Verhältnisses von Geschlecht und Raum die Sensibilität für vergeschlechtlichte Weltbilder zu wecken und damit die Analysefähigkeit der Leser_innen zu fördern. Geschlechterrollen und Geschlechterverhältnisse werden nicht als natürliche Phänomene, sondern als soziokulturell hergestellt und damit als Folge offener oder versteckter Hierarchien in jeweils spezifischen Räumen betrachtet.

In diesem Zusammenhang erfolgt an dieser Stelle noch ein weiterer Hinweis: Die vielseitigen historischen, aber auch politischen und akademischen Linien der Frauen- und Geschlechterforschung auch innerhalb der Geographie haben ein großes begriffliches Feld entstehen lassen, welches durch seine Internationalität noch erweitert wird. So existieren in den unterschiedlichen Sprachräumen (deutsch, französisch, englisch) nicht immer präzise Übersetzungen von Konzepten und Begriffen, so dass es zur Einführung von Neologismen (z.B. Gender Geographien) kommt, besonders im deutschsprachigen Raum seit 1990. Zum anderen muss uns bewusst sein, dass die Verwendung von Begriffen ebenfalls Weltbilder konstruiert bzw. diese reproduziert. In einigen Kapiteln wird daher ganz genau zwischen essentialistischen (Frau, Mann) und konstruktivistischen Begriffen (Gender – zugeschriebene Männlichkeit und Weiblichkeit) unterschieden werden; in einigen Zusammenhängen wird jedoch aus praktischen Gründen auf die biologischen Kategorien Bezug genommen.

Bedauerlicherweise gibt es bis heute kein einführendes Buch in Gender Geographien im deutschen Sprachraum, nachdem über die Jahre zumindest einige wenige Einführungen in die Feministische Geographie als Monographien erschienen sind (E. BÜHLER et al. 1993, K. FLEISCHMANN und U. MEYER-HANSCHEN 2005). Damit fehlt aber auch eine aktuelle Einführung in die mittlerweile theoretisch wie inhaltlich und in ihren Zielen veränderte Disziplin. Eigentlich wäre es ja wünschenswert, wenn Gender Geographien im Sinn eines *mainstreams* in allen Einführungen, sowohl als Literatur wie auch als Lehrveranstaltungen, vorkäme, doch leider ist dies im aktuellen *malestream* nicht der Fall. Dieses Buch soll daher Interessierten *(Gender als Querschnittperspektive)* einen kompakten Überblick über diese sehr produktive und innovative Querschnittperspektive innerhalb der noch immer maskulinisierten Disziplin Geographie anbieten. Darüber hinaus kann es Gender Forscher_innen anderer Disziplinen die Erkenntnisse aus der Geographie zugänglich machen und in dieser Weise belegen, was die Geographie als Raumwissenschaft zu den Gender Studies ganz allgemein beitragen kann.

Überblick über Theorien und Forschungspraxis

Das vorliegende Buch trägt explizit Gender Geographien im Titel, das heißt, es ist der Diskussion der wechselseitigen Beziehungen der Geschlechter bzw. den zugrunde liegenden Konstruktionen von Geschlechtlichkeit und den entsprechenden Räumen gewidmet, ausgehend davon, dass auch diese ganz unterschiedlichen Räume gedacht und gemacht werden (vgl. P. WEICHHART 2008). Aus dieser Überlegung heraus findet sich Geographie im Titel auch im Plural. Als zweiter Band der Reihe „Sozialgeographie kompakt" gibt das Buch somit eine Einführung in Gender Geographien und vermittelt in neun Kapiteln überblicksartig die wichtigsten Themen und Forschungsgebiete von auf Geschlechterverhältnisse und Geschlechterkonzepte fokussierten Geographien. Dadurch soll aufgezeigt werden, dass geographische Geschlechterforschung keineswegs nur eine „Nischendisziplin", eine (isolierte) Teilströmung der Geographie ist, sondern vielmehr als Querschnittsperspektive verstanden werden muss, die innerhalb der verschiedenen geographischen Teildisziplinen von der Physischen Geographie bis hin zur Stadtgeographie relevant ist, wie in den folgenden Kapiteln an Hand einiger Beispiele gezeigt werden wird. Damit es dieser Übersicht aber nicht an historischen und wissenschaftlichen Zusammenhängen fehlt, wird jedes Kapitel nicht allein den aktuellen Forschungsstand darstellen und diskutieren, sondern jeweils auch die Konzepte nennen, die in der über 30-jährigen geographischen Frauen- und Geschlechterforschung entweder erweitert oder auch aufgegeben wurden. Aktuelle Diskurse werden damit nicht isoliert betrachtet, sondern historisch eingebettet und als Folge offener Fragen verstanden.

keine Disziplingeschichte

Das Buch bietet keinen Überblick über die historische Entwicklung der feministischen Geographie im deutschen Sprachraum, da dies einerseits in dem knapp bemessenen Umfang kaum unterzubringen wäre und da andererseits in den letzten Jahren diesbezüglich vier hervorragende Darstellungen erschienen sind (K. FLEISCHMANN und C. WUCHERPFENNIG 2008, E. BÜHLER und K. BÄCHLI 2007, K. FLEISCHMANN und U. MEYER-HANSCHEN 2005, E. BÄSCHLIN 2002), von denen die zwei jüngeren (K. FLEISCHMANN und C. WUCHERPFENNIG 2008, E. BÜHLER und K. BÄCHLI 2007) gratis elektronisch verfügbar sind.

Beginnend mit der Vorstellung und Diskussion der wichtigsten Konzepte der Feministischen Theorie und Feministischen Geographien sowie der Abgrenzung vom Feminismus gegenüber der Frauen-, Männer-, Queer- und Geschlechterforschung auch innerhalb der geographischen Forschung, bildet das erste Kapitel den theoretischen Rahmen für das gesamte Buch.

Es zeigt die Verschränkungen von Geschlecht und Raum und bildet damit die theoretische Basis für die in den weiteren acht Kapiteln beschriebenen geschlechtsspezifischen und räumlichen Ein- und Ausschlussprozesse in verschiedenen Bereichen des alltäglichen Lebens.

Diese neun Kapitel sind nicht als abgeschlossene Einheiten, sondern als jeweils verschiedene Auswirkungen ein und desselben Phänomens zu betrachten: die hierarchisierende Ungleichheit zwischen den Geschlechtern. Jedoch verbindet die neun Themen nicht eine essentialistische und homogenisierende Analyse von ‚den' Frauen und ‚den' Männern, sondern die Analyse der Vorstellungen über Frauen und Männer und damit die Auseinandersetzung mit den Geographien der Weiblichkeit und Männlichkeit, deren diametrale und oftmals widersprüchliche Konstruiertheit in unterschiedlichen räumlichen Kontexten sowie deren Auswirkungen auf die alltäglichen Lebenswelten von Frauen und Männern.

Theoretische Konzepte

Seit den Anfängen der Frauen-, Männer- und Geschlechterforschung ist die Auseinandersetzung mit Weiblichkeit und Männlichkeit eng an den Körper gebunden. Im Zuge von scheinbar deutlich erkennbaren Unterschieden zwischen den Geschlechtern kommt dem Körper eine zentrale Rolle zu, denn über ihn werden Differenzen nicht nur wahrgenommen, sondern vor allem legitimiert. Das zweite Kapitel „Körper und Körperlichkeit im Raum" thematisiert, wie über Raum Entwürfe von Weiblichkeit und Männlichkeit konstruiert werden sowie welche Rolle die eigene Körperlichkeit bei der Konstruktion von Raum spielt. Mit diesen Fragen dient das zweite Kapitel auch als Schnittstelle zwischen Theorie und Praxis. Denn zum einen ergänzt es durch die Analyse von Körper und Identität das erste Kapitel theoretisch und zeigt zum anderen durch die Darstellung permanenter Inszenierungen von Geschlecht und Raum, wie geschlechtsspezifische Raumordnungen zum Beispiel auf dem Arbeitsmarkt, in der Migration oder in der Stadt konstruiert werden.

Der vergeschlechtlichte Körper im Raum

Da sich die Geographie mit den kulturell geprägten Menschen in Gesellschaften und deren Verhältnis zur Natur/Umwelt beschäftigt, interessiert sich auch eine gendersensible geographische Forschung für einen geschlechtsspezifischen Zugang zu Natur und Umwelt. Die feministische Naturwissenschafts- und Technikkritik argumentiert, dass die moderne Wissenschaft nicht nur nicht objektiv, sondern zudem männlich definiert ist und als Instrument der Beherrschung der Natur verstanden wird. Dass eine solche Beherrschung der Natur im engen Zusammenhang mit der Beherrschung der Frau steht, ist der Ausgangspunkt des Ökofeminismus. Obwohl Ökofeminist_innen für diese Gleichsetzung von Frau = Natur und Mann = Kultur nicht selten Kritik erfahren mussten und von vielen Gender- und Queertheoretiker_innen gerade die Auflösung solcher Dichotomien gefordert wird, ist die feministische Perspektive auf Naturwissenschaft und Technik wegen ihrer immer noch aktuellen Reflexionen zentraler Diskussionsgegenstand des dritten Kapitels. Damit wollen wir deren Ansätze als einen

Natur/Umwelt und Naturwissenschaft/ Technik aus einer geschlechtsspezifischen Perspektive

weiteren spannenden Ausdruck feministischen und gendersensiblen Denkens vorstellen, da hier die Geographie auch als naturwissenschaftliches Fach herausgefordert wird.

Die darauf folgenden Kapitel bringen nun wichtige Themenfelder der geographischen Geschlechterforschung und stellen zentrale Arbeiten aus den empirischen Gender Geographien vor. Auf dem Arbeitsmarkt beispielsweise zeigen sich die geschlechtsspezifischen Raum(zu)ordnungen in der horizontalen und vertikalen Berufssegregation sowie in Lohnungleichheit, schlechteren Aufstiegschancen und in einer Doppelbelastung von Frauen im Vergleich zu Männern. Zudem zeigt der hohe Anteil weiblicher Teilzeitbeschäftigten zum einen die klare Zuschreibung der Reproduktionsaufgaben an Frauen trotz eigener Erwerbstätigkeit und zum anderen die Schwierigkeit, Beruf und Familie miteinander zu verbinden. Das vierte Kapitel beschäftigt sich mit diesen Phänomenen der gesellschaftlichen Geschlechterrollen und -beziehungen und macht deutlich, dass diese wiederum Auswirkungen geschlechtsspezifischer Fähigkeits- und Tätigkeitszuschreibungen sind, durch welche Frauen in der privaten Sphäre und Männer in der öffentlichen Sphäre verortet werden.

Damit eine Frau trotz Familie auf die vollzeitbeschäftigte Erwerbstätigkeit nicht verzichten muss, sehen immer mehr Frauen in der Beschäftigung einer Putzfrau und/oder eines Kindermädchens eine mögliche Strategie der besseren Vereinbarkeit von Familie und Beruf. Wie eng diese Strategie einerseits mit der Bewertung von weiblicher Arbeit und andererseits mit Migrationsprozessen verbunden ist, wird der erste Abschnitt des fünften Kapitels deutlich machen. Globalisierung ermöglicht nicht nur einen weltweiten Transfer von Waren, sondern ebenfalls einen weltweiten Markt von billigen Arbeitskräften. Immer mehr Frauen nutzen dies als Chance, selbst erwerbstätig zu sein, um die eigene Familie im Herkunftsland finanziell zu unterstützen, so dass man auch von einer Feminisierung der Arbeit und in der Folge auch der Migration sprechen kann. Dass Arbeitsmigrantinnen oftmals unter falschen Versprechungen angelockt werden, um dann als Tänzerinnen in Nachtbars oder als Prostituierte zu arbeiten, wird in diesem Zusammenhang nicht vergessen und deswegen im zweiten Abschnitt diskutiert. Schließlich setzt sich der dritte Abschnitt mit den Arbeitsbedingungen der größtenteils weiblichen Angestellten in den Firmen der Sonderwirtschaftszonen auseinander. Meist westliche, transnationale Firmen nutzen die Globalisierung des Handels, um in Ländern ohne Tariflohn und mit geringeren Arbeits- und Umweltschutzstandards ihre Gewinne zu erhöhen, was neue Ausbeutungsformen schaffen kann.

Das sechste Kapitel befasst sich mit den geschlechtsspezifischen Raumordnungen in städtischen Kontexten, in denen eine scharfe Trennung zwischen städtischer Öffentlichkeit und häuslicher Privatheit zum Ausdruck kommt. Das Argument feministischer und später gendersensibler Stadt- und Regionalforschung ist, dass diese Trennung von Öffentlichkeit und Privatheit eng mit den Entwürfen von Männlichkeit und Weiblichkeit gekoppelt ist, so dass öffentlich eine männliche und privat eine weibliche Akzentuierung erhält. Dies zeigt sich spätestens auch in den Sicherheitsdiskursen städtischer Planungsämter. In der öffentlichen Meinung wird der Eindruck erweckt, dass sich Frauen im privaten Raum sicherer fühlen als im öffentlichen Raum, auch wenn dies in keinerlei Hinsicht den tatsächlichen Gewaltstatistiken entspricht. Somit drängt sich erstens die Frage auf, warum sich Frauen im öffentlichen Raum unsicher fühlen und zweitens, welche Implikationen dies für eine gendersensible Stadt- und Regionalplanung haben muss.

Das siebte Kapitel beschäftigt sich im Zuge einer gendersensiblen Politischen Geographie mit der Analyse des Verhältnisses von Nationalstaaten, deren Gender Regimes und den Rechten für alle Menschen, wie sie international festgeschrieben sind. Obwohl Staat und Nation oftmals geschlechtsneutral wirken, werden die ersten beiden Abschnitte zeigen, dass nicht nur das Militär ein zentrales Instrument zur Konstruktion von Männlichkeit (und Weiblichkeit) darstellt, sondern auf Grund der zentralen Bedeutung des Militärs für die Staatenentstehung diese Konstruktionen in die Symbolsysteme von Staat und Nation eingelassen sind und diese grundlegend strukturieren. Auch in den gesetzlich verfassten Gender Regimes kommt das staatliche Konzept von Männlichkeit und Weiblichkeit zum Ausdruck, wie am Beispiel der ehemaligen DDR demonstriert wird. *[Nationalstaaten und Gender Regimes]*

Im achten Kapitel geht es schließlich um Geschlechterkonstruktionen in historischen und aktuellen Sicherheitsdiskursen. Der erste Abschnitt wird die Darstellung einer gendersensiblen Sicht auf Staaten und ihre Geschlechtersymbolik und -regimes in Kapitel sieben durch die Frage nach dem Zweck von Männlichkeits- und Weiblichkeitsbildern in Kriegs- und Friedenszeiten ergänzen. Anschließend wird die Frage nach neuen Bedrohungs- und Sicherheitsszenarios und ihren inhärenten Geschlechterbildern aufgegriffen. *[Geschlechterkonstruktionen in Sicherheitsdiskursen]*

Damit stellt der letzte Abschnitt des achten Kapitels auch eine Überleitung auf das neunte und letzte Kapitel des Buches dar. Denn dieses erläutert die unterschiedlichen Zugänge zu lebensnotwendigen Ressourcen von Frauen und Männern und kann damit zeigen, wie wichtig Gender als Aspekt nachhaltiger Entwicklung ist. Die Darstellung verschiedener Konzepte der Einbindung von Frauen in die Entwicklungspolitik zeigt, dass nicht nur Fortschritte, sondern auch Rückschritte zu beobachten sind und dass der Genderaspekt bzw. die Geschlechterpolitik oftmals wirtschaftlichen Interessen weichen muss. Nicht selten hängt dies aber auch mit den geschlechterhierarchisierenden Strukturen der Mitgliedstaaten der Vereinten Nationen (UN) selbst zusammen, in denen Frauen marginalisiert und deren Alltagsbedürfnisse und Erfahrungen immer noch zu wenig mitgedacht werden. *[Ressourcen und Entwicklung aus einer Genderperspektive]*

Zur Sprache und Begrifflichkeit des Buches noch ein paar Hinweise: Viele der theoretischen Konzepte kommen aus dem Englischen bzw. Französischen und haben noch kein eingeführtes Pendant im Deutschen. Wir haben daher im wesentlichen die englischen Begriffe beibehalten, so auch im Titel des Buches, aber dort, wo es möglicherweise Missverständnisse geben könnte, deutsche Begriffe, oft Neologismen, verwendet. Dies mag manchmal ungewohnt klingen, wie das eben in neuen Fachgebieten und damit Fachsprachen üblich ist. So haben wir beispielsweise als Analogie zu *gendersensitive* den Begriff gendersensibel gewählt.

Begriffe beziehen sich immer auch auf ein theoretisches Konzept, durch das sie geprägt wurden und das sie damit repräsentieren. So werden sie auch verwendet, d.h. Feminismus zielt im wesentlichen auf die zweite Frauenbewegung und ihre politischen (Gleichstellungs)ansprüche, Gender auf die konstruktivistische Sicht nach Judith BUTLER (1991, 1997), wobei Geschlecht als die deutsche Übersetzung von Gender verwendet wird.

Einer weiteren Erklärung bedarf vermutlich auch die Schreibweise: Sie finden im Buch generell die aus den Queer Studies kommende Orthographie Geograph_innen als die alle biologischen und sozialen Geschlechter umfassende Form mit dem politischen Anspruch des *performing the gap*. Dies entspricht der poststrukturalistischen Sichtweise, die dem Buch zu Grunde liegt, besser, als die mittlerweile eingeführte Form GeographInnen, die Männer und Frauen umfasst. Geographen und Geographinnen bezieht sich dann jeweils explizit auf Männer bzw. Frauen.

Didaktische Aufbereitung

Der Text wird ergänzt durch Karten und Tabellen als Aufschlüsselung der Welt nach der Kategorie Geschlecht sowie erklärende oder beispielhafte Abbildungen und Exkurse. Die Schnellleseleiste sowie Zusammenfassungen und Merksätze sollen eine leichtere didaktische Erschließung ermöglichen.

Im Text selbst werden relativ wenige Literaturzitate gebracht, um das knappe Format der Reihe einzuhalten. Es gibt aber jeweils eine kurze Literaturliste mit weiterführender Literatur für Interessierte am Ende jedes Kapitels und eine ausführliche Bibliographie mit zitierter und weiterführender Literatur im Anhang, auf welche für eine vertiefende Lektüre zurückgegriffen werden kann.

Ein knappes Glossar sowie ein Personen- und ein Sachregister sollen die Lektüre vereinfachen.

1 Theoretische Konzepte von Geschlecht und Raum

> Die ersten theoretischen Überlegungen zu Geschlecht und Geschlechtlichkeit innerhalb eines westlichen soziokulturellen Kontextes wurden von Feministinnen entwickelt.

Der Begriff Feminismus leitet sich vom lateinischen Wortstamm *femina* für Frau ab und bezeichnet eine soziale Bewegung, die, ausgehend von den Bedürfnissen der Frauen, eine grundlegende Veränderung der gesellschaftlichen Normen wie Rollenverteilungen zwischen Männern und Frauen und der patriarchalen Kultur in allen gesellschaftlichen Bereichen wie Wirtschaft, Politik und Soziales anstrebt. Die Begriffe ‚Feministische Theorie' und ‚Feministische Geographie' verweisen darauf, dass Feministinnen ihre Forderungen auch in der Wissenschaft vertreten. Wenn hier über ‚Feministische Theorie' oder ‚Feministische Geographien' gesprochen wird, ist nicht *ein* homogener Forschungsansatz gemeint, der durchgehend völlig übereinstimmende Voraussetzungen, Annahmen und Methoden aufweist.

Feministische Theorie und Feministische Geographie als Ausgangspunkt

Vielmehr sind durch unterschiedliche Theorietraditionen in Frankreich, Deutschland oder auch Amerika sowie durch länderspezifische soziale, ökonomische und politische Kontexte viele unterschiedliche Konzepte entstanden. Somit ist die feministische Diskussion heterogen und durch ihre Vielstimmigkeit auch konfliktbeladen, was zu ihrer Lebendigkeit bis heute beiträgt.

> Gemeinsam ist allen Konzepten, dass sie die geschlechtsspezifische Diskriminierung von Frauen kritisieren und eine gesellschaftliche Veränderung anstreben.

Seit den 1990er Jahren weisen viele wissenschaftliche Institutionen, Zeitschriften oder auch Titel von Tagungen und Konferenzen jedoch nur noch selten den Begriff ‚feministisch' auf. Dagegen gewinnen die Begriffe ‚Gender' und ‚Gender Studies' immer mehr an Bedeutung, die auf einen Paradigmenwechsel – also auf einen veränderten Blickwinkel in der Forschung – hinweisen. Gender Studies erobern nun das wissenschaftliche

Gender Studies als neues Paradigma

Forschungsfeld und untersuchen beide Geschlechter in ihrer wechselseitigen Bezogenheit sowie in den Gender Geographien speziell die wechselseitige Co-Konstruktion von Raum und Gesellschaft.

> Gender wurde eingeführt, um die kulturelle Konstruiertheit von Geschlecht zu thematisieren, um Männlichkeit und Weiblichkeit und um die Beziehung zwischen Männern und Frauen, aber auch unter Männern bzw. Frauen zu erforschen und schließlich, um die gesellschaftliche Bedeutung von Geschlecht als solchem zu hinterfragen.

Schon im frühen Feminismus der 1970er Jahre war klar, dass Gesellschaften auf der Basis von Klasse und Geschlecht strukturiert sind. Seither weisen Forscher_innen der Gender Studies darauf hin, dass man nicht von einer homogenen Gruppe der Frauen oder der Männer ausgehen kann, sondern, dass Frauen wie Männer jeweils auch unterschiedliche Erfahrungen, Kenntnisse, Biographien und Wünsche aufweisen. Die Kritik liegt nun darin begründet, dass Feministische Theoretiker_innen trotz Kenntnis dieser Differenzen innerhalb der Genusgruppen ‚Frau' und ‚Mann' für eine politische Akzentuierung nicht umhin kommen von Differenzen und Ungleichheitslagen abzusehen. Das heißt, dass Feministinnen um politisch erfolgreich zu sein, verschiedene Erfahrungen, Lebenskontexte und Lebensstile vereinheitlichen müssen, um ein ‚Wir' herzustellen. Der Feminismus hat dabei zwei wesentliche Probleme: zum einen die Homogenisierung heterogener Wünsche und Lebensziele von Frauen und zum anderen reproduziert der Feminismus das, was er beseitigen will, indem er das spezifisch weibliche immer wieder betonen muss. Damit „lebt feministisches Denken von seiner widersprüchlichen Verortung zwischen Wissenschaft und Politik und von der Suggestion von Gemeinsamkeit zwischen Ungleichen" (G.-A. KNAPP und A. WETTERER 2003: 245).

Gender Studies analysieren kulturelle Konzepte von Geschlechtlichkeit

Diesen Problemen nicht aus dem Weg zu gehen, sondern sich ihnen zu stellen, obliegt seit den 1990er Jahren den Gender Studies. Sie beschäftigen sich gleichzeitig mit den Folgen von Geschlecht als Strukturkategorie, welche die Genusgruppen ‚Männer' und ‚Frauen' hierarchisierend ordnet und der Frage, welche Prozesse dazu beitragen, dass man größtenteils ‚nur' zwei Geschlechter wahrnimmt.

> Um ein gesamtgesellschaftliches Bild zu entwerfen, liegt die Konzentration der Gender Studies sowohl auf der Untersuchung der Vorstellungen von Geschlechterbeziehungen als Macht- und Herrschaftsbeziehungen, die dazu führen, dass wir von einer Gruppe ‚Frauen' oder ‚Männer' sprechen, als auch auf der Analyse weit verbreiteter Weiblichkeits- und Männlichkeitsbilder, die den Schein einer Genusgruppe ‚Frau' bzw. ‚Mann' suggerieren.

Ebenso wie die Feministische Theorie und die Feministische Geographie haben auch die Gender Studies und somit auch die Gender Geographien verschiedene Perspektiven und Konzepte ausgebildet. Eine Strömung, die jenseits homogenisierter Genusgruppen forscht und zudem die Zweigeschlechtlichkeit mit ihrer heterosexuellen Orientierung kritisiert, sind die Queerstudies. Eine solche Sichtweise wird innerhalb einer feministischen Sichtweise oft nicht ganz berücksichtigt.

Queer Studies lösen Geschlechterkategorien auf

Die folgenden Beispiele werden zeigen, dass im Zuge der Gender Studies auch die Geographie durch neue theoretische Impulse und empirische Arbeiten bereichert wurde und wird. Bisher wurde die Geschlechterperspektive vor allem in der Humangeographie vertreten, doch es gibt auch interessante Arbeiten in der Physischen Geographie, die in Kapitel drei diskutiert werden. Das Buch soll aber auch die Leistungen der geographischen Geschlechterforschung zeigen, um so wieder den Gender Studies wichtige Impulse zurück zu geben.

Die folgenden sieben Abschnitte bieten einen Überblick über feministisches und gendersensibles Denken und über die vielseitigen, zum Teil widersprüchlich argumentierenden, zum Teil einander aber auch ergänzenden theoretischen Konzepte von Geschlecht und Raum.

1.1 Geschlecht als soziale Konstruktion in der alltäglichen Praxis

> Feministisches Denken situiert sich in der ersten und zweiten Frauenbewegung, die mehr Rechte für Frauen in den verschiedenen Lebensbereichen gefordert haben.[1]

---

1 Es gibt unbestritten eine viel weiter zurückreichende Tradition der Thematisierung von Geschlechterbeziehungen, die aber in der Regel nicht als ‚Frauenbewegung' bezeichnet wird.

Das biologische und das soziale Geschlecht werden entkoppelt

Der ersten Frauenbewegung im ausgehenden 19. und beginnenden 20. Jahrhundert ging es vor allem um Sozialreformen (z.B. Arbeiterinnenschutz, Bekämpfung von Prostitution und Alkoholismus u.a.m.), um eine Besserstellung der Frauen durch Bildung, um den Zugang von Frauen zu qualifizierter Berufstätigkeit, um eine zivilrechtliche, insbesondere eherechtliche Besserstellung und nur der radikalste Teil kämpfte für das Frauenstimmrecht.

Mit ihrem Verweis auf einen gesellschaftlich begründeten Unterschied zwischen Frauen und Männern im Buch „Das andere Geschlecht" ermöglichte Simone DE BEAUVOIR (1951) einer neuen Generation von Feministinnen, ‚Geschlecht' als kulturelle Konstruktion alltäglicher (und auch wissenschaftlicher) Praxis zu thematisieren.

Die zweite Frauenbewegung seit den späten 1960er Jahren ging über das Ziel sozialer, ziviler und politischer Gleichstellung hinaus. Sie verlangte weniger die Teilhabe an den männlich dominierten Institutionen durch Wahlrecht und Beruf, sondern stellte diese prinzipiell in Frage und kämpfte hauptsächlich für die Befreiung aus fest gefügten Rollenzwängen (Abb. 1). In den späten 1960er Jahren und frühen 1970er Jahren wurde immer wieder die Geschlechterblindheit der Wissenschaft moniert und erste Ansätze der Frauenforschung untersuchten die realen Lebens- und Arbeitsbedingungen der Frauen. Spätestens seit den 1980er Jahren setzten sich Frauenforscherinnen empirisch mit der Frage auseinander, ob sich die Geschlechter nachweisbar derart unterscheiden, dass eine Zweiteilung der Gesellschaft nach dem Geschlecht legitimierbar sei (Abb. 2) dazu sind besonders interessant die Arbeiten von C. HAGEMANN-WHITE 1984[2].

> Die soziale Diskriminierung der Frau ist nicht mehr auf Grund der körperlichen Differenz legitimierbar.

Das Sex/Gender-Konzept

Für die Unterscheidung zwischen der körperlichen Geschlechterdifferenz und den durch Sozialisation vermittelten Geschlechterrollen wurde im angelsächsischen Raum das Begriffspaar *sex* und *gender* eingeführt. Mit dem Begriff *sex* und dem gegenübergestellten Begriff *gender* sollte die Unterscheidung zwischen dem Natürlichen und dem Kulturellen gewährleistet werden. Hierbei verdeutlichte *sex* alle biologischen Merkmale, die mehr oder weniger sichtbar sind. *Gender* dagegen bezeichnet das soziokulturell zugeschriebene Geschlecht bzw. die besetzte Rolle und die Rollenerwartungen. Mit der Unterscheidung zwischen *sex* und *gender* konnten gewisse

---

2   Sie untersucht das Sozialverhalten und die Unterschiede in kognitiven Fähigkeiten (z.B. Aufmerksamkeit, Erkenntnisfähigkeit, Entscheidungsfindung usw.) von Jungen und Mädchen und kommt zu dem Schluss, dass Männlichkeit und Weiblichkeit als abgrenzbare Größe nicht direkt bipolare Gegensätze sind.

1. THEORETISCHE KONZEPTE VON GESCHLECHT UND RAUM

 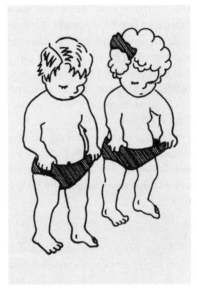

Abbildung 1: Plakat der zweiten Frauenbewegung in der BRD 1970

Abbildung 2: „Ahh, das ist der Grund warum wir unterschiedliche Löhne haben!"

Zuschreibungen von Eigenschaften, die auf der Annahme der biologischen Zweigeschlechtlichkeit basierten, fundamental in Frage gestellt werden.

Welche Bedeutungen dem biologischen Geschlechtsunterschied jedoch beigemessen werden, in welcher Art Weiblichkeit und Männlichkeit normiert werden und welche „Ordnung der Geschlechter" (C. HONEGGER 1991) in der Folge entsteht, hängt von den historischen, politischen, wirtschaftlichen und sozialen Bedingungen der Gesellschaft ab; daher sind diese Konstellationen Gegenstand terministischer / gesellschaftsspezifischer Analysen (vgl. R. BECKER-SCHMIDT und G.-A. KNAPP 2001). An dieser Stelle situiert sich auch die geographische Geschlechterforschung, welche insbesondere die räumlichen Rahmenbedingungen und Konsequenzen dieser Geschlechterrollen und Geschlechternormen erforscht.

Sowohl in der feministischen Debatte wie in der feministischen Forschung wurde im Laufe der 1980er Jahre immer dringlicher die Frage gestellt, wie Geschlecht mit anderen Differenzkategorien verbunden werden kann. Nachdem die Klassenfrage schon zu Beginn der feministischen Debatte nach 1968 angeregt diskutiert worden war, wurde von schwarzen Feministinnen wie Patricia Hill Collins, Angela Davis, Sellhocks u.a. moniert, dass auch die Kategorie ‚Rasse'[3] nicht befriedigend eingebunden war.

Verbindung von Geschlecht mit anderen Differenzkategorien

---

3 Der Begriff Rasse ist im Deutschen seit der NS-Zeit extrem belastet und wird daher in der Wissenschaft kaum mehr verwendet. Da aber nur der Begriff, nicht aber das Phänomen des Rassismus verschwunden ist, wird in diesem Text der Begriff wieder

1. THEORETISCHE KONZEPTE VON GESCHLECHT UND RAUM

Damit trat erneut die Frage nach Gleichheit und Differenz zwischen Frauen in den Mittelpunkt (C. KLINGER 2003). Es stellte sich die Frage, ob zum Beispiel schwarze Frauen ihre Lebenserfahrungen nicht eher mit schwarzen Männern teilen als mit weißen Frauen oder was Arbeiterinnen mit bürgerlichen Frauen gemeinsam haben. Das Konzept der Intersektionalität (an)erkennt diese Fragen und rückt neben der Kategorie Geschlecht noch mindestens zwei weitere Kategorien in den Blickpunkt wissenschaftlicher Diskussion: Rasse und Klasse. Damit erfolgt ein entscheidender Perspektivenwechsel innerhalb des gendersensiblen Denkens. Nicht eine universalistische Gruppe ‚Frau-weiblich' wird untersucht, sondern sich überlappende, bedingende oder auch ausschließende Kategorien entlang unterschiedlicher Achsen der Differenz (siehe Kapitel 1.3 zu Intersektionalität).

> Ende der 1980er Jahre trat das Interesse an dem Phänomen Geschlecht an sich in den Vordergrund, wobei die bisher unhinterfragte Annahme der Zweigeschlechtlichkeit in Frage gestellt wurde. Es wurde aufgezeigt, dass die Einteilung Mann/männlich und Frau/weiblich nicht zwingend und empirisch nicht zweifelsfrei bestätigt werden kann. Die Dekonstruktion der heteronormativen Geschlechtlichkeit steht im Zentrum der Queer Studies.

Zweigeschlechtlichkeit und Heteronormativität wird hinterfragt

Die Kritik der Heteronormativität wurde von Judith BUTLER in ihrem außerordentlich einflussreichen Buch „Das Unbehagen der Geschlechter" (1991) vorgenommen; auch wenn der Begriff *queer* darin noch keine Rolle spielt, sondern erst in ihrem Buch „Körper von Gewicht" (1997) eine konsequente Beachtung findet. „Das Unbehagen der Geschlechter" (1991) baut auf den Problemen einer exklusiven Dichotomie der Zweigeschlechtlichkeit auf und beflügelte in den 1990er Jahren die Diskussion wie es selten zuvor geschah. Das Argument war, anstatt nach den großen Folgen des kleinen Unterschiedes zu suchen, sei es wichtiger nach den kulturellen Voraussetzungen einer Einteilung in zwei Geschlechter zu fragen und deren Konstruiertheit zu erkennen.[4]

---

verwendet. Damit soll deutlich gemacht werden, dass Diskriminierung und Ausgrenzung auf Grund körperlicher und kultureller Merkmale durch Vermeidung des Begriffes nicht ungeschehen gemacht werden können. Der Logik des Buches entsprechend wird auch Rasse als gesellschaftlich konstruiert und praktisch hergestellt verstanden.

4   Oft wird BUTLERS Ansatz als postmoderne feministische Theorie bezeichnet. Sie selbst lehnt den Begriff ab und sieht sich als Poststrukturalistin (vgl. J. BUTLER (1993) „Kontingente Grundlagen. Der Feminismus und die Frage der ‚Postmoderne'" in: S.

Gemäß J. BUTLER (1991) ist das Sex/Gender-Konzept nicht mehr als eine Scheinlösung, welche nicht dazu führt, das Geschlechterverhältnis hinreichend zu beschreiben, sondern mit der Benennung der Kategorien ‚Frau'/ ‚Mann' und den Überlegungen über Weiblichkeit und Männlichkeit die Dichotomie der Geschlechter weiterhin diskursiv konstruiert. Neben Gender und Sex benennt sie ein weiteres Element von Geschlechterordnungen, *desires* – die Orientierung des sexuellen Begehrens, dem für die Stabilisierung der heteronormativen Geschlechterordnung eine bedeutende Rolle zukommt. BUTLER argumentiert, dass nicht von einer Homogenität der Gruppe ‚Frauen' ausgegangen werden kann, denn Frauen seien weder durch gleiche Probleme noch durch gleiche Erfahrungen verbunden.[5] Auf Grund der zunehmenden Individualisierung existieren für BUTLER so viele Geschlechter wie es Menschen gibt, denn von einer Normalbiographie der Frau könne nicht mehr ausgegangen werden. Damit ist für sie die Kategorie ‚Geschlecht' abgeschafft, und jeglichen essentialistischen und universalistischen Konzepten wird eine Absage erteilt. Obwohl dies für die akademische Diskussion ein interessanter und theoretisch fruchtbarer Beitrag ist, ist BUTLER auch stark kritisiert worden. Insbesondere von feministischer Seite wurde eingewendet, dass ihr Ansatz in der politischen Praxis ins *abseits* führe.

<small>Sexualität als Differenzkategorie</small>

> Häufig findet man ab den 1990er Jahren den konstruktivistischen Forschungsansatz in der amerikanischen Literatur unter dem Begriff des *doing gender*, wobei eine Argumentationslinie aus der Ethnomethodologie aufgegriffen wird, die deutlich macht, dass wir alle diskursiv und durch unsere alltäglichen Praktiken Geschlecht herstellen und dies auch nicht vermeiden können.

Seit den frühen Untersuchungen von H. GARFINKEL (1967), E. GOFFMAN (1977) und C. WEST und D.H. ZIMMERMANN (1991) wird die aktive Leistung zur Herstellung von Geschlecht durch alltägliche Prozesse (Konstruktion) betont: In der sozialen Interaktion werde Zweigeschlechtlichkeit permanent dadurch hergestellt, dass Personen stets einem bestimmten Geschlecht zugeordnet werden. Dagegen wurde von Vertreterinnen des Institutionenansatzes eingewendet, dass Geschlecht nicht nur individuell her-

<small>Geschlecht wird in sozialen Beziehungen praktisch hergestellt</small>

BENHABIB et al. (Hrsg.) „Der Streit um Differenz. Feminismus und Postmoderne in der Gegenwart").
5 Ein wichtiger Grund, warum die Kritik an einem universalistischen Sex/Gender-Konzept vor allem aus den USA kommt, liegt in der Differenz weiblicher Erfahrungen in einer Gesellschaft, die ethnisch stark hierarchisiert ist. Farbige Frauen sehen im europäischen Feminismus einen Ethnozentrismus, der blind für die Heterogenität innerhalb der Gruppe ‚Frau' ist.

vorgebracht, sondern auch strukturell und institutionell abgesichert wird. Die institutionellen Arrangements erzwingen Männlichkeit und Weiblichkeit und halten Geschlecht als scheinbar natürlich im Alltag präsent (R. GILDEMEISTER und A. WETTERER 1992, vgl. R. GILDEMEISTER 2004). Viele Geschlechterforscher_innen – auch im deutschsprachigen Raum – sehen in dem Ansatz von Judith BUTLER eine Möglichkeit zur Belebung der Geschlechterforschung und zur adäquateren Konzeptualisierung aktueller gesellschaftlicher Bedingungen. Seitdem ist ein starker Einfluss englischsprachiger Texte auf die deutschsprachigen Sozialwissenschaften zu spüren, was mit dem Aufsatz von Regine GILDEMEISTER und Angelika WETTERER (1992) „Wie Geschlechter gemacht werden" beginnt.

Mit Judith BUTLER erfolgt ein Paradigmenwechsel, bei dem die feministische Theorie durch die konstruktivistischen Konzepte der Gender Studies erweitert wurde.

Folgt man der These BUTLERs, dass es eine weibliche Normalbiographie nicht gibt, entstehen für die Gender Studies sowohl terminologisch als auch empirisch Probleme. Es stellt sich die Frage, ob die Frauen- und Geschlechterforschung im Zuge der Dekonstruktion den zu untersuchenden Gegenstand verliert. Was ist die zu untersuchende Gruppe, wenn eine homogene Gruppe ‚Frauen' und/oder ‚Männer' nicht existent ist?

Symbolische Ordnung der Geschlechter bestimmt Alltagshandeln

Zunächst kann man sagen, dass die Gruppe ‚Frau' und ‚Mann' auch dann real ist, wenn sie ‚nur' in den jeweiligen Vorstellungen, Normen, Gesetzen etc. (also in allen möglichen gesellschaftlichen Institutionen) über Personen existiert. Im Alltag kommt es täglich zur Konstruktion des Geschlechterverhältnisses und damit der symbolischen Ordnung der Geschlechter mit all ihren Implikationen bezüglich Erwartungen, Handlungen, Ausgrenzung aus und Zuschreibung zu bestimmten Positionen des alltäglichen Lebens. Die wissenschaftliche Dekonstruktion muss immer mitgedacht werden, aber auf Grund der gesellschaftlichen und lebensweltlichen Konstruktion der Zweigeschlechtlichkeit kann die Sozialwissenschaft an ihr nicht das wissenschaftliche Interesse verlieren.

> In der dekonstruktivistischen Geschlechterforschung wird eine Veränderung der Perspektive vorgenommen, in der die sprachlich-diskursiven Formen der Konstruktion von ‚Geschlecht' analysiert werden. Die auch als poststrukturalistisch bezeichneten Perspektiven basieren auf dieser sprachlich-wissenschaftlichen Wende, die als *linguistic turn* bezeichnet wird.

Geschlechternormen entstehen diskursiv

Dieser Ansatz legt eine starke Konzentration auf die Bedeutung von Zeichen, Symbolen und Sprache. Sprache ist dabei nicht Abbild einer gegebenen Wirklichkeit, sondern sinn- und damit ordnungstiftend, d.h. welterzeugend. In konstruktivistischen Ansätzen kommt es auch hier zur Ablehnung einer naturgemäßen Wirklichkeit von Gesellschaft und ihren strukturellen Eigenschaften. Vielmehr sollen genau die Diskurse, die unsere Geschlechtervorstellungen, Gesellschaftsverhältnisse und Raumstrukturen durch sprachliche Äußerungen und Handlungen (re)produzieren und durch ständige Wiederholungen stabilisieren, aufgedeckt werden. Nicht das quantitative Zählen von Unterschieden dominiert das Interesse, sondern ‚wie' über Frauen und Männer gesprochen wird und somit über Begriffe Geschlechtsidentitäten (und analog Raumidentitäten) hergestellt werden, warum die Zweiteilung der Welt so schwer abzulegen ist und welchen Zielen und Zwecken sie dient. Danach stehen Fragen im Vordergrund, was als ‚weiblich' oder ‚männlich' gedacht wird, wie sich Individuen als ‚weiblich' oder ‚männlich' präsentieren und welche Eigenschaften dann der einen und dem anderen abgesprochen bzw. zugetraut werden.

Judith BUTLERS theoretische Überlegungen führen durchaus nicht zum Verlust des Untersuchungsgegenstandes der Gender Studies, sondern sind als Erweiterung ihrer Analysefähigkeit zu verstehen. Damit tritt eine Dekonstruktion der diskursiven Herstellung von Geschlechternormen und der Zweigeschlechtlichkeit in den Fokus der Geschlechterforschung.

In der französischen Theoriediskussion hat der Konstruktivismus[6] einen wesentlich kleineren Einfluss als in der deutschen Debatte. Hier steht vielmehr die Auseinandersetzung mit der Mutterrolle im Zentrum, nachdem schon Simone DE BEAUVOIR diese als Ursache der Versklavung der Frauen bezeichnet hat.

> Der poststrukturalistische *turn* eröffnet auch für die Gender Geographien neue und alternative (Denk)Möglichkeiten.

Die theoretischen Denkansätze des Poststrukturalismus – zu denen so heterogene Positionen wie z.B. das DERRIDA'sche Denken der Differenz, die FOUCAULT'sche Diskurstheorie, die Psychoanalyse von LACAN sowie feministische Ansätze von KRISTEVA und IRIGARAY gehören – fordern dazu auf,

---

6   Konstruktivismus als viele Varianten umfassendes Paradigma bedeutete hier die Perspektive einer sozial konstruierten Welt. Forschungslogisch bedeutet dies den Wechsel von Was-ist-Fragen zu Wie-wird-Fragen. In späteren Arbeiten wird der Begriff Konstruktivismus teilweise durch den des Dekonstruktivismus ersetzt. Nachdem der Konstruktivismus zeigen kann, dass die soziale Wirklichkeit einer Konstruktion durch alltägliches Handeln unterliegt, damit als dynamisches Gebilde und veränderbar begriffen werden kann, sucht der Dekonstruktivismus nach anderen Wegen. Der Dekonstruktivismus beschränkt sich nicht auf die Frage, wie, was, durch wen konstruiert wird, sondern fragt, was wird nicht konstruiert? Was wird ausgelassen? Vor dem Hintergrund, dass die Welt auch ganz anders sein könnte, fordert er eine Verschiebung der gesamtgesellschaftlichen Logik (z.B. Nicht-Zweigeschlechtlichkeit).

die Welt anders zu denken. Grundlegende Konzepte der geographischen Geschlechterforschung wie Geschlecht, Raum, Landschaft, Gesellschaft oder Natur können unter veränderten Prämissen und mit Hilfe diskursanalytischer Methodenansätze neu gedacht werden, wie die Beispiele in den Kapiteln vier bis neun dokumentieren.

> Die aktuelle Geschlechterforschung kann sowohl Frauen als auch Männern durch eine kritische Beleuchtung bzw. die Dekonstruktion der Geschlechterverhältnisse Vorteile bringen und insgesamt zu einer nicht mehr geschlechtsseparierten und geschlechtsdiskriminierenden Gesellschaft beitragen.

Wie diese Ausführungen zeigen, ist die Beschäftigung mit feministischer Theorie und Gender Studies innerhalb der Sozialwissenschaften ein etabliertes und dynamisches Feld. Vor allem aber fördert die Wahrnehmung geschlechtsspezifischer Differenzierung und Hierarchisierung in vielen Bereichen des alltäglichen und wissenschaftlichen Lebens einen interdisziplinären Zugang zu geschlechtersensibler Erkenntnis. Aspekte aus anderen Disziplinen wie Geschichte, Kultur-, Literatur-, Rechts- und Wirtschaftswissenschaften, Psychologie, Philosophie, Theologie und auch den Naturwissenschaften bereichern die akademische Auseinandersetzung. Was kann nun eine Raumwissenschaft wie die Geographie zu diesem Thema beitragen? Eine geographische Perspektive setzt voraus, dass die Kategorie Geschlecht neben einer sozialen eine räumliche Komponente besitzt, die es zu analysieren gilt. Die unterschiedlichen theoretischen und empirischen Zugänge zu Gender Geographien werden im Folgenden beleuchtet.

1.2 RAUM ALS SOZIALE KONSTRUKTION IN DER ALLTÄGLICHEN PRAXIS

Geographie als Wissenschaft von Raum

Wie die Geschichte als eine Wissenschaft von der Zeit gesehen wird, so wird die Geographie als eine Wissenschaft von Raum wahrgenommen. Dabei ist es die wesentliche Aufgabe von Geograph_innen, soziale Phänomene innerhalb territorialer Einheiten zu untersuchen – und das macht die Feministische Geographie auch. So gibt es Analysen zu (KUTSCHINSKI/ MEIER 2000, WUCHERPFENNIG 1997, WUCHERPFENNIG/FLEISCHMANN 2008) Angsträumen in Städten, in denen sich Frauen unsicher fühlen, es gibt spannende Untersuchungen zu Einkaufszentren als Freizeitorten von (oft jungen) Frauen (MUCHOW/MUCHOW 1998, GESTRING/NEUMANN 2007) und es gibt Studien über das Freizeitverhalten von Männern und Frauen an unterschiedlichen Tourismusorten (vgl. W. GAMERITH 2007).

Geograph_innen interessieren sich auch für Räume, die keine materielle und dreidimensionale Struktur aufweisen, sondern durch soziale Interaktionen hergestellt werden; z.B. den Arbeitsmarkt. Den Arbeitsmarkt kann man nicht vermessen, kartieren oder sogar dreidimensional abbilden. Dennoch ist der Arbeitsmarkt ein Handlungsraum, der sozial konstruiert, durch politische und ökonomische Interessen beeinflusst wird und somit einigen Individuen mehr Spielräume lässt als anderen.

Um solche sozialen Räume wie den Arbeitsmarkt trotz ihrer nicht vorhandenen materiellen Raumstruktur dennoch hinreichend analysieren zu können, benötigte es einen Paradigmenwechsel innerhalb der Geographie, durch den sich der geographische Forschungsgegenstand Raum von einem geographisch-räumlich und historisch-zeitlich abgrenzbaren ‚Container' hin zu einem Resultat menschlicher Konstruktionsleistung veränderte (siehe U. WARDENGA 2006).

> Soziale Räume entstehen durch Handlungen

> Die traditionelle Geographie baute auf den substantialistischen Raumkonzepten von ARISTOTELES und NEWTON auf, die ‚Raum' als existent und unabhängig von den sich darin befindenden Objekten verstanden.

Damit schrieben sie dem Raum eine eigene Form (Behälter/Container) zu und gehen von einer Wirkung des Raums auf die im Raum bestehenden Objekte aus (B. WERLEN 1997: 144ff).[7] Diese Darstellung von ‚Raum' als geometrischem Körper führte dazu, dass ‚Raum' im Gegensatz zu ‚Zeit' als statisches Gebilde betrachtet wurde und somit der Inbegriff von Stillstand war. Während die Zeit stetigen sozialen, politischen und ökonomischen Veränderungen unterliegt, die als Zeitgeist, Ära und Epochen Gegenstand von Geschichte und Soziologie sind, schien der ‚Raum' eine von der Natur gegebene und somit unveränderbare Bedingung menschlichen Handelns, die vermessen und kartiert und damit entlang der Kategorien von Nähe und Distanz analysierbar wurde.

Da diese Raumkonzepte später von HETTNER in die Landeskunde, von RATZEL in die Anthropogeographie sowie von WIRTH und OTREMBA in die Wirtschaftsgeographie eingebunden wurden, entstanden für die geographische Wissenschaft zwei Probleme. Erstens fand forschungslogisch nur der materialisierte Raum wie z.B. der Stadtraum Beachtung, nicht aber immaterialisierte Beziehungen wie Grenzziehungen, die an Hand von Handlungserwartungen festgeschrieben werden (z.B. männertypische und frauentypische Berufe als Folge von Fähigkeitszuschreibungen und deren Folgen bezüglich der Segregation des Arbeitsmarktes). Zweitens wurde der materialisierte Raum nicht bezüglich der eigenen Konstruiertheit hinter-

> Auch Raum ist konstruiert und veränderlich

---

[7] Einen vollständigen Überblick über die Raumkonzepte in der Geographie bietet der Band 1 der Reihe „Sozialgeographie kompakt" von Peter WEICHHART 2008 „Entwicklungslinien der Sozialgeographie. Von Hans Bobek bis Benno Werlen".

fragt, sondern in natur- und raumwissenschaftlicher Manier als Ursache-Wirkungsprozess verstanden, bei dem menschliche Tätigkeiten und deren Produkte innerhalb der gebauten Umwelt als unausweichliche Folge ohne Alternative gesehen wurden.

> Schon seit den 1970er Jahren wurde das bisherige Raumkonzept immer wieder zunehmend kritisiert und spätestens seit Ende der 1980er Jahre durch den Einfluss des Konstruktivismus in Frage gestellt.

Wie die Kategorie ‚Geschlecht' in der Sozialwissenschaft wurde auch ‚Raum' in der Geographie als soziale Konstruktion verstanden. Die handlungstheoretische Sozialgeographie verlagerte damit die Perspektive vom Raum als physischer Materie hin zu menschlichen Aktivitäten, die unter sozialen, politischen, ökonomischen und eben auch räumlichen Bedingungen ablaufen.

> Mit der handlungstheoretischen Sozialgeographie von Benno WERLEN konnte die jeweils spezifische ‚Raumstruktur' nicht mehr nur als Voraussetzung, sondern auch als Ergebnis sozialer, wirtschaftlicher und politischer Prozesse und als Folge von Entscheidungen diskutiert werden.

Deterministische Raumkonzepte werden langsam aufgegeben

Trotz der theoretischen Auseinandersetzung mit der Kategorie ‚Raum' innerhalb der Geographie, wird der Raum auch heute noch oft als dreidimensionale Projektionsfläche unhinterfragt in die Analyse übernommen. Hinzu kommt, dass das Konzept des Containerraums nicht selten mit der Zuschreibung einer gewissen Wirkkraft verknüpft wird, indem unterstellt wird, dass mit Aussagen über Nähe bzw. Distanz von Subjekten wie auch Objekten Aussagen über deren Qualität getroffen werden können. Diese Sicht eines Wirkraums lässt gesellschaftliche Ursachen in den Hintergrund treten. Ein Beispiel dazu: Viele städtische Entscheidungsträger erkennen, dass im Zuge sozialer, ökonomischer und politischer Umwälzungen innerhalb von Stadtgebieten nicht selten sogenannte ‚Brennpunkte' entstehen, in denen sowohl akute Probleme wie erhöhte Kriminalität als auch ein Gefühl von Stigmatisierung und Ausgrenzung für die Bevölkerung entstehen. Mit der Bezeichnung ‚Brennpunkt' unterstellt man diesem prekären ‚Punkt' (Ort, Platz) eine (Mit)Schuld an den ‚dortigen' Verhältnissen. Stadtplanerische Reaktionen sind daher baulich-strukturelle Maßnahmen (Verbesserung des Wohnumfeldes), die den Raum verändern sollen. Jedoch wird damit häufig die Stigmatisierung nur bunt angestrichen, was sich in bunten Plattensiedlungen mit im Wachstum befindenden Bäumchen zeigt.

Die hohe Arbeitslosenquote kann dadurch nicht gelöst werden. Die englische Geographin Doreen MASSEY plädiert deshalb in ihren Arbeiten für ein nicht-statisches Konzept von Raum in dem Sinne, dass Raum ein Konstrukt von sozialen Beziehungen ist.

Ausgehend von den Wirtschafts- und Sozialstrukturen der Produktion, entwickelt MASSEY einen breiteren Begriff von *spatiality* (Räumlichkeit) als das Produkt der Überschneidungen von Sozialrelationen. Auf dieser Grundlage schlägt sie eine Annäherung an den Begriff ‚Platz'/‚Plätze' statt Raum vor und verändert damit den Blickwinkel vom statischen Raum zum provisorischen Platz, der stets Anfechtungen anderer ausgesetzt und damit veränderbar ist bzw. sich stetig entsprechend der Sozialstrukturen verändert. MASSEYS Debatte um *space* (Raum) und *place* (Ort) wird durch die Kategorie ‚Geschlecht' erweitert, wodurch sie zeigen kann, wie Geschlecht die Konstruktion von (Schau)Plätzen beeinflusst (vgl. D. MASSEY 2005, 1994).

Soziale Räume entstehen in Beziehungen

Die Geographin Gillian ROSE versucht mit ihrem Konzept des *paradoxical space* ebenfalls Raum aus einer feministischen Perspektive neu zu konzeptualisieren. Ihr wichtigstes Ziel ist es, die binären Leitdifferenzen von Zentrum : Peripherie und/oder Frau : Mann zu unterwandern. Raum wird daher nicht als unveränderlich oder neutral verstanden, weil damit das Andere und Differente geleugnet wird. „The space is multidimensional, shifting and contingent" (G. ROSE 1993: 140). *Paradoxical* bedeutet, dass sich Räume nicht gegenseitig ausschließen, dadurch aber auch nicht zweidimensional kartierbar sind.

Raum ist mehrdimensional und veränderlich

Die Simultaneität des Ineinander und Nebeneinander, des Drinnen und Drüber erfordert ein Denken in heterogenen Geometrien. Dieser *sense of place* ist im Alltag erlebbar, erfahrbar wie auch fühlbar.

Im deutschen Sprachraum setzte sich als eine der ersten die Schweizerin Anne-Françoise GILBERT (1993) aus einer feministischen Perspektive theoretisch mit dem Raum auseinander und bezog sich dabei auf die Zeitgeographie von HÄGERSTRAND (1975). Diese geht von der Annahme aus, dass ein Mensch nur durch seinen Körper mit seiner Umwelt in Verbindung treten kann, womit er gewissen Gesetzen der Physik unterliegt. Die Zeitgeographie beleuchtet unterschiedliche Lebenswege und Tagesabläufe von Frauen und Männern (auch Kindern und Älteren) auf interessante Weise. Sie erfasst jedoch nur die, die räumlich sichtbar werden. Da HÄGERSTRAND in seiner Zeitgeographie auf das NEWTON'sche Raumkonzept zurückgreift, welches Raum als existent, auch unabhängig von den darin sich befindenden Objekten, denkt und GILBERT dies übernimmt, kann sie vielseitige Erkenntnisse zum Tagesablauf von Familienmitgliedern beitragen, jedoch bleibt eine solche raum-zeitliche Analyse unfruchtbar für nicht-räumliche Phänomene wie z.B. Ausgrenzungen aus politischen und sozialen Institutionen und für eine Diskussion der sozialen und politischen Rahmenbedingungen dieser Ausschlussprozesse.

Raum aus feministischer Perspektive

1. THEORETISCHE KONZEPTE VON GESCHLECHT UND RAUM

handlungstheoretische Sozialgeographie

Auch Andrea SCHELLER (1995) beschäftigt sich mit der Kategorie ‚Raum' in Verbindung zur Kategorie ‚Geschlecht' und vertritt den bis heute stark diskutierten handlungstheoretischen Theorieansatz von Benno WERLEN (1987, 1997), der sich mit der Regionalisierung alltäglicher Praktiken beschäftigt.

> Innerhalb der Theorie geschlechtsspezifischer Regionalisierung ist Region eine Verbindung von „Handlungskontexten in Raum und Zeit".

Raumaneignung durch Alltagspraxen

Das bedeutet, dass Region eine Handlungssituation ist und Regionalisierung der Prozess, durch den die Akteure die Handlungssituation konstruieren. Fragen danach, wie Regionalisierungen vollzogen, Regionen sozial konstruiert und aufrechterhalten werden, welche Konsequenzen sich daraus für die alltäglichen raum-zeitlichen Aktivitätsmuster der Akteure ergeben und welche Bedingungen diese wiederum für den sozialen Kontext des Handelns besitzen, stehen im Mittelpunkt dieser Forschung.

> Innerhalb dieser handlungstheoretisch orientierten Sozialgeographie wird Raum konsequent als ein formal-klassifikatorischer Begriff gefasst.

Raum als Orientierungssystem

Der Begriff formal weist darauf hin, dass räumliche Dimensionen nicht inhaltsbestimmend, sondern ‚nur' eine Art Grammatik zur Orientierung sind. Durch Raumbegriffe ist es möglich, eine Beschreibung der Anordnung zu äußern (oben, unten, neben, dort), jedoch niemals deren Qualitäten. Klassifikatorisch, weil wir täglich Typisierungen vornehmen, um die Welt zu ordnen (nach Geschlecht, Alter, Ethnie). Raum wird so im Zuge zweckrationalen Handelns (des idealtypischen *homo oeconomicus* oder *homo rationalis*), bei dem es zur Herstellung einer optimalen Zweck-Mittel-Relation kommt, durch die Geo-Metrik kalkulierbar wie z.B. bei der Standortwahl. Der Raum wird durch diese Metrisierung einteilbar, vermessbar, im Falle von Bodenmarkt und Standortwahl verkaufbar und in der Verknüpfung mit der Zeit- und Geldmetrik zur Grundlage der Formalökonomie (Marktwirtschaft und Industriekapitalismus) (B. WERLEN 1997: 255ff).

Raum als normative Struktur

Beim normorientierten Handeln zählt weniger die bloße Nutzenkalkulation als vielmehr die Fähigkeit des Subjektes zur Normberücksichtigung.

In der Art, wie Normen die Handlungsabläufe zwischen zwei oder mehreren Subjekten regeln, bestimmen sie auch die Handlungserwartungen ‚im Raum'. In Form von Territorialisierungen werden Handlungserwartungen bezogen auf Geschlecht (oder auch auf Alter, Klasse und Ethnie) mit einem bestimmten räumlichen Kontext verknüpft („Hier darfst du dieses tun, dort aber nicht"); in diesem Sinne gewinnen Räume wie der Arbeitsmarkt oder auch der öffentliche und private Raum eine geschlechtsspezifische Konnotation beispielsweise im Hinblick auf geschlechtsspezifische Kleidernormen im Büro oder in Konzertsälen.

Das verständigungsorientierte Handeln zielt auf das Verständnis von Bedeutungen und Sprache und greift dabei auf subjektive Sinnkonstitutionen zurück.

Raum als Symbolsystem

Nach SCHÜTZ hat der Körper eine wesentliche kommunikative Funktion; er ist der „Durchgangsort" (A. SCHÜTZ 1981: 92 zit. in B. WERLEN 1997: 262f) von Erkenntnis und Handlung. Vor diesem Hintergrund ist es in räumlicher Hinsicht wichtig, die Konstitution von Bedeutung im Hinblick auf Kopräsenz bzw. Abwesenheit des Körpers sowie deren Klassifikation nach Geschlecht (oder Alter, Sexualität und Ethnie) im Hinblick auf unterschiedliche Erfahrungen und Wahrnehmungen zu beleuchten.

> Die beiden durch alltägliches Handeln unter bestimmten gesellschaftlichen Bedingungen hergestellten sozialen Konstrukte ‚Raum' und ‚Geschlecht' unterliegen ständigen Veränderungen.

Mit der Ansicht, dass Raum wie Geschlecht ein soziales Konstrukt ist, das ‚nur' eine soziale Ordnungskategorie darstellt, legt die Geographie endgültig jegliche (geo)deterministische Traditionen ab. Damit wäre der Paradigmenwechsel der Geographie von einer auf dem Containerraum basierenden Raumwissenschaft hin zu einer handlungstheoretischen, geschlechtersensiblen Sozialwissenschaft vollzogen. Daraus ergeben sich weitreichende Implikationen für die theoretischen Zugänge, Forschungsfragen und Methoden der Gender Geographien, wie sie hier im Weiteren diskutiert werden.

Ende des Geodeterminismus

1.3 Intersektionalität als Ansatz der Gender Geographien

> In den 1980er Jahren übten vor allem afroamerikanische, aber auch (feministische) Frauen und Wissenschaftler_innen[8] aus den Ländern des Südens zunehmend Kritik an den universalistischen Ansprüchen der feministischen (mittelständischen) Bewegungen Amerikas und Europas.

---

8   Vgl. z.B. Bell HOOKS „Ain't I a Woman. Black women and feminism" (1981), G.T. HULL et al. „All the Women Are White, All the Blacks Are Men, But Some of Us Are Brave. Black Women's Studies" (1982), G. ANZALDÚA „Borderlands. La Frontera. The New Mestiza" (1987).

Geschlecht als eine von mehreren Strukturkategorien

Diese Kritik wurde von feministischen Forscher_innen aufgenommen, und in der Erkenntnis, dass Geschlecht allein als Analysekategorie unzureichend ist, um die komplexen und vielfältigen Realitäten von Frauen zu beschreiben, wurden Ansätze gesucht, um bisher außer Acht gelassene Dimensionen alltäglichen Handelns in die Analysen einzubeziehen. Zuerst erfolgte die Erweiterung um die bereits diskutierten Kategorien ‚Klasse' und ‚Rasse' zu der v.a. in der nordamerikanischen Forschung verbreiteten Trilogie *race*, *class* und *gender*, später kamen dann weitere Differenzkategorien dazu. Mit Hilfe der analytischen Perspektive der Intersektionalität (K. CRENSHAW 1989, K. DAVIS 2008, N. DEGELE und G. WINKER 2007, G.-A. KNAPP 2003, 2008, L. MCCALL 2005, N. YUVAL-DAVIS 2006) sollen diese Differenzziehungen zwischen und innerhalb sozialer Kategorien wie ‚Staatsbürgerschaft', ‚Ethnie', ‚Klasse', ‚Alter und Herkunft' in ihrer Komplexität untersucht und in analytisch produktiver Weise zusammen gedacht werden können (K. WALGENBACH et al. 2007).

Gleichzeitig hat Intersektionalität auch eine stark herrschaftskritische Perspektive, die sich mit der Frage beschäftigt, wie der Blick trotz Fokussierung auf spezifische lokale Situationen offen bleiben kann für globale Machtverhältnisse, jenseits einer national gedachten Containergesellschaft. Dabei wird an Konzepten gearbeitet, die globale Bewegungen lokal erfassen sollen.

> Das Konzept der Intersektionalität bietet einen Analyserahmen, um die vielseitige Diskussion um die Themen Interkulturalität, Identität und gesellschaftliche Integration vs. Exklusion einzufangen.

Verschiedene Prozesse der Konstruktion sozialer Realität

Im Vordergrund steht die Frage, wie verschiedene Prozesse der Konstruktion sozialer Realität in der jeweiligen räumlichen und sozialen Situation zusammenwirken. Hier geht es um die theoretische Frage der Wirkmechanismen sozialer Strukturen im Verhältnis zur individuellen Aneignung dieser Strukturierungen und um die Wechselwirkung unterschiedlicher Anforderungen der jeweiligen Identitäten in der Konstitution sozialen Handelns. Das Konzept der Intersektionalität macht hier einen forschungsrelevanten Vorschlag, diese Wechselwirkungen bzw. Interdependenzen (K. WALGENBACH et al. 2007) entlang verschiedener „Achsen der Differenz" (G.-A. KNAPP und A. WETTERER 2003) bzw. der Ungleichheiten (C. KLINGER et al. 2007) anders als bloß additiv zu konzeptionalisieren und zu untersuchen.

> Beides, die Definition der Eigentümlichkeit bzw. Eigenständigkeit der jeweiligen Verhältnisse von Race/Ethnicity, Class, Gender *und* die Bestimmung ihres Zusammenhanges muss zugleich erfolgen. Das stellt methodologisch und (gesellschafts)theoretisch ein Novum dar. *(G.-A. KNAPP 2006: 12)*

N. DEGELE und G. WINKER (2007, 2009) plädieren dafür intersektionelle Fragestellungen/Phänomene mit Hilfe einer Mehrebenenanalyse zu untersuchen, um die Wechselwirkungen unterschiedlicher Kategorien in den Blick zu bekommen, wobei sie auf der Mikroebene die interaktiv hergestellten Prozesse der Identitätsbildung situieren, diese in den gesellschaftlichen Strukturen inklusive Institutionen auf der Makroebene verorten und als dritte, vermittelnde Ebene die Repräsenationsebene der kulturellen Symbole einführen. Sie betonen, „auf allen diesen Ebenen spielen Differenzierungen, Naturalisierungen und Hierarchisierungen eine zentrale Rolle" (2007: 4). Obwohl Sie wiederholt darauf hinweisen, dass viele ungleichheitsgenerierende Kategorien empirisch festgestellt werden können, stellen Sie die Wechselwirkungen der vier Kategorien ‚Klasse', ‚Geschlecht', ‚Rasse' und ‚Körper' ins Zentrum.

Intersektionalität als Mehrebenenanalyse

> Wir gehen davon aus, dass sich in kapitalistisch organisierten Gesellschaften die grundlegenden strukturellen Herrschaftsverhältnisse anhand der vier Strukturkategorien Klasse, Geschlecht, Rasse und Körper bestimmen lassen. Diese Differenzierugnen verteilen die verschiedenen Arbeitstätigkeiten ebenso wie die vorhandenen gesellschaftlichen Ressourcen auf verschiedene Personengruppen. *(ebd.: 6)*

Das Intersektionalitätskonzept versucht die Kategorie ‚Geschlecht' innerhalb eines ansonsten getrennt gedachten Kategoriensystems zu dezentrieren und bezieht neue Analysekategorien sowie eine Rekonzeptualisierung der Kategorien und ihrer Interrelationen in die theoriegeleitete humangeographische Identitätsdebatte mit ein. Dabei geht es auch darum, die Wirkmächtigkeit von sozio-kulturellen Theoremen, die den Blick orientieren, zu hinterfragen. Intersektionalität als heuristisches Konzept ist fruchtbar für verschiedenste Fragestellungen in sämtlichen Teildisziplinen der Humangeographie, in denen verschiedene Identitätskategorien und deren Überschneidungen und Verflechtungen relevant werden. Eine ständige Reflexion der Forschungspositionen und -theorien ist dafür Voraussetzung.

Diskussion der Interrelationen zwischen den Kategorien

Geograph_innen können einen wichtigen Beitrag innerhalb feministischer Politik liefern, indem sie aufzeigen, wie Identitäten auf verschiedene

Art und Weise in spezifischen raum-zeitlichen Kontexten konstruiert werden.

Die Konstruktion von Identität ist kontextgebunden

Während feministische Wissenschaftler_innen wie T. DE LAURETIS (1990) zwar die Intersektionalität der Identitäten von Frauen in den Vordergrund ihrer Analysen rücken, findet eine Verortung, kulturgeographische Situierung und nationalstaatliche Kontextualisierung, also eine räumliche Mehrebenenanalyse dieser Beobachtungen meist nicht statt. Geographische Geschlechterforschung hingegen interessiert sich dafür, wie bestimmte Identitäten in spezifischen Momenten und Kontexten an Bedeutung gewinnen bzw. verlieren. Interessant und geographisch relevant ist dabei ihre Kontextabhängigkeit, d.h., diese Unterschiede konstituieren sich gegenseitig in einem permanenten Prozess, wobei jeweils die eine oder andere identitätsbildende Subjektposition stärker zum Tragen kommen kann.

Nur wenige Publikationen von Geograph_innen haben sich bisher in dieser Weise mit intersektionellen Identitäten beschäftigt.

Erste spannende Forschungen aus den Gender Geographien

Zu den wichtigsten Arbeiten aus der Geographie zu intersektionellen Identitäten mit Blick auf *race, class* und *gender* zählen A. KOBAYASHI und L. PEAKE 1994, L. PEAKE 1993, L. PEAKE und A.D. TROTZ 1999, G. PRATT und S. HANSON 1994, G. PRATT 1999, 2002, S. RUDDICK 1996. Gill VALENTINE gibt ein überzeugendes Beispiel für die Relevanz des aktuellen, erweiterten Konzeptes der Intersektionalität entlang unterschiedlicher Achsen der Differenz für die Geographie: Für G. VALENTINE (2007) sind empirische Fallstudien die beste Möglichkeit, die Komplexität intersektioneller Identitätskonstruktionen innerhalb bestimmter räumlicher und zeitlicher Momente alltäglicher Geographien zu erfassen. Sie demonstriert dies an Hand ihrer Ausführungen über die (Des)Identifikationsprozesse einer gehörlosen lesbischen jungen Frau (Jeanette) innerhalb verschiedener räumlicher Kontexte und biographischer Momente. G. VALENTINE zeigt anhand der Lebensgeschichte dieser Person auf, wie die Frage „wer bin ich" sich ständig im Fluss befindet – je nach spezifischem räumlichen Kontext und biographischem Moment (Geburt, Kindheit, Heirat, etc.). Es gelingt VALENTINE, die Komplexität und Fluidität von Subjektpositionen zu verdeutlichen, indem sie erstens darauf aufmerksam macht, wie Jeanette sich selbst unterschiedlich in den verschiedenen Räumen (Schule, Gehörlosenclub, Zuhause mit dem Ehemann) wahrnimmt und zweitens, wie bestimmte Räume (Zuhause, Arbeitsort, Clublokal) durch die in diesen Räumen dominierenden Gruppen produziert werden. Die durch diese Gruppen entwickelte hegemoniale Kultur bestimmt, wer „*in place*" oder „*out of place*", d.h. zugehörig oder nicht-zugehörig zu bestimmten sozialen Räumen ist (G. VALENTINE 2007).

In der deutschsprachigen geographischen Geschlechterforschung wird der Ansatz erst seit kurzer Zeit, meist von jüngeren Wissenschafter_innen, diskutiert (vgl. B. BÜCHLER 2009, P. HERZIG 2006, P. HERZIG und M. RICHTER 2004).

1.4 Spaces of Masculinities[9] – Männlichkeiten in der Geographie

Die vergangenen Abschnitte haben das breite Feld der Diskussionen zur Konstruktion von Geschlecht und Raum sowie die Strategien der feministischen Geograph_innen zum Einbezug der Frauen bzw. der Geschlechterrelationen in die geographische Forschung dargelegt. In jüngerer Zeit ist ein weiterer Wandel der Forschungsperspektiven zu beobachten, der nun auch konsequent die Geographien von Männern und die Konstruktion der Differenzkategorie Männlichkeit aus einer räumlichen Perspektive betrachtet. Nachdem die feministische Geographie die komplexen Beziehungen von Raum, Weiblichkeit und Identität aufgedeckt hat, stellt sich nun konsequenterweise die Frage nach den Zusammenhängen zwischen männlicher Identität und Raum innerhalb der Geographie.

Gender Geographien betreffen auch Männer

> Gender Geographien bezwecken nicht nur die Analyse weiblicher Erfahrungsräume, sondern wollen auch die Konstruktionen und Geschlechtsnormen von Männlichkeit in den jeweiligen Räumen innerhalb der Genusgruppe ‚Männer' erforschen.

Dabei soll nicht nur auf die Differenz zwischen Frauen und Männern eingegangen werden, sondern auch auf Differenzen innerhalb der Männer, und die jeweiligen sozialen und räumlichen Kontexte.

Auch Männer sind keine homogene Gruppe

Analog zu den *Women Studies* wurden in den späten 1960er und frühen 1970er Jahren auch *Men's Studies* entwickelt, die im Hinblick auf Theorien, Fragestellungen und Konzepte stark von den Women Studies und Gender Studies beeinflusst wurden. An der Universität von Berkeley wurden 1976 erstmals *Men's Studies* in das Curriculum integriert (J. MARTSCHUKAT und O. STIEGLITZ 2008: 35). Seit den 1990er Jahren spricht man nun von den *newer Men's Studies* bzw. der kritischen Männerforschung, deren wichtigste Untersuchungsfelder Homosexualität, Militär, Sozialisation, Gewalt, Arbeit, Gesundheit und Vaterschaft sind (J. MARTSCHUKAT und O. STIEGLITZ 2008: 38). Analog zu Entwicklungen der Feministischen Theorie versteht man Männlichkeit nun differenzierter. Multiple Differenzkategorien wie *race, class, gender* und Sexualität werden jetzt stärker in die Analyse mit einbezogen (siehe M. BERESWILL et al. 2007, M. MEUSER 2001, 2006).

> Neben der Differenz zwischen Frauen und Männern wird auch auf Differenzen und Machtgefälle zwischen Männern eingegangen, wie sie an Hand von unterschiedlichen Männlichkeitskonzepten bzw.

---

9   Hier wird auf den gleich lautenden Titel des Buches von Bettina VAN HOVEN und Kathrin HÖRSCHELMANN (2005) Bezug genommen.

> dem Entwurf der „hegemonialen Männlichkeit" (R. Connell 1995) operationell werden.

Robert (bzw. nach einem Wechsel der Geschlechtsidentität Raewyn) Connell definiert Männlichkeit als eine Position im Geschlechterverhältnis, die auf einem System symbolischer Differenzen basiert. Hegemoniale Männlichkeit wird nicht als stabile Größe, sondern als soziale Norm der Hypermaskulinität verstanden, die keineswegs von der Mehrheit der Männer gelebt werden muss, um als kulturelles Ideal zu fungieren. Dabei argumentiert Connell, „Männlichkeit ist gleichzeitig eine Zuschreibung innerhalb der Geschlechterbeziehungen, der Prozess durch den Männer und Frauen diese Zuschreibung in das Geschlechterverhältnis einbinden und zugleich die Folge dieses Prozesses im Hinblick auf körperliche Erfahrung, Persönlichkeit und Kultur" (übersetzt nach R. Connell 1995).

Hegemoniale Männlichkeit und patriarchalische Dividende

R. Connell geht davon aus, dass es unterschiedliche Männlichkeitsmuster gibt, wobei hegemoniale Männlichkeit immer in Relation zu nichthegemonialen Männlichkeiten steht, die Connell in marginalisierte, unterdrückte und komplizenhafte Männlichkeiten differenziert: Heterosexuelle Männer dominieren, während homosexuelle Männer untergeordnet werden und oft als verweiblicht gelten. Diese Unterschiede unter den Männern führen dazu, dass nicht alle in gleicher Weise an der Dominanz der Männer und der Unterordnung der Frauen teilhaben. Connell spricht aber auch von einer trotzdem vorhandenen Komplizenschaft basierend auf einer „patriarchalischen Dividende", die qua männlicher Deutungs- und Definitionsmacht zu materiellen Vorteilen (beim Lohn beispielsweise), aber auch zu immateriellen Vorteilen (wie Prestige, Verantwortung) führt und von der alle Männer profitieren. Deshalb, so seine/ihre These, sind auch alle Männer am Erhalt der patriarchalischen Strukturen interessiert.

> Exklusive Männerwelten bzw. Räume sind ein mächtiges Element zum Erhalt der patriarchalen Herrschaft.

Der männliche Blick in der Geographie

Schon mehrfach wurde auf den männlichen Blick innerhalb der Geographie verwiesen, der als zentraler Kritikpunkt die Anfänge der Feministischen Geographie und Feministischen Theorie bestimmt. Somit setzten sich Geographinnen und Geographen zunächst mit den Ursachen dieser Perspektive auseinander, die eine Hälfte der Bevölkerung kontinuierlich ausblendete. Es konnte festgestellt werden, dass diese Nichtwahrnehmung bzw. Verneinung weiblicher Erfahrung nicht allein auf die Dominanz von Männern in der Wissenschaft zurückgeführt werden kann, sondern dass die Wurzeln dieses geographischen Denkens bei klassischen Philosophen wie zum Beispiel Aristoteles liegen, der behauptete:

1. THEORETISCHE KONZEPTE VON GESCHLECHT UND RAUM

Abbildung 3: Vespucci landet in Amerika (La découverte de l'Amérique). Theodoor Galle nach Jan van der Straet.

> Von Natur aus ist der Mann der Überlegene und die Frau die Unterlegene; und der Eine herrscht und die Andere wird beherrscht; das ist ein zentrales Prinzip für die Erhaltung der gesamten Menschheit. Wo es einen solchen Unterschied wie zwischen Körper und Geist oder zwischen Menschen und Tieren gibt, ist die untergeordnete Art von Natur aus Sklave und es ist besser für sie wie für alle Unterlegenen, unter der Herrschaft des Herren zu stehen.
> *(zitiert nach P. HALSALL 1998).[10] (Übersetzung ins Deutsche)*

Das Bild von Herrscher und Beherrschten hinterließ seine Spuren in geographischen Kontexten in dem Sinne, dass der Mann ein Entdecker, Eroberer und Abenteurer war; die Frau stellte – ergänzend dazu – den zu erobernden Raum dar.

10 Diese Differenzierung zwischen Frauen und Männern wird in der wissenschaftlichen Diskussion als Körper-Geist-Dualismus bezeichnet. Das zweite Kapitel „Körper und Körperlichkeit im Raum" dieses Buches wird sich näher mit diesem Thema auseinandersetzen.

Ein besonders eindrückliches Bild dieser Beziehung von Männlichkeit und Weiblichkeit zeigt die Darstellung von Jan VAN DER STRAET „Vespucci landet in Amerika" (1619), auf dem der hochdekorierte Vespucci Amerika in Besitz nimmt, das metaphorisch als nackte, verführerische und zu erobernde Frau dargestellt wird (Abb. 3).

> Kolonialisierung, Imperialismus und militärische Ziele, die lange Zeit das geographische Denken geprägt haben, sind vergeschlechtlicht.

Geographen als Entdecker

1899 hatten 62 weltweite geographische Organisationen wie zum Beispiel die Royal Geographical Society einen deutlichen Schwerpunkt ihrer Arbeit auf Entdeckungen und Erkundungen neuer Länder und Kulturen und hatten dabei häufig auch kommerzielle Ziele. Geographie war damit eindeutig eine männliche Domäne, als diese dargestellt und abgegrenzt (D. WASTL-WALTER 1985, V. MEIER 1989, B. VAN HOVEN und K. HÖRSCHELMANN 2005: 1ff).

Die Frau als Verführerin oder Mutter

Hegemoniale Männlichkeit und patriarchalische Strukturen sind in der sozialen Welt des Faches Geographie aber auch nach 30 Jahren Feministischer Geographie und Feministischer Wissenschaftskritik nicht verschwunden, denkt man beispielsweise an die Statuette des Voss-Preises der Deutschen Gesellschaft für Geographie (siehe Abb. 4), gestiftet von der Prof. Dr. Frithjof Voss Stiftung für Geographie, welche erst vor wenigen Jahren geschaffen wurde. Nach Auskunft der Stiftung wurde mit dieser Figur bewusst der Mythos von „Mutter Erde" aufgegriffen, der sich kulturgeschichtlich bereits in Gesellschaften findet, die den Ackerbau noch nicht kannten. In Europa geht das Sinnbild auf die mittlere Altsteinzeit von vor etwa 200.000 Jahren zurück. Da seitens der Forschung noch nicht geklärt ist, inwieweit es sich dabei um matriachalische Gesellschaften handelte, könnten die ersten diesbezüglichen Felszeichnungen, an denen sich das Motiv der Statuette orientiert, auch von Frauen stammen.[11] Nichtsdestotrotz bezieht sie sich auf eine Gleichstellung von der Mütterlichkeit der Natur mit der Mütterlichkeit von Frauen, die heute von vielen Frauen sehr kritisch gesehen wird (siehe Kapitel 3.1.), weil damit auch häufig Frauen die Verantwortung für die Natur und das Wohlergehen der Menschen aufgebürdet wird. Eben dieser Mythos wurde im Jahr 2001 bewusst als Motiv für die Statuette gewählt. Auch hier wurde somit, wie so oft, der weibliche Körper als symbolische oder allegorische Darstellung des Faches gewählt.

Ein sexistischer Duktus findet sich dagegen in der sehr populären und vielfach in der Lehre gezeigten Darstellungsserie zum Paradigmenwechsel

---

11 Für die Informationen zur Entstehungsgeschichte der Statuette danken wir Frau Dr. Mätzing von der Prof. Dr. Frithjof Voss Stiftung – Stiftung für Geographie.

1. THEORETISCHE KONZEPTE VON GESCHLECHT UND RAUM

Abbildung 4: Wissenschaftspreis für Geographie der Prof. Dr. Frithjof Voss Stiftung – Stiftung für Geographie

Abbildung 5: Der Kampf um das „richtige" Paradigma in der Geographie (Quelle: The Canadian Geographer 1967:266)

in der Geographie von Leslie CURRY von 1967, von der Abbildung 5 eine der Zeichnungen zeigt.

L. BERG und R. LONGHURST (2003: 351f) halten fest, dass Männlichkeit im alltäglichen Diskurs und in der räumlichen Praxis ebenso wie Weiblichkeit als eine Charaktereigenschaft und Spezifikum von Personen, eben von Männern, verstanden wird. Somit ist Männlichkeit ‚den' Männern eingeschrieben, es erscheint als natürliche Eigenschaft und Verhaltensweise. Dieses Konstrukt kann analog zu Weiblichkeit im Sex/Gender-Konzept dekonstruiert werden, so dass heute auch Männer als geschlechtlich geprägt und mit einer räumlich und zeitlich kontextualisierten und damit variablen Geschlechtlichkeit ausgestattet verstanden werden. Das sexuelle Wesen ‚Mann' erfährt in seiner Sozialisation die dazu passende ‚Männlichkeit'.

Männlichkeit und Weiblichkeit als Konstrukt

Es gelten auch alle anderen Überlegungen zur Dekonstruktion von Geschlecht und Geschlechtlichkeit, wobei aber in der Männlichkeitsforschung vor allem das hegemoniale Bild von Männlichkeit erforscht wird.

Wie Abbildung 6 zeigt, wird in dieser Weise der hegemoniale Idealtyp eines Mannes auch als Naturbeherrscher und -bezwinger konstruiert (A. HUNGERBÜHLER 2009). Damit ist Männlichkeit genauso wie Weiblichkeit ein Ergebnis vielseitiger Praktiken, Beziehungen und Kontexte, „which

Repräsentationsräume von Männlichkeiten

come together in the structuring of identity in different times and spaces" (L. BERG und R. LONGHURST 2003: 352).

> Identität als relational, d.h. in Beziehungen hergestellt, und damit als in der alltäglichen Praxis immer wieder neu zu (re)produzieren, zu verstehen bedeutet zu analysieren, wie Männlichkeit und Weiblichkeit sich im Alltag in Geschlechterbeziehungen ständig neu positionieren. Dieses Verständnis von Männlichkeit ermöglicht einen differenzierten Zugriff auf Geschlechterarrangements, da männlich und Mann-Sein entsprechend den sozialen Beziehungen und Praktiken beleuchtet, dekonstruiert und somit neu verhandelt werden kann.

Männlichkeit im öffentlichen Raum

Vor diesem Hintergrund beginnen Geograph_innen die Repräsentationsräume von Männlichkeiten zu untersuchen (D. BELL und G. VALENTINE 1995a, L. McDOWELL 2002, R. LONGHURST 2000b, G. MOSSE 1996). So zeigt P. JACKSON (1994, 1999) in seiner Studie, dass der Erfolg von Lifestyle-Magazinen für Männer in der Idee eines Gegenentwurfes zur „Krise der Männlichkeit" liegt. Auch in der aktuellen Werbung im deutschen Sprachraum wird immer wieder mit auf Männlichkeit und die symbolische Ordnung der Geschlechter rekurrierenden Geschlechterbildern operiert.

> Seit den Erkenntnissen des Konstruktivismus bzw. Dekonstruktivismus stehen die Geographien der Weiblichkeit und die der Männlichkeit im Zentrum des Forschungsinteresses geschlechtersensibler Geographie.

Männlichkeit auf dem Land

Daneben existiert eine Anzahl von Arbeiten, die sich mit hegemonialer Männlichkeit in ländlichen Kontexten auseinandersetzen (D. BELL 2000, H. CAMPBELL und M. BELL 2000). Rachel WOODWARD befasst sich in ihrer Studie ‚It's a Man's Life!' (1998) mit „soldiers, masculinity and the countryside" und argumentiert, dass die Armee ein Image von Landschaft konstruiert, welches sich mit der Vorstellung eines Rechts auf Kontrolle über Räume deckt.

Männlichkeit in Schulen

L. JOHNSTON (1998) beschäftigt sich mit Ein- und Ausschlussprozessen in Schulen. Am Beispiel von Hamilton (Neuseeland) stellt sie fest, dass Männer die Sport- und Trainingsräume besetzt halten und kontrollieren. Wenn Frauen diese Räume betreten wollen, wird dies als Verletzung der natürlichen Ordnung sexueller Identität gesehen. Einige Arbeiten zu Geographien der Sexualität beleuchten das Verhältnis von Landschaft und Männlichkeit und thematisieren auch Homosexualität beispielsweise bei Cow-

Abbildung 6:
Neulich am Berglasferner

boys – der anscheinend letzten Männerbastion (vgl. D. BELL 2000, D. BELL und G. VALENTINE 1995a, R. LIEPINS 2000, R. WOODWARD 2000).

J. SOMMERS (1998) diskutiert, in welcher Form Vorstellungen über Männlichkeit in die Konstruktion der Downtown Eastside in Vancouver einbezogen werden und untersucht damit Geographien der Männlichkeit in einem städtischen Kontext. Andere (vgl. G.D. SMITH und H.P.M. WINCHESTER 1998, D. MASSEY et al. 1998) beschäftigen sich mit dem komplexen System Arbeitsmarkt und decken das Beziehungsgeflecht von Erwerbsarbeit und privatem Bereich sowie die zugrundeliegende Konstruktion hegemonialer Männlichkeiten auf. Nachdem sich ein großer Teil der Arbeiten über männliche Homosexuelle auf die Aneignung des öffentlichen Raumes konzentrierte, fokussiert A. GORMAN-MURRAY (2006) die private Sphäre als Ort der (homo)sexuellen Identitätsbildung. Er zeigt, dass Homosexuelle im Gegensatz zu Heterosexuellen die private Sphäre nicht als Ort der Zurückgezogenheit – als privaten Ort – nutzen, sondern mit dieser heteronormativen Lebensweise brechen.

Männlichkeit in der Stadt

1. THEORETISCHE KONZEPTE VON GESCHLECHT UND RAUM

An dieser Stelle können nur wenige Arbeiten zu Männlichkeit und Geographie genannt werden, aber die Vielseitigkeit der Forschungen soll zumindest angedeutet werden.

> In der kritischen Männerforschung innerhalb der Gender Geographien wird das (die) traditionelle(n) Bild(er) des Mannes als Ernährer und Beschützer der Familie sowie als kraftvolle heroische Figur als Basis einer männlichen Identität beleuchtet. Zudem findet eine Auseinandersetzung mit den spezifischen Männerbildern innerhalb der Geographie statt.

Gender Geographien ermöglichen neue Geschlechterarrangements in neu gedachten Räumen

Geschlechterforschung und Gender Geographien haben den Anspruch, durch die Analyse von Männlichkeit und deren Beziehung zu Weiblichkeit auch Männer von traditionellen Rollenbildern und den damit verbundenen – nicht selten belastenden – Rollenerwartungen zu befreien und neue Geschlechterarrangements in neu konzeptualisierten Räumen zu ermöglichen (vgl. R. LONGHURST 2000b: 439).

Vielen dieser geographischen Arbeiten liegt ein westliches, bipolares Sex/Gender/Sexualitäts-Modell zugrunde, das für einige Kulturen weltweit in dieser Form nicht gilt. Daher entstanden als neues Themenfeld ‚Geographien der Sexualität'.

Über Zweigeschlechtlichkeit hinaus

Sharyn GRAHAM DAVIES zeigt auf der Basis einer Fallstudie in Indonesien, dass Geschlechteridentitäten über binäre Konstruktionen hinausgehen (2006) und es in Sulawesi fünf begrifflich gefasste Geschlechteridentitäten gibt. Serena DANKWA (2009) kann für Ghana weibliche Maskulinität und situatives Geschlecht nachweisen. Edwin S. SEGAL (2006) argumentiert schließlich, dass es durch die Ausbreitung des westlichen binären Konzeptes von Geschlecht zu einem Verlust an Flexibilität in unserem Verständnis für die biokulturelle Vielfalt der Menschen in der Welt kommt.

Seitdem aber auch die Frage „Was wird nicht als heteronormative soziale Wirklichkeit konstruiert?" im Zuge des Konstruktivismus wichtiger wird, ist es für die geographische Forschung ebenso vielversprechend, sich mit den sogenannten ‚Anderen' zu beschäftigen: mit Personen, die aus dem Korsett der Zweigeschlechtlichkeit herausfallen, weil sie als LGBT (für Lesbian, Gay, Bisexual und Transgender) nicht als lebensweltliche Alternative mitgedacht wurden und werden und damit – wenn überhaupt – als Randgruppen erscheinen. Die aus der Homosexuellenbewegung entstandenen Queer Studies sind deshalb ebenfalls zentraler Teil gendersensiblen Denkens. Sie führen das (de)konstruktivistische Denken konsequent fort, weshalb sie an dieser Stelle explizit eingebunden werden.

1.5 Queere Geographien

Seit den 1990er Jahren hat sich zunächst in den USA ein akademischer Kontext für lesbische und schwule Forschung etabliert. Mit der Einführung des Begriffes *queer* in dem von T. DE LAURETIS herausgegebenen Heft mit dem Titel „Queer Theory. Lesbian and Gay Sexualities" (1991) wurde ein theoretisches Konzept geschaffen, um die Infragestellung der heteronormativen Ordnung durch andere Formen von Sexualität und Geschlechtlichkeit zu bündeln. *Queer* hat sich in den letzten 20 Jahren von einem fälschlicherweise als Synonym für homosexuell verwendetetn Begriff zu einem neuen theoretischen Konzept im wissenschaftlichen Diskurs über Geschlecht, Identität und Sexualität entwickelt, das den argumentativen Ausgangspunkt für die konstruktivistischen Konzepte von Gender (siehe J. HALBERSTAM 2005) bildet.

Theoretisches Konzept überschreitet Heteronormativität

> Die Queer Studies können zeigen, dass nicht nur die sozial hergestellte Geschlechtsidentität Gender, sondern auch Sex bzw. Sexualität gesellschaftliche Konstruktionen sind.

Damit liegt den Queer Studies die These zu Grunde, dass die (biologische) Zweigeschlechtlichkeit ebenso wie die Heterosexualität sozial gestiftet sind, sich gegenseitig bedingen, wechselseitig stabilisieren und einander ihre Naturhaftigkeit garantieren (S. HARK 2005: 285f). Mit der Kritik an der Wahrnehmung von Homosexualität als einem unnatürlichen Persönlichkeits- oder Gruppenmerkmal halten die Queer Studies die heterosexuelle Beziehung als normatives Konstrukt fest.

Weiter zeigen queere Denker_innen auf, dass die Heterosexualität nicht nur individuelle Subjektpositionen bezüglich der Beziehungs- und Begehrensform darstellt, sondern eine zentrale Strukturkategorie aller gesellschaftlichen Institutionen wie Recht, Ehe, Familie, Verwandtschaft, (Wohlfahrts)Staat und Arbeitsmarkt ist. Sie organisiert und strukturiert die politischen, sozialen, ökonomischen und individuellen Verhältnisse des alltäglichen Lebens jeder Person und ist so gesehen nicht nur (Hetero)Sexualität, sondern wird zur (Hetero)Normativität; zur allgemeingültigen Norm, die Abweichungen als unnatürlich erscheinen lässt (S. HARK 2005: 285, vgl. auch A. JAGOSE 2004).

Heterosexualität als zentrale Strukturkategorie

> Das Interesse von queeren Denker_innen liegt nicht auf der Bildung einer neuen Kategorie ‚queer' im Gegensatz zu ‚nicht-queer', sondern vielmehr in der Überwindung der identitätsbestimmenden Abgrenzungen, die mit den Begriffen lesbisch, schwul, bi-, trans- und heterosexuell immer schon mitgedacht sind.

Queere Forscher_innen kritisieren normative Einschränkungen

Auf diese Weise kritisieren *queere* Forscher_innen die Prozesse einer eindeutigen Klassifikation (z.B. von Lesben und Schwulen), zeigen die Grenzen einer exklusiven Typisierung und decken die versteckten Diskurse einer heterosexuellen Zweigeschlechtlichkeit auf (S. HARK 2005: 291). *Queer* hat als theoretisches Konzept die ursprünglich pejorative Bedeutung im Englischen abgelegt und steht heute für quer-denken, für die Kritik an normativen gesellschaftlichen Vorschreibungen im Hinblick auf Lebensstile und sexuelles Begehren. Aus diesem Grund verweigert sich der Begriff *queer* ebenso wie die Queer Studies einer kategorialen Einteilung bezüglich der Forschungsperspektive sowie bezüglich der Darstellung von *queer* als normativer Lebensform. Denn damit begrenzt *queer* seine Unbestimmtheit; eben den Anspruch, *queer* zu sein und keiner gesellschaftlichen Logik zu unterliegen. *Queer* soll Möglichkeiten eröffnenm oder wie BUTZER betont, die „Normalisierung von queer [wäre dessen] trauriges Ende" (J. BUTLER 1994: 2).

So ist es auch schwierig, die Queer Studies innerhalb der Geographie von anderen Strömungen abzugrenzen und eine klare Definition von Gay- bzw. Lesbian-Geography zu geben; denn auch in geographischer Hinsicht muss die Vorstellung, dass Homosexualität „einheitliche" räumliche Erfahrungen und Lebensstile mit sich bringt, enttäuscht werden. D. BELL (1991: 323) weist darauf hin, dass die Gay-Geography vor allem in den USA die im Alltag sichtbarste Gruppe unter den Nicht-Heterosexuellen am intensivsten untersucht, nämlich den weißen homosexuellen Mittelklassemann. Damit homogenisiert sie nicht nur diese eine Gruppe, sondern blendet andere, wie schwarze Homosexuelle und Lesben aus.

Geographien der Sexualität

Abgesehen von ersten Studien zu Geographien der Sexualität (S. WATSON 1986, M. CASTELLS und K. MURPHY 1982[12]) beschäftigen sich Geograph_innen erst ab Mitte der 1990er Jahre verstärkt mit diesem Thema. Spätestens mit dem Buch „Mapping Desire. Geographies of Sexuality" (1995) von David BELL und Gill VALENTINE wird diesem Thema eine umfassende Betrachtung gewidmet, indem die Autor_innen an vielfachen Beispielen aufzeigen, wie Raum und Sexualität sich gegenseitig konstruieren und bestätigen (siehe dazu auch Abschnitt 2.2). Diese gegenseitige Wechselwirkung von Raum und Sexualität kann jedoch nicht derart trivial erklärt werden, wie es die ‚Chicago School of Human Ecology' in den späten 1920er Jahren durch die Kartierung von Gay-Ghettos oder spätere geographische Studien in den 1960er und 1970er Jahren durch Lokalisierung von Gay-Communities in Form von Bars und Klubs vorsah (vgl. N. ACHILLES 1967, J. HARRY 1974). Denn es zeigte sich ganz im Gegenteil, dass ein weit-

---

12 Eine recht ausführliche Übersicht über die frühen Arbeiten zum Thema ‚Gay and Lesbian Geography' bietet D. BELLS „Insignificant others: lesbian and gay geographies" (1991) sowie die Einleitung von D. BELL und G. VALENTINE in „Mapping Desire: Geographies of Sexuality" (1995b: 1–27).

1. THEORETISCHE KONZEPTE VON GESCHLECHT UND RAUM

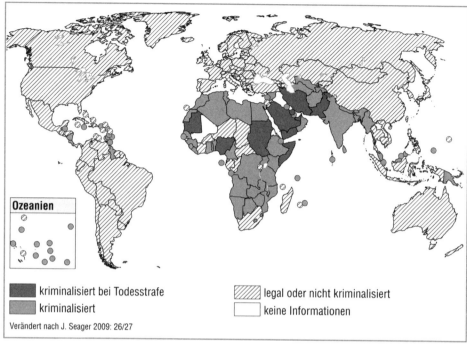

Karte 1: Rechtsstatus von Homosexualität 2007

aus größerer Teil Bi-, Homo- und Transsexueller nicht in den deklarierten ‚homosexuellen Räumen', sondern in der ‚normalen heterosexuellen' Welt leben und arbeiten und damit alltäglich Vorurteilen und Diskriminierungen ausgesetzt sind (vgl. J.K. Puar 2006).

> Alltägliche Lebens-, Arbeits- und Freizeiträume sind durch eine heterosexuelle Hegemonie bestimmt, die sich sowohl in sozialen Beziehungen (Partnerschaft, Familie, Freunde usw.) als auch in der gebauten Umwelt (Shopping Center, Straßen, Treffpunkte usw.), widerspiegelt.

Heterosexuelles Verhalten wird dort vorausgesetzt und akzeptiert. Weltweit ist die Situation von Lesben und Schwulen aber sehr unterschiedlich: In einigen Ländern werden sie nicht nur gesellschaftlich diskriminiert, sondern entsprechend den jeweiligen Gesetzen innerhalb der nationalstaatlichen Grenzen auch kriminalisiert. In einigen, vor allem streng muslimischen Ländern wird Homosexualität, wie Karte 1 zeigt, sogar mit der Todesstrafe belegt.

Heterosexualität als Norm

1. THEORETISCHE KONZEPTE VON GESCHLECHT UND RAUM

Die heterosexuelle Normativität von Räumen und die dadurch entstehenden Benachteiligungen für Schwule und Lesben sind Ausgangspunkt der Queer Geographies. Sie zeigen auf, dass auf Grund der Heteronormativität Homosexualität nur in spezifischen (eventuell dafür ausgewiesenen) Plätzen möglich ist. Das heißt nicht, dass Lesben und Schwule völlig außerhalb des ‚normalen' Lebens in Isolation leben. Sie werden aber als ‚anders' wahrgenommen und fühlen sich damit in vielen öffentlichen Räumen nicht zugehörig bzw. deplatziert. Ein Beispiel zeigt dies: D. BELL (1991) und L. JOHNSTON und G. VALENTINE (1995) weisen nach, dass durch den Wohnungsbau für die private Sphäre ein gesellschaftliches Konstrukt zur Verfestigung einer ganz bestimmten kulturellen Norm von Familienleben, geprägt von Heterosexualität und patriarchaler Hierarchisierung definiert ist. Jegliche Abweichungen von dieser Norm produzieren zunächst Aufmerksamkeit und zum großen Teil Probleme. Die Analyse queerer Lebensstile und Strategien zur Entfaltung individueller Identität und Selbstverortung innerhalb gesellschaftlicher Möglichkeiten, vor allem aber Zwängen, veranschaulicht die sexuelle Aufladung von Raum und die räumliche Verortung von Geschlecht am deutlichsten.

Geograph_innen hinterfragen Heteronormativität von Räumen

Aufbauend auf Judith BUTLERS Arbeiten untersuchen Geograph_innen die Zusammenhänge zwischen (sexueller) Identität und Raum und zeigen – etwa am Beispiel eines Kusses zwischen zwei Männern auf offener Straße – auf, wie queeres Verhalten in Konflikt mit den heteronormativen Regeln gerät (J. BINNIE 1995). Linda McDOWELL weist in ihren Studien nach, dass Bilder von Männlichkeit und Weiblichkeit zum Beispiel in städtischen und ländlichen Kontexten nur innerhalb einer heterosexuellen Matrix einen Sinn ergeben und dass sie gerade deshalb als Norm aufrechterhalten werden müssen.

> Queer Studies und Queer Geographien können am deutlichsten zeigen, inwiefern sich Räume und Geschlecht gegenseitig bestätigen, sich im Leben und Erleben produzieren und damit stetig reproduzieren.

Räume durchqueeren

Dass *queer* als *queer* wahrgenommen wird, ist die Folge heterosexueller Norm in allen Bereichen alltäglichen Lebens und die Voraussetzung für die Vorstellung von Anderssein.

Im deutschen Sprachraum hat sich eine Gruppe von Geograph_innen aus dem Umfeld des Arbeitskreises „Geographie und Geschlecht" im Rahmen einer umfangreichen Serie von Reading Weekends mit Doreen MASSEY mit Queer Theory und Raum beschäftigt. In ihrer Publikation, welche diese Diskussionen zusammenfasst, prägen BASSDA (dieses Kürzel steht für Bettina Büchler, Anke Strüver, Sybille Bauriedl, Sabine Malecek, Doreen Massey und Anne von Streit) den Begriff ‚Räume durchqueeren' (2006).

BASSDA beschreiben *queer spaces* als „characterized by a KIND [hervorgehoben im Original] of social practice accepting the existence of categories, power & valuation but attempts to conceptualize them not in a fixed but continually changing way. The point is not being different (= static) but becoming different (concept of process)" (2006: 177).

Queere Räume werden somit als von Offenheit geprägte Räume entworfen, durch welche Identitäten sowie soziale Kategorien und deren Abgrenzungen immer auf grundsätzliche Art und Weise zur Diskussion gestellt und zum Gegenstand kontinuierlicher, nie abgeschlossener Aushandlungsprozesse werden.

1.6 Postkoloniale Gender Geographien

Eine entscheidende Rolle in der aktuellen Debatte in den Gender Geographien spielt der Postkolonialismus, eine Theorieströmung[13], die sich kritisch mit den immer noch wirksamen kolonialen Strukturen in Politik, Kultur, Wirtschaft, Wissenschaft und internationalen Beziehungen auseinandersetzt. Postkolonial bzw. Postkolonialismus kann auf zweifache Weise verstanden werden: zum einen als historische Dimension für die Zeit nach dem Kolonialismus, die durch eine dekolonialisierte Weltordnung gekennzeichnet ist. Zum anderen versteht man darunter politische, kulturelle und intellektuelle Bewegungen und Perspektiven, die sich kritisch mit der kolonialen Vergangenheit und dem Weiterwirken kolonialistischer Strukturen in anderen Formen auseinandersetzen. Für Länder außerhalb Europas und den USA wie zum Beispiel Indien gewinnen auf Grund der kolonialen Geschichte spezifische theoretische Ansätze wie der Postkolonialismus an Bedeutung.

Postkolonialismus als neue Theorie

> Vor dem Hintergrund, dass Kolonialisierung ein gewaltförmiger Kulturkontakt ist, wobei eine Kultur eine andere nach ihrem Bilde umformt und verändert, zerstört sie auch die Beziehung von Subjekt, Kultur und Identität.

Hinzu kommt die eurozentrische Definition von dem, was europäisch-westlich, orientalisch-östlich, entwickelt und nicht-entwickelt ist. Postkoloniale Ansätze setzen sich mit dem Selbstfindungsprozess von Individuen auseinander und verdeutlichen einerseits die kolonialen Zuschreibungen, um sich selbst diesen zu entziehen, andererseits untersuchen sie auch die

Geographie im Dienste des Kolonialismus

---

13 Die Postkoloniale Theorie besteht aus einer Vielzahl von einzelnen theoretischen Ansätzen und regionalen Zugängen, weswegen korrekter Weise von Postkolonialismen gesprochen werden müsste.

Einflüsse in den europäischen Kolonialländern, um zeigen zu können, wie stark Kolonialismus auch eine Basis des Selbstverständnisses der Europäer_innen ist (vgl. S. RAJU et al. 2006, S. BHASKARAN 2004).

> Die Verstrickungen der Geographie mit dem kolonialen und imperialistischen Projekt zwingen zu einer kritischen Auseinandersetzung mit der eigenen Disziplingeschichte und den (post)kolonialen Praktiken des ‚Geographie-machens'.

Kolonialismus als wirtschaftliche Verflechtungen

„Colonialism is messier than our maps of it" (R. HYAM 1993). Kolonialismus nimmt sehr verschiedene Formen an und wird von verschiedenen Menschen und Völkern auf unterschiedliche Art und Weise er- bzw. gelebt. Die koloniale Erfahrung wird geprägt durch den Glauben und Ideale, durch Klasse und Geschlecht und andere Aspekte der Identität wie Rasse und Sexualität (A. MCCLINTOCK 1995, R. PHILLIPS 1997). Wieder andere koloniale Erfahrungen wurden davon geprägt, dass man zu Hause blieb, aber sehr wohl in die kolonialen Diskurse und Praktiken, wie wirtschaftliche Verflechtungen, eingebunden war. In diesem Sinn haben auch die Schweiz und Österreich, die nie Kolonien hatten, eine koloniale Vergangenheit, die sich auch heute noch wirtschaftlich bemerkbar macht, wenn beispielsweise eines der typischen schweizerischen Produkte – Schokolade – auf einer Kolonialware, nämlich Kakao, basiert.

Kolonialismus produziert imaginäre Geographien

Die koloniale Erfahrung wurde durch die imaginären Geographien über die Kolonialländer belebt, welche durch (Reise)Berichte der Kolonialherren gespeist wurden. Bücher wie „Robinson Crusoe", die auf exotischen Settings und abenteuerlichen Geschichten basierten, aber auch die Berichte der örtlichen Geographischen Gesellschaften, erzählten und kartierten die koloniale Begegnung zwischen Europa und den ‚Anderen'.

Postkolonialismus als kulturkritisches Programm

Die postkoloniale Perspektive geht über die Gesellschaften, die den Kolonialismus unmittelbar erlebt haben, hinaus und ist vielmehr als ein „weitreichendes kulturkritisches Programm" (D. BACHMANN-MEDICK 2007: 185) zu verstehen. Während auch vor den ersten postkolonialen Vertreter_innen wie zum Beispiel Edward SAID, Stuart HALL, Homi BHABHA und Gayatri C. SPIVAK koloniale Repräsentationssysteme analysiert wurden, liegt die Neuheit postkolonialer Ansätze in erster Linie in ihrer Beschäftigung mit Diskursformationen sowie in der Bearbeitung aktueller Formen von Rassismus und Sexismus (R.J.C. YOUNG 1995: 163).

> Postkolonial wird zu einem politisch aufgeladenen Begriff, der in enger Verbindung zu Ethnizität, Klasse und Geschlecht steht.

Postkoloniale Theoretiker_innen thematisieren die westliche Hegemonie auch innerhalb der Wissenschaft und die andauernd existierende Marginalisierung des globalen Südens, auch innerhalb des Feminismus. Die postkoloniale Perspektive fokussiert auf Machtkonstellationen zwischen herrschenden und beherrschten bzw. subalternen Subjekten (vgl. G.C. SPIVAK 1993) und zeigt, dass Differenzen heute noch auf koloniale Unterscheidungen von Kolonialherren und Kolonialisierten im Hinblick auf Geschlecht und Rasse zurückzuführen sind.

Hegemonie in der Wissenschaft und Marginalisierung des Südens

In diesem Sinne kritisiert der Postkolonialismus, dass die Frauen- und Geschlechterforschung zwar das Machtverhältnis zwischen Männern und Frauen beleuchtet, jedoch in entwicklungspolitischen Zusammenhängen das Machtverhältnis zwischen Frauen und der Macht entwicklungspolitischer (westlicher) Ideen übersieht. Im Gegenzug kritisieren feministische Postkolonialistinnen die Genderblindheit postkolonialer Forschung. In den meisten postkolonialen Abhandlungen wird die Rolle von Frauen im kolonialen Projekt sowohl als Teil der imperialistischen Gesellschaften als auch als kolonisierte Subjekte ausgeklammert.

Frauen als kolonisierte Subjekte

Postkoloniale Theoretiker_innen decken die kolonial konstruierten Geschlechtsbinaritäten auf, indem sie zeigen, wie zum Beispiel Nationalismus männlich konnotiert wurde, anti-koloniale Kämpfe und Symbole, das Prä-Koloniale und Traditionelle hingegen mit Weiblichkeit gleich gesetzt wurden.

Mrinalini SINHA (1995) weist männlichen britischen Imperialisten ein Geschlecht zu, um aufzuzeigen, dass sie nicht ein universelles und somit neutrales Subjekt waren. Der Intersektionalitätsansatz wird als fruchtbare Antwort auf die Kritik gesehen, dass westliche feministische Denkerinnen dazu neigen, die Geschlechterarrangements des Südens „Under Western Eyes" zu betrachten (C.T. MOHANTY 2002), wodurch Analysekategorien aus den persönlichen und kollektiv reflektierten Unterdrückungserfahrungen westlicher Frauen abgeleitet werden. Dieser ethnozentrische Universalismus konstruiere durch Viktimisierung und Homogenisierung eine singuläre „Dritte Welt Frau", wodurch vielseitige historische, soziale sowie politische Heterogenitäten ausgeschlossen würden (I. KERNER 2000: 10ff).

Postkoloniale Gender Geographien (C. SCHURR forthcoming) stellen die Synergie zwischen den beiden „erkenntnistheoretischen Geschwistern" (A. NASSEHI 1999: 350) Postkolonialismus und poststrukturalistischen Gender Geographien her, indem sie versuchen, die zentralen Begriffe ‚Identität', ‚Geschlecht/lichkeit', ‚Sexualität', ‚Raum/Räumlichkeit', ‚Macht' und ‚Wissen(sproduktion)' in (post)kolonialen Kontexten und Beziehungen kritisch zu hinterfragen und zu dezentrieren.

Postkoloniale Gender Geographien

Exkurs

Feminisierung und Indigenisierung politischer Räume als Prozess kultureller Dekolonialisierung

Der historische Rückblick auf die kolonialen Gesellschaften Lateinamerikas zeigt, dass Indigene und Frauen bereits in der Kolonialzeit als „außerhalb" des Politischen konstruiert wurden. Die strikte Trennung zwischen der „República de los Indios" und „República de los Españoles" schrieb den politischen Raum und somit jegliche politische (Gestaltungs-)Macht den spanischen KolonialHerren zu. Die kreolischen Unabhängigkeitskämpfer reproduzierten die kolonialen Gesellschaftsordnungen in Form eines „internen Kolonialismus" (W. MIGNOLO 2005). Im post-kolonialen Ecuador wurden somit koloniale Strukturen und Logiken, wie z.B. das politische duale System, übernommen und die kolonialen Imaginationen des politischen Raumes als ein für weiße und kreolische bzw. später mestizische Männer vorbehaltener Raum reproduziert. Den politischen Räumen Lateinamerikas wurde somit eine ethnische (weiße) und geschlechtsspezifische (männliche) „Identität" eingeschrieben.

Post-koloniale Gender Geographien zeigen nicht nur diese scheinbar offensichtlichen Fortschreibungen kolonialer Ordnungen auf, sondern weisen auch auf die Brüche und Widerstandsformen hin. Wie H. BHABHA (1995) schreibt, geben „Risse" im dominanten (post-)kolonialen Diskurs den „unterworfenen (post-)kolonialen Subjekten" die Möglichkeit, den (post-)kolonialen Prozess durch Formen des Widerstands zu irritieren. „Risse" sind innerhalb der hegemonialen politischen Räume Ecuadors in Momenten politischer und ökonomischer Krisen entstanden, wie beim Ende der Militärherrschaft in den 1970er Jahren oder den zahlreichen Regierungsstürzen in den 1990er Jahren. Das Scheitern neoliberaler Politiken in den 1990er Jahren und die damit einhergehende Wirtschaftskrise führten zu einer Delegitimierung des post-kolonialen politischen Establishments. Entlang dieser „Risse" formierte sich zunehmend Widerstand von Seiten der post-kolonial unterdrückten Bevölkerungsschichten. Indigene Bewegungen formierten sich verstärkt ab Ende der 1980er Jahre, um gegen die rassistische und strukturelle Diskriminierung zu kämpfen. 1995 wurde in einer kollektiven Entscheidung die Notwendigkeit beschlossen, einen politischen Arm der indigenen Organisation zu gründen. Die Partei Pachakutik trat erstmals 1996 bei den Wahlen an und vertritt seitdem die Indigenen in der staatlichen Politik. Durch die Gründung der Partei und die neue Verfassung von 1998, die Ecuador erstmals zu einem plurinationalen und multikulturellen Staat deklarierte, wurde die kolonial legitimierte Exklusion von Indigenen aus der politischen Sphäre erstmals grundlegend in Frage gestellt. Auch die Frauenbewegungen kämpften für mehr politische Mitsprache und erreichten mit der Verfassung von 1998 die Einführung einer Frauenquote. Aufgrund der Gründung der indigenen Partei und der Implementierung der Frauenquote hat die politische Partizipation von Indigenen_Frauen[14] signifikant zugenommen (vgl. S. VEGA 2004, C. STRÖH 2005, CNE 2009).

Allein die physische Präsenz Indigener_Frauen in den post-kolonialen männlich_mestizischen politischen Räumen kann als eine Form von Dekolonialisierung gesehen werden. Wenn jedoch Postkolonialismus als kritisches Projekt verstanden wird, das die kulturelle Kolonialisierung des Imaginären zu dekonstruieren versucht, reicht die bloße Präsenz kolonial unterdrückter Subjekte nicht aus, um von einer Dekolonialisierung des „Politischen" zu sprechen. Im Zentrum einer dekolonialen Analyse stehen deshalb die Formen der Aneignung und Subversion dominanter Vorstellungen, Praktiken und räumlichen Materialisierungen des Politischen.

Die politischen Räume Ecuadors wurden in einem historischen Prozess durch die Vorstellungen, Normen und Praktiken der politischen Eliten konstruiert und dabei als männlich_weiß/kreolisch/mestizisch kodiert. Bevor sich die nicht-männlichen, nicht-mestizischen „neuen" politischen Subjekte diese männlich_mestizisch kodierten Räume aneignen können, bedarf es deshalb eines Prozess der Re-Interpretation, der Über-Schreibung und Um-Deutung dieser politischen Vorstellungen, Normen und Praktiken.

Die politischen Alltagspraktiken (indigener) Politiker_innen zeigen, wie diese Formen der Aneignung aussehen können:

(Indigene) Politiker_innen greifen häufig auf partizipative politische Ansätze zurück, um sich von den „korrupten" und „klientelistischen" männlich_mestizischen Praktiken abzugrenzen. Darüber hinaus erfordern partizipative Politiken die Beteiligung *aller* Bürger und somit die ausdrückliche Einbeziehung bisher marginalisierter Bevölkerungsgruppen in politische Entscheidungen. Wenn *alle* Bürger ihre Bedürfnisse äußern und über die Prioritäten der politischen

---

14 Indigene_Frauen steht als Kurzform für Indigene UND Frauen, womit indigene Männer, indigene Frauen und Frauen mestizischer, weisser oder afroecuadorianischer Ethnizität explizit eingeschlossen werden.

Agenda abstimmen können, müssen auch *alle* Bürger Zugang zu den politischen Räumen, sprich den Rathäusern, Provinzräten und Parlamenten haben. Ethnographische Beobachtungen haben gezeigt, dass sehr viel mehr Frauen bzw. Indigene in den Regierungsgebäuden anzutreffen sind, wenn diese von Indigenen_Frauen regiert werden.

Auch durch die konsequente Verwendung der indigenen Sprache *kichwa* eignen sich indigene Politiker_innen die politischen Räume an. Die Tatsache, dass die Forderung der indigenen Bewegung, *kichwa* als Amtssprache in der Verfassung zu verankern, in der letzten verfassungsgebenden Versammlung 2008 gescheitert ist, zeigt gleichzeitig jedoch auch, dass es enorme Widerstände gegen den Prozess der kulturellen Dekolonialisierung gibt.

Eine Dekolonialisierung des politischen Raums wird vor allem von einer veränderten politischen Agenda vorangetrieben, die konsequent gegen die soziale und ökonomische Diskriminierung der (post-)kolonial benachteiligten Bevölkerungsgruppen ankämpft. Indem politische Institutionen für Indigene_Frauen geschaffen werden, wie z.B. die *Oficina de la Mujer* oder der *Mesa de las Nacionalidades*, wird buchstäblich ein „politischer Raum" für die bislang ausgeschlossenen Bevölkerungsgruppen eröffnet. Soziale Programme wie die kostenlose medizinische Versorgung für Mütter und Kleinkinder oder der Ausbau bilingualer Schulen sind Beispiele für an diese Bevölkerungsgruppen gerichtete Politiken.

Wie die empirischen Ausführungen gezeigt haben, ermöglichen die Re-Interpretationen, Um-Deutungen und Über-Schreibungen der (post-)kolonialen männlich_mestizischen Vorstellungen, Normen und Praktiken Alternativen das Politische zu denken.

Auch nach den Wahlen im April 2009 sind Indigene_Frauen weiterhin eine Minderheit auf allen politischen Ebenen. Die seit 500 Jahren gültigen patriarchalen und rassistischen (post-)kolonialen Gesellschafts-Ordnungen lassen sich nicht innerhalb einer Dekade überwinden. Nichtsdestotrotz sind die (dekolonialen) Kämpfe der Frauen- und Indigenen Bewegungen 200 Jahre nach der formalen Unabhängigkeit Ecuadors als ein ernstzunehmender und nicht mehr zu stoppender Prozess der kulturellen De-Kolonialisierung zu betrachten.

Carolin Schurr

Postkoloniale Gender Geographien setzen auf epistemologischer, methodologischer und inhaltlicher Ebene an.

Auf epistemologischer Ebene hinterfragen sie zunächst die Vorherrschaft eurozentristischer, westlicher[15] und patriarchaler Weltsichten und Wissensproduktionen und fordern die konsequente Miteinbeziehung marginalisierter wissenschaftlicher (alternativer) Perspektiven. Es ist der Versuch, ein „ANDERES Denken" (J. Lossau 2002: 24) als erkenntnistheoretischen Gegenentwurf zur hegemonialen Wissensproduktion zu ermöglichen[16]. Postkoloniale Gender Geographien basieren auf poststrukturalistischen und postmodernen Ansätzen, die versuchen, essentialistische und mit kolonialen Imaginationen aufgeladene Identitätskonzepte zu dekonstruieren. Ziel ist es dabei, Identitäten nicht zu fixieren, nicht festzulegen, sondern vielmehr die Fluidität und Temporalität von Identität aufzuzeigen (vgl. hierzu im Kapitel 1.3 das Beispiel von G. Valentine).

Auf einer methodologischen Ebene übersetzt sich der Anspruch postkolonialer Gender Geographien in ein ANDERES ‚Geographie-machen':

Die Praktiken geographischer Wissensproduktion sind zu hinterfragen und überdenken. Wie können die Stimmen nicht-westlicher Wissenschaftler_innen besser gehört werden? Wie können dabei sprachliche Barrieren überwunden werden? Wie müssen sich die universitäre Institutionenlandschaft und die innerhalb der Akademie ablaufende Hierarchisierung universitärer Einrichtungen ändern, um ent-hierarchisierten wissenschaftlichen Austausch zu ermöglichen? Inter- und transnationale sowie interdisziplinäre Forschungspartnerschaften sind notwendig, um den Austausch zwischen *mainstream*-Geographien und ANDEREN Formen des ‚Geographiemachens' zu ermöglichen. Eine radikale Kontextualisierung postkolonialer Gender Geographien ist nötig, um den spezifischen postkolonialen Situationen gerecht zu werden und die Gefahr von Essentialisierung zu vermeiden.

Bei der Auswahl von Methoden muss die herkömmliche Forschungspraxis der Humangeographie in Hinblick auf die Reproduktion von Machtbeziehungen kritisch beleuchtet werden sowie neue Methoden entwickelt werden, die an das spezifische postkoloniale Setting angepasst sind.

Eine ständige Reflexion sowohl über die Positionierung von Forschenden im Feld als auch über die angewendeten Methoden im Hinblick auf Partizipationsmöglichkeiten aller am Forschungsthema Interessierten ist notwendig, um einen ethischen Forschungsprozess zu gewährleisten. Neue

---

15 Diese angloamerikanische Vorherrschaft äußert sich heute in der Dominanz der englischen Sprache im wissenschaftlichen Kontext.
16 J. Lossau (2002) selbst macht darauf aufmerksam, dass beim Versuch ANDERES zu denken, der darin besteht, immer wieder different zu sein, ein Dilemma entsteht, indem ANDERES Denken ebenso wenig auf Einheitliches oder ‚Eigentliches' reduziert werden sollte, wie es selbst Einheitliches und ‚Eigentliches' (re)produzieren möchte.

methodische Ansätze postkolonialer Geographien basieren auf einem postmodernen und poststrukturalistischen Methodenrepertoire wie Dekonstruktion und Diskursanalyse (siehe Kapitel 1.7.).

<small>inhaltliche Ebene</small>

> Auf inhaltlicher Ebene geht es im Gegensatz zur ‚klassischen' feministischen geographischen Entwicklungsforschung nicht mehr um die Frau und deren Unterdrückung allein, sondern vielmehr um die komplexen Beziehungen, Wechselwirkungen und Intersektionen zwischen Männern und Frauen sowie zwischen Frauen verschiedener intersektioneller Identität.

Geschlecht wird nicht mehr als isolierte und dominante Analysekategorie verwendet, sondern gemeinsam und in Bezug auf seine Überschneidungen mit anderen Identitätskategorien wie Ethnizität, Rasse, Sexualität, soziale Schicht, Alter und lokale Zugehörigkeit betrachtet. Indem auf ein konstruktivistisches Raumverständnis (siehe hierzu Kapitel 1.2) zurückgegriffen wird, ist es möglich, den Raum- bzw. Geodeterminismus geographischer Länderkunde zu überwinden. Des Weiteren geht es darum, gesellschaftliche Diskurse aufzudecken, die durch koloniale, postkoloniale und neokoloniale Rhetorik soziale Ungleichheiten und Diskriminierungen in der Gesellschaft legitimieren und perpetuieren.

<small>Kritik an der postkolonialen Theorie</small>

Postkoloniale Gender Geographien können die an der postkolonialen Theorie angebrachte Kritik aufnehmen und versuchen, dieser in ihrer Forschung zu begegnen. Die gängigsten Kritiken sollen hier zusammengefasst werden.[17] Das Potential postkolonialer Theorie, innerhalb verschiedenster Kontexte und Themenbereiche einsetzbar zu sein, wird gleichzeitig von ihren Kritiker_innen auch als Risiko hinsichtlich einer Überstrapazierung dieses theoretischen Ansatzes gesehen. Eine weitere Gefahr postkolonialer Theoriebildung ist ein drohender spezifischer Eurozentrismus, selbst wenn sich die Disziplin als ‚modisch marginal' gibt. Indem viele der prominenten postkolonialen Forscher_innen wie E. SAID, H. BHABHA und G.C. SPIVAK an westlichen Universitäten verortet sind und ihre Sprache häufig schwer verständlich ist, findet eine erneute Ausgrenzung postkolonialer Subjekte im Süden statt. Kritisiert wird des Weiteren, dass unter dem Deckmantel des Postkolonialismus koloniale Erfahrungen homogenisiert werden. Hier kann eine postkoloniale Geographie ansetzen und dabei die ungleichen Entwicklungen des Postkolonialismus in den diversen geopolitischen Kontexten detailliert analysieren.

---

17 Für eine weitergehende Zusammenfassung der Postkolonialismuskritik siehe M. DO MAR CASTRO und N. DHAWAN (2005).

> Postkoloniale Gender Geographien versuchen die häufig außer Acht gelassenen geschlechtsspezifischen kolonialen Erfahrungen getrennt und dennoch in Beziehung zu einander zu betrachten.

Die Vorstellung eines universalen (post)kolonialen Subjekts verschleiert nicht nur die unterschiedlichen Beziehungen von Männern und Frauen, sondern auch die zwischen differenten Frauen. So besteht die Herausforderung für eine postkoloniale Gender Geographie darin, die immer wieder zur Anwendung kommenden Binaritäten ‚Kolonisierter : Kolonisator', ‚dominant : marginal', ‚kolonial : postkolonial' als inadäquat zu dekonstruieren, da diese unmöglich die Differenziertheit, Komplexität und Widersprüchlichkeit (post)kolonialer Situationen zum Ausdruck bringen können. Ein weiterer Kritikpunkt der innerhalb postkolonialer Gender Geographien aufgegriffen sollte, ist die fehlende Materialisierung der postkolonialen Theorie. Kontextualisierte Untersuchungen materieller Formen (post)kolonialer Unterdrückung können insbesondere eine Fortschreibung kolonialer Ungleichheiten (sowohl zwischen Norden und Süden, wie zwischen Männern und Frauen oder verschiedenen Ethnien) unter globalisierten Bedingungen aufdecken. Auflösen von Dialektik

Materialisierung

Wie auch die poststrukturalistische Geschlechterforschung ist die postkoloniale Theorie mit dem Dilemma konfrontiert, dass durch die poststrukturalistische Dekonstruktion kollektive Identitätsgruppen und kulturelle Gemeinschaften ins Hybride aufgelöst werden und somit politisches Handeln inhaltsleer wird (vgl. J. LOSSAU 2002: 27–67). G.C. SPIVAK (1993) schlägt diesbezüglich das Konzept eines „strategischen Essentialismus" vor, indem sie – ähnlich wie bei K. MARX das Klassenbewusstsein – ein Identitätsbewusstsein der Subalternen proklamiert. Auch Axel HONNETH und Nancy FRASER haben die Gefahren, die hinter einer postmodernen Identitätspolitik stehen, erkannt. In „Umverteilung oder Anerkennung?" (2003) plädieren sie deshalb für eine Verbindung aus sozialistischem Feminismus, der Anerkennung durch Umverteilung fordert, und einem feministischen Dekonstruktivismus, der fähig ist, die alltägliche (Re)Produktion der Geschlechterkonstruktion zu dechiffrieren. strategischer Essentialismus

Anhand des Beispiels globaler Migrationsprozesse soll zuletzt aufgezeigt werden, wie koloniale Ungleichheiten sowohl auf der strukturellen Makroebene als auch auf der individuellen Mikroebene unter globalisierten Bedingungen reproduziert werden. Koloniale Ungleichheiten werden durch Globalisierung reproduziert

Die Karikatur (Abb. 7 „Emanzipation auf Kosten der ‚Anderen'") weist auf ein postkoloniales Phänomen mit feministischer Relevanz hin: Die Emanzipation vieler westlicher Frauen wird auf dem Rücken von Migrantinnen ausgetragen, die in einer globalen *care-economy-chain* immer mehr traditionell weibliche Aufgaben innerhalb westlicher Gesellschaften übernehmen. Postkolonial ist an diesem Phänomen, dass einerseits ein Macht-

1. THEORETISCHE KONZEPTE VON GESCHLECHT UND RAUM

Abbildung 7: Emanzipation auf Kosten der „Anderen"

gefälle zwischen der gebildeten, beruflich erfolgreichen ‚Karriere'-Frau und der sich meist in einer prekären ökonomischen und sozialen Situation befindenden ‚Putz'-Frau im Empfängerland konstruiert wird. Andererseits werden durch die restriktiven europäischen Migrationspolitiken die Erfahrungen der Migrant_innen mit strukturellem (Alltags)rassismus, mit ökonomischen Ausbeutungen und Diskriminierungen in Bildungsinstitutionen und auf dem Arbeitsmarkt somit die während des Kolonialismus entstandenen Ungleichheiten reproduziert.

1.7 Methodische Implikationen der theoretischen Zugänge

Keine ausschließlich feministischen Methoden

Über der Frage, ob es spezifisch feministische Methoden und damit auch feministische Methoden in der Geographie gibt, erhitzen sich die Gemüter seit Jahren.

> Es gibt keine Methoden, die ausschließlich in der feministischen Forschung verwendet würden. Gemeinsam ist aber der feministischen Forschung, den Gender und Queer Studies eine spezifische Methodologie.

Diese basiert auf den von Maria MIES formulierten „Methodologischen Postulaten der Frauenforschung", in denen sie vor allem Betroffenheit, Parteilichkeit und Empathie forderte (M. MIES 1994). Gemeinsam ist allen Standpunkten, dass bei der empirischen Forschung besonders gendersensibel vorgegangen wird und der Alltag in seiner Komplexität und Widersprüchlichkeit widergegeben werden soll (vgl. D. WASTL-WALTER 1991). Allen Ansätzen gemeinsam ist auch die Subjektzentriertheit, das heißt, dass die subjektive Wirklichkeit der Forschungspartner_innen ins Zentrum der Überlegungen gestellt wird und ihnen besonders respektvoll und partnerschaftlich begegnet wird. Dazu kommt ausgehend von einer starken Kritik am Objektivitätsanspruch der herkömmlichen Wissenschaft und dem Wunsch nach Parteilichkeit eine hohe (Selbst)reflexivität und Achtsamkeit gegenüber dem Begründungs- und Verwertungszusammenhang der Forschung. Es gibt aber heute kaum mehr kontroverse Debatten, ob feministische Forschung quantitative Methoden ausschließt. Längst wurde erkannt, dass diese ihren Platz haben und wichtige Beiträge wie Atlanten (J. SEAGER 2009, E. BÜHLER 2001) ohne Statistik und Massendaten nicht erstellt werden könnten. In der Folge wird aber trotzdem stärker auf qualitative Methoden eingegangen, die in den Gender Geographien auch laufend weiterentwickelt werden.

Methodologische Postulate in feministischer Forschung, Gender und Queer Studies

Linda MCDOWELL stellt in einer ausführlichen Tabelle die Unterschiede zwischen konventionellen und feministischen Forschungsmethoden in der Geographie dar (1999: 236f), wobei sie besonders auf den breiten Fokus und die Offenheit, die Vielfalt der Daten (auch Gefühle, Gedanken, Einsichten und Beobachtungen zählen dazu), die Involviertheit der Forscher_in, die Validierungskriterien (Vollständigkeit, Plausibilität, Verstehen, Entsprechung mit der Darstellung der Forschungspartner_innen; Nachvollziehbarkeit durch die Leser_innen), die Ziele und Darstellungsformen der Forschung und die Offenlegung der eigenen Werte und Position eingeht.

Vergleich konventioneller und feministischer Methoden

Da es ein spezielles Lehrbuch zu feministischen Methodologien und Methoden gibt (M. ALTHOFF et al. 2001) sowie eine Reihe von aktuellen Lehrbüchern zu qualitativen Methoden in der Geographie, zum Teil auch mit einer Genderperspektive (P. MOSS 2002, V. MEIER KRUKER und J. RAUH 2005, P. REUBER und C. PFAFFENBACH 2005, G. GLASZE und A. MATTISSEK 2009) werden hier im Besonderen nun partizipative Methoden, Diskursanalyse, visuelle Methoden und intersektionelle Analysen kurz vorgestellt und auf weiterführende Literatur verwiesen.

1. THEORETISCHE KONZEPTE VON GESCHLECHT UND RAUM

Herrschaftsfreie und wertschätzende Forschungspraxis

> Zu den wichtigsten methodischen Implikationen der in Kapitel 1.1. bis 1.6. genannten theoretischen Zugänge gehören der reflektierte und kritische Einsatz qualitativer Methoden und das Ringen um eine herrschaftsfreie und nicht-ausbeuterische Forschungspraxis. Dies führt einerseits dazu, dass das Verhältnis der Forschenden zu den Forschungspartner_innen immer wieder thematisiert und kritisch diskutiert wird (siehe V. MEIER 1998), andererseits aber auch dazu, dass partizipative Methoden besonders gerne und erfolgreich eingesetzt werden.

1.7.1 Partizipative Methoden in den Gender Geographien

Eine der jüngsten Entwicklungen im Bereich der partizipativen Methoden ist das Forschungskonzept MINGA von Y. RIAÑO und N. BAGHDADI, das insbesondere dazu entwickelt wurde, die Wirkungsweise von intersektionellen Kategorien wie ‚Klasse', ‚Geschlecht' und ‚Ethnizität' zu verstehen. Dabei ist das Ziel, die Sichtweise und Eigenanalyse der Forschungssubjekte, die als Forschungspartner_innen verstanden werden, in den Forschungsprozess einzubeziehen und eine gleichberechtigte Forschungspartnerschaft zwischen ihnen und den Forscher_innen aufzubauen. Zu diesem Zweck entwickelten RIAÑO und BAGHDADI einen speziellen Typ von partizipativem Workshop namens MINGA, bei dem die Akademiker_innen und die Betroffenen gemeinsam Wissen produzieren. Dies geschieht in einem interaktiven Prozess, bei dem beispielsweise eine Gruppe von Migrantinnen die Forscherinnen trifft, jede der Teilnehmerinnen ihre Migrationsbiographie erzählt und die Gruppe gemeinsam diese Geschichte analysiert und theoretisiert. Auf diese Weise entwickeln die Frauen gemeinsam ihr Wissen weiter durch die Analyse, Reflexion und Interpretation ihrer eigenen und fremder Biographien (2007a: 171).

Den Sprachlosen eine Stimme geben

In vielen feministischen Arbeiten wird explizit versucht, jenen, die in den offiziellen Diskursen und Forschungen keine Vertretung haben oder nicht gehört werden, eine Plattform zu geben und Gehör zu verschaffen.

> Feministische Geographien, Gender Geographien, Queer Geographien und Postkoloniale Geographien stellen sich explizit auf die Seite von Marginalisierten und versuchen, ihnen methodisch zu ermöglichen, hörbar und sichtbar zu werden sowie ihre Positionen zu vertreten.

1.7.2 Diskursanalyse als Methode der Gender Geographien

Darüber hinaus gewannen diskurstheoretische Ansätze FOUCAULTscher Provenienz, aber auch an Jaques DERRIDAS Philosophie der Dekonstruktion orientierte Herangehensweisen im vergangenen Jahrzehnt in der sozialwissenschaftlichen Theorie der Gender Studies zunehmend an Bedeutung (S. HARK 2001). BUTLER teilt dabei die poststrukturalistische Sicht von FOUCAULT von Diskurs als privilegiertem Ort der Konstruktion sozialer Wirklichkeit. Soziale Wirklichkeit wird dabei nicht nur durch die Sprache abgebildet, sondern entsteht, so FOUCAULT, erst in und mit der Sprache. Diskurstheoretische Ansätze basieren auf der Annahme, dass jeder Blick auf die Welt diskursiv gerahmt ist und damit eine je nach historischem Zeitpunkt und soziokulturellem, politischen Kontext eine spezifische Brille trägt. Die „Natürlichkeit" des heteronormativen Geschlechts ist für J. BUTLER (1990) Ergebnis verschiedener (natur)wissenschaftlicher Diskurse, ebenso wie „Raum" erst durch „geographical imaginations" (D. GREGORY 1994), d.h. über sprachliche und bildliche Vorstellungen über Räume produziert wird.

Soziale Wirklichkeit entsteht erst in und mit der Sprache

> Diskurstheoretisch fundierte Gender Geographien verstehen dabei ihren Forschungsgegenstand ‚Raum/Räumlichkeit', ‚Geschlecht/Geschlechtlichkeit', ‚Geschlechterverhältnis' und ‚Geschlechterdifferenz' als etwas kontinuierlich Hergestelltes, in sozialen und kulturellen Praxen Produziertes und nicht per se Gegebenes.

Diskursanalytische Herangehensweisen fragen also nicht nur nach der Konstitution von ‚Geschlecht/Geschlechtlichkeit', ‚Raum/Räumlichkeit', sondern machen den Modus der Herstellung selbst zum Forschungsgegenstand. Wenn J. BUTLER (1990) schreibt, dass die Geschlechtsidentität durch den Vorstellungshorizont der Sprache festgelegt wird, wird deutlich, wie eng Sprache und Macht, im Sinne dessen was innerhalb eines bestimmten Kontexts ‚sagbar' oder eben ‚nicht sagbar' ist, zusammenhängen.

Diskurstheorie verlangt nach neuen empirischen Methoden

Dieses diskurstheoretische Verständnis von sozialer Wirklichkeit verlangt nach neuen empirischen Methoden. Seit dem *linguistic turn* werden in den Sozialwissenschaften zunehmend sprachphilosophische Methoden übernommen. Auch die deutschsprachige Geographie greift diese verstärkt auf und versucht sie in Form einer geographischen Diskursforschung zu reformulieren (vgl. A. MATTISSEK 2008, 2007, G. GLASZE und A. MATTISSEK 2009, A. SCHLOTTMANN 2005). Dem klassischen Dreieck geographischer Diskursforschung, das sich zwischen Sprache, Macht und Raum aufspannt, fügen Gender Geographien Geschlecht bzw. Identität hinzu.

Linguistic turn als Grundlage für diskursanalytische Ansätze

P. REUBER und C. PFAFFENBACH (2005: 201) weisen darauf hin, dass „unter (der) gemeinsamen Flagge (‚Diskurs') eine Reihe auf den ersten Blick

Diskurstheorie erlaubt Untersuchung von Machtbeziehungen

ähnlicher, bei näherem Hinsehen aber doch grundlegend unterschiedlicher Sicht- und Arbeitsweisen" subsummiert werden. Grundsätzlich können handlungsorientierte, interpretative von strukturalistischen und poststrukturalistischen Ansätzen unterschieden werden (vlg. A. MATTISSEK und P. REUBER 2004). Aufgrund der Hinwendung der post-BUTLER'schen Geschlechterforschung zur Diskursforschung à la FOUCAULT, findet an dieser Stelle ein Fokus auf poststrukturalistische Ansätze statt. Denn gerade die Möglichkeiten seiner Diskursanalyse, Macht innerhalb gesellschaftlicher Beziehungen zu untersuchen, macht Foucaults Ansatz (M. FOUCAULT 1974) interessant für empirische Arbeiten im Feld der Gender Geographien. P. REUBER und C. PFAFFENBACH (2005) leiten aus FOUCAULTs Schriften eine Reihe empirischer Schritte ab, die jedoch jeweils an die spezifische(n) Forschungsfrage(n) und -kontexte angepasst werden müssen:

Diskursanalyse nach Foucault

In einem ersten Schritt sollen die Episteme als grundlegende Wissens- und Deutungsschemata von Diskursen identifiziert und untersucht werden. Dabei stehen unbewusste, tieferliegende Ordnungen im Zentrum der Analyse, die unser wissenschaftliches Forschen aber auch unser alltägliches Handeln und Denken vorstrukturieren. In Bezug auf Geschlecht sind solche Episteme zum Beispiel der anhaltende Biologismus eines naturwissenschaftlichen Blicks, der die Natürlichkeit von Zweigeschlechtlichkeit als gesellschaftliche Ordnung suggeriert und sich nachhaltig auf das Denken über Geschlecht und vergeschlechtlichtes Handeln auswirkt.

Rekonstruktion der diskursiven Formationen

In einem zweiten Schritt findet eine Rekonstruktion der diskursiven Formationen, das heißt der inneren Strukturen von Diskursen, statt. Innerhalb des Gesamtdiskurses einer heteronormativen Geschlechterordnung lassen sich eine Reihe von Detailfragen stellen, zum Beispiel nach der Entstehung einer heterosexuellen, zweigeschlechtlichen Ordnung innerhalb der europäischen Moderne. Was war innerhalb des Christentums ‚sagbar' bzw. ‚nicht sagbar' über Geschlechterkonfigurationen?

Das diskursive Feld wird analysiert

In einem dritten Schritt wird die Rolle von ‚Sprecher_innen' im diskursiven Feld hinterfragt. Sprecher_innen sind dabei nicht als individuelle Akteure, sondern vielmehr als Rollen oder Positionen zu verstehen. Auch wenn es sich um keine Person mit Geschlechtsidentität im eigentlichen Sinne handelt, ist die Position bzw. die Rolle häufig geschlechtlich konnotiert. Die institutionellen Plätze, von denen aus gesprochen wird, sind meist mit einem bestimmten Geschlecht belegt. So werden Diskurse über Kinderkrippenplätze meist von sozialen Einrichtungen aus geführt, die innerhalb unserer Gesellschaft als ‚weiblich' markiert sind. Die Vergeschlechtlichung der Sprecherposition geht mit dem Status und somit der entsprechenden Macht eines Diskurses einher. So zum Beispiel erzeugen männlich konnotierte ökonomische Diskurse über die Bankenkrise einen höheren Grad öffentlicher Aufmerksamkeit und damit Macht als weiblich belegte Diskurse über Kinderbetreuung in unserer Gesellschaft.

In einem vierten Schritt wird danach gefragt, wie es zu Veränderungen und Brüchen scheinbar stabiler diskursiver Ordnungen kommt. Wie ist es zum Beispiel möglich, dass sich hegemoniale Familienbilder mit einer klaren Zuschreibung der Geschlechterrollen verändern?

Veränderungen und Brüche

> Diskursanalytische Ansätze ermöglichen Gender Geographien somit spezifische Fragestellungen in die Gesamtdiskurse über heteronormative Geschlechterordnungen einzubetten. Bilder von Geschlechtlichkeit, Männlichkeit und Weiblichkeit können vor diesem diskursiven Hintergrund re-, bzw. dekonstruiert werden. Indem diskursiven Formationen nachgegangen wird, kann die wechselseitige Konstruktion von Geschlecht/Geschlechtlichkeit und Raum/Räumlichkeit innerhalb spezifischer raum-zeitlicher Kontexte aufgezeigt und nachvollzogen werden.

1.7.3 Visuelle Methoden in den Gender Geographien

Im Zuge der Verbreitung des Internets haben Fotos und Filme als machtvolles Datenmaterial an Bedeutung gewonnen. Bilder scheinen über Sprach- und Kulturgrenzen hinweg dieselben Bedeutungen zu transportieren und in einer globalisierten Gemeinschaft einheitlich zu wirken. So macht das im Internet verbreitete Video einer sterbenden iranischen Studentin während der Unruhen im Zuge der Präsidentschaftswahlen im Juni 2009 die junge Frau global zur tragischen Heldin und Symbolfigur des Aufstandes.

Machtvolles Datenmaterial

In der Geographie sind visuelle Datenträger in Form von Karten, Fotographien und Filmen seit jeher ein beliebtes Mittel, um die eigene Forschung anschaulicher zu machen und als Beweismittel einzusetzen. Seit der kulturellen Wende hat sich die Wahrnehmung gegenüber visuellen Daten verändert. Das Visuelle, das in der heutigen Kultur so zentral ist, erwirkt einen grundlegenden Beitrag zur Konstruktion des sozialen Lebens. Alle Bilder, die uns umgeben, interpretieren die Welt auf eine bestimmte Art. Diese Interpretation gilt es zu hinterfragen und zu erforschen. Eine gendersensible Methodik kann dabei äußerst hilfreich sein, da ihre zentralen Analyseaspekte eine besondere Behutsamkeit, Reflexion und Verantwortlichkeit für Machtgefälle sind.

Interpretation von visuellen Daten

Wir gehen davon aus, dass die Analyseverfahren, die zur Textinterpretation dienen, auch auf visuelle Daten angewandt werden können. So können Bilder, Piktogramme, Social und Mental Maps ähnlich wie Text mittels Inhaltsanalyse, Semiotik oder Diskursanalyse interpretiert werden. Dabei muss aber beachtet werden, worauf Gillian Rose (2007) sehr großen Wert

Reflexion über Herstellung, Inhalt und Verbreitung von visuellen Daten schafft Transparenz

legt: Bilder sind komplexe Einheiten und müssen zumindest in drei Belangen genau studiert werden: Herstellung/Herkunft, Inhalt und Publikum. Das heißt, die Forscher_in hat die technische, die inhaltliche und die soziale Seite eines Bildes zu dokumentieren. Mit Hilfe der Reflexion über diese drei Ebenen des zu analysierenden visuellen Materials entschärfen Wissenschaftler_innen die Macht der Bilder, indem sie Transparenz schaffen über die Absicht bei der Herstellung und Verbreitung eines Bildes.

<small>Visuelle Daten als zentraler Inhalt, Unterstützung oder Ergänzung</small>

Visuelles Datenmaterial kann in der wissenschaftlichen Arbeit unterschiedlich eingesetzt werden (G. ROSE 2007: 240–249). Erstens kann durch Beobachtung, Fotografieren oder Videoaufzeichnung gesammeltes visuelles Datenmaterial zentraler Inhalt einer Forschung sein. Zweitens kann es als unterstützendes Beweismaterial in Interviews analysiert werden: Beispielsweise kann eine interviewte Person anhand eines Bildinhaltes animiert werden, ihre Lebenswelt zu erklären oder es können anhand von Zeitreihen von Fotos Landschaftsveränderungen und ihre Bewertung (P. FELBER RUFER et al. 2007) genauer studiert und dokumentiert werden. Drittens können Bilder als Ergänzung zu geschriebenem Text herangezogen werden. Dabei können diese Bilder Text illustrieren, ohne dass im Text explizit auf das Bild eingegangen wird oder aber ein Bild kann, wenn es sorgfältig gewählt ist, mehr Informationen vermitteln als viele Seiten Text.

> Visuelle Daten sind in der heutigen Welt mit ihrer stark ausgeprägten visuellen Kultur ein Medium, das die soziale Welt repräsentiert. Obwohl – oder gerade weil – Bilder in unserer visuellen Kultur so zentral sind, gilt es den Umgang mit Bildern genau zu reflektieren, dem Effekt von Bildern die angemessene Beachtung zu schenken, ethische Aspekte von Bildern einzuhalten und die technische, inhaltliche und soziale Seite des visuellen Materials zu hinterfragen.

1.7.4 Intersektionalitätsforschung

<small>Intersektionelle Mehrebenenanalyse</small>

In Kapitel 1.3. wurde kurz die Intersektionalitätsforschung dargestellt, zu der N. DEGELE und G. WINKER (2009) auch eine spezielle Methodik entwickelt haben. Damit versuchen sie, die theoretischen Ansprüche der intersektionellen Mehrebenenanalyse zu operationalisieren und in einzelne Schritte umzusetzen (siehe Abb. 8).

Dabei gehen DEGELE und WINKER von Einzelfällen aus (Schritt 1, 2 und 3), die sie in ihrer Wechselwirkung betrachten (Schritt 4) und die sie aufeinander beziehen. Sie führen eine vergleichende Analyse aller Interviews im Hinblick auf die drei Ebenen Struktur (Makroebene), Identitätskons-

1. THEORETISCHE KONZEPTE VON GESCHLECHT UND RAUM

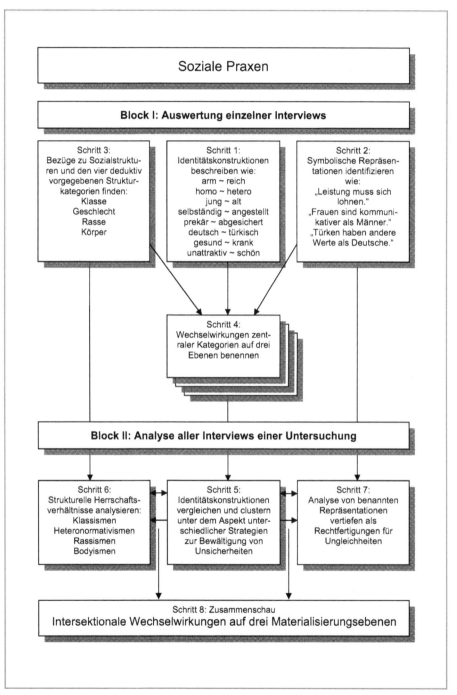

Abbildung 8: Modell der Intersektionalität als Mehrebenenanalyse (Quelle: Degele und Winker 2009: 97)

truktionen (Mikroebene) und Repräsentationen (Mesoebene) (Schritt 5, 6 und 7). In einer Zusammenschau (Schritt 8) werden dann die intersektionellen Wechselwirkungen auf allen drei Materialisierungsebenen zusammengeführt und analysiert.

> Mit dem Modell der Intersektionalität als Mehrebenenanalyse wurde ein Prozedere entwickelt, das es ermöglichen soll, den schwierigen theoretischen Anspruch, die Komplexität der gegenseitigen Beeinflussung verschiedener Strukturkategorien in der Forschungspraxis einzulösen.

Merkpunkte:

- Geschlecht ist eine der wichtigsten gesellschaftlich differenzierenden Strukturkategorien und daher auch eine der wichtigsten sozialwissenschaftlichen Analysekategorien. Die Unterschiede zwischen den Geschlechtern werden diskursiv und relational in Alltagspraxen hergestellt, mit Bedeutungen belegt und am biologischen Erscheinungsbild festgemacht. Gesellschaftliche Vorstellungen von ‚Frau' und ‚Mann' bzw. ‚Weiblichkeit' und ‚Männlichkeit' und von den Beziehungen zwischen den Geschlechtern wirken normativ und legen Handlungsspielräume fest. Sie werden ständig (re)produziert und transformiert.
- Räume können als erdoberflächliche Ausschnitte mit unendlich vielen Varianten verstanden werden, als Container und logische Strukturen, aber ebenso als diskursiv und in Alltagspraxen (alltäglichen Regionalisierungen) hergestellt, mit Bedeutungen belegt und am natürlichen Erscheinungsbild festgemacht. Gesellschaftliche Vorstellungen von Räumen und Räumlichkeit wirken normativ und legen Handlungsspielräume fest. Sie werden ständig (re)produziert und transformiert.
- Intersektionalität soll dazu dienen, die Komplexität des Zusammenwirkens gesellschaftlich differenzierender Kategorien zu erfassen.
- Neben der Frauenforschung hat sich in den letzten Jahrzehnten eine Forschungsrichtung etabliert, die Männer bzw. Männlichkeit und die entsprechenden sozio-kulturellen Bedeutungen, Normen und Stereotypen untersucht.
- In der Queertheorie wird die kategorielle Zweigeschlechtlichkeit sowie die damit verbundene Heteronormativität in Frage gestellt und versucht, heteronormativ organisierte Wahrnehmungs-, Handlungs- und Denkschemata zu überwinden.
- Postkoloniale Geographien und insbesondere postkoloniale Gender Geographien erforschen die verschiedenen geschlechtsspezifischen ko-

lonialen Erfahrungen von Männern und Frauen verschiedener intersektioneller Identität mit unterschiedlichen Raumbezügen.
- Methoden in den Gender Geographien zeichnen sich besonders durch Reflexivität, Macht- und Objektivitätskritik, Empathie und Fokussierung auf Geschlechterrelationen aus.

Literaturtipps:

BAUHARDT, C., 2004, Räume der Emanzipation. – Wiesbaden.
BÜHLER, E., H. MEYER, D. REICHERT und A. SCHELLER, Hrsg., 1993, Ortssuche. Zur Geographie der Geschlechterdifferenz. – Zürich und Dortmund.
BÜHLER, E., 2001, Frauen- und Gleichstellungsatlas Schweiz. – Seismo Verlag, Zürich.
BÜHLER, E., 2003, Vergeschlechtlichte Orte. Einblicke in die aktuelle *Gender* Forschung in der Schweiz. – Geographische Rundschau, Jg. 55, Heft 9: 45–48.
BÜHLER, E., 2007, From Migration der Frau aus Berggebieten to Gender and Sustainable Development: Dynamics in the field of gender and geography in Switzerland and the German-speaking context. – BELGEO, Nr. 3, 2007: 275–299.
BÜHLER E. & V. M. KRUKER (eds.), 2004, Geschlechterforschung. Neue Impulse für die Geographie. Schriftenreihe Wirtschaftsgeographie und Raumplanung. – In: Vol. 33, Zürich: Geographisches Institut der Universität Zürich.
DEGELE, N., 2008, Gender/Queer Studies. Eine Einführung. – München.
DEGELE, N. und G. WINKER, 2009, Intersektionalität. Zur Analyse sozialer Ungleichheiten. – Bielefeld.
DO MAR CASTRO VARELA, M. und N. DHAWAN, 2005, Postkoloniale Theorie. Eine kritische Einführung. – Bielefeld.
FLEISCHMANN, K. und U. MEYER-HANSCHEN, 2005, Stadt Land Gender. Einführung in Feministische Geographien. – Königstein/Taunus.
LOSSAU, J., 2002, Die Politik der Verortung. Eine postkoloniale Reise zu einer ‚anderen' Geographie der Welt. – Bielefeld.
MCDOWELL, L. und J.P. SHARP, Hrsg., 1999, A feminist glossary of human geography. – London.
MEIER, V., 1998, Jene machtgeladene soziale Beziehung der „Konversation"... – In: Geographica Helvetica, 53, 3, S. 107–111.
MEUSER, M., 2001, Männerwelten. Zur kollektiven Konstruktion hegemonialer Männlichkeit. – In: Schriften des Essener Kollegs für Geschlechterforschung 1, 2.
MONK, J. und J. MOMSEN, 1995, Geschlechterforschung und Geographie in einer sich verändernden Welt. – In: Geographische Rundschau, 47, 4, S. 214–221.
MOSS, P., Hrsg., 2002, Feminist Geography in Practice. Research and Methods. – Malden.
SEAGER, J. und M. DOMOSH, 2001, Putting Women in Place. Feminist geographers make sense of the world. – New York.
STRÜVER, A., 2007, Der kleine Unterschied und seine großen Folgen - geschlechtsspezifische Perspektiven in der Geographie. – In: H. GEBHARDT, R. GLASER, U. RADTKE und P. REUBER, Hrsg., 2007, Geographie. Physische Geographie und Humangeographie. – Heidelberg, S. 904–910.
VAN HOVEN, B. und K. HÖRSCHELMANN, Hrsg., 2005, Spaces of Masculinities. – London.
WARDENGA, U., 2006, Raum- und Kulturbegriffe in der Geographie. – In: M. DICKEL und D. KANWISCHER, Hrsg., 2006, TatOrte. Neue Raumkonzepte didaktisch inszeniert. – Berlin, S. 21–47.

2 Körper und Körperlichkeit im Raum

Die Neue Kulturgeographie betont – in der Folge des *cultural turn* – die besondere Bedeutung, die Raum, Raumkonstruktionen und räumliche Bezüge für Identitäten haben (A. POTT 2007: 29). Sie erforscht konkret die räumliche Organisation von Gesellschaften und die Möglichkeiten der soziokulturell geprägten Individuen, sich Raum anzueignen und zu nutzen (B. WERLEN bezeichnet dies als „Alltägliche Regionalisierungen", siehe auch P. WEICHHART 2008), wobei dieses raumbezogene Handeln an räumlich-territoriale Vorstellungen geknüpft ist, die wiederum diskursiv von den Subjekten selbst konstruiert werden (J. MOSE 2007).

Die Möglichkeiten, sich Raum anzueignen oder darüber zu bestimmen, hängen auch davon ab, welche körperlichen Fähigkeiten und Eigenschaften man sich selbst zuschreibt bzw. wie diese von anderen gesehen und beurteilt werden. Tatsächlich nimmt der Körper schon allein durch seine Materialität Raum ein und ist dadurch auch für andere sichtbar und einschätzbar. In der Geographie wird seit den 1990er Jahren diskutiert, dass Menschen über ihren Körper im Raum materiell verankert sind (S. PILE 1996, S. PILE und N. THRIFT 1995, S. PILE und H.J. NAST 1998). Robyn LONGHURST, die seit dieser Zeit intensiv über Körper und Körperlichkeit im Raum (im Anschluss an ihre Dissertation über schwangere Frauen im öffentlichen Raum, siehe auch R. LONGHURST 2000a) arbeitet, spricht konkret von *„(Dis)embodied geographies"* (1997) bzw. *„Situating Bodies"* (2004).

> Die Beziehung zwischen dem Menschen und seiner Umwelt ist physisch durch die körperliche Erfahrung geprägt.

Wir sind über unsere Körper in Räumen

Wir erfahren die eigene Körperlichkeit im Verhältnis zu den übrigen ausgedehnten Gegebenheiten, inklusive der Körperlichkeit der anderen Subjekte. Denn mit unserem Körper bewegen wir uns, führen Handlungen aus, können sehen, hören und empfinden. Wir repräsentieren uns über ihn und werden über ihn ‚erkannt' als jung oder alt, Frau oder Mann, schwarz oder weiß. Damit sind gesellschaftliche Machtverhältnisse und Denkstrukturen in den Körper eingeschrieben und er spiegelt sie wider. Da es nicht möglich ist, diesen Körper zu verlassen, sind wir an das, was über ihn gedacht wird, und an seine Möglichkeiten, sich in der natürlichen und gebauten Umwelt zu bewegen, gebunden. Damit ist der Körper für die Geographie eine wichtige Dimension, deren Bedeutung bisher jedoch wenig Beachtung fand. Die folgenden zwei Abschnitte werden zunächst die enge Verknüpfung von Körper und Identität darstellen, bevor der Zusammenhang von körperlicher Erfahrung und Raumkonstruktion beleuchtet wird.

2.1 Körper und Identität

Der Körper ist für jeden Menschen eine wichtige Identitätskategorie, also eine Kategorie, die das Verhältnis zu sich selbst bestimmt (vgl. A. MAIHOFER 2002: 25). In den Körper werden aber auch gesellschaftliche Differenzen entsprechend den jeweiligen Machtverhältnissen und Diskursen als Normen innerhalb bestimmter räumlicher Kontexte auf allen Maßstabsebenen eingeschrieben.

Der Einbezug des menschlichen Körpers in die Genderforschung ermöglicht das Aufzeigen von gesellschaftlichen Kategorisierungen über den Körper und eine Diskussion zwischen essentialistischen und konstruktivistischen Ansätzen. Innerhalb der Geographie lässt diese Diskussion eine Reflexion über und eine Aufarbeitung des bisherigen Androzentrismus, Kolonialismus und Sexismus innerhalb des Faches zu (A. STRÜVER 2005: 59).

Geographie bezieht den Körper mit ein

> Für die Gender Geographien und ihre Annahme, dass über den Körper und insbesondere seine Geschlechtlichkeit gesellschaftliche Differenzierung erfolgt, ist es wichtig, nach unterschiedlichen Vorstellungen von Körper zu fragen.

Was ist der Körper? Welche Prozesse sozialer Konstruktion wirken auf ihn und inwieweit wirken sie? Gibt es eine biologisch vorgeprägte, natürliche Körperlichkeit oder ist er ausschließlich ein Produkt sozialer Zuschreibung? Wäre es möglich, Körperlichkeit anders zu denken bzw. im Zuge der fortschreitenden medizinisch-technischen Entwicklung (im Hinblick auf künstliche Körperteile, Transplantationsmedizin, plastische Chirurgie etc.) gar nicht mehr ‚über ihn' zu denken (vgl. D. HARAWAY 1995)? Hat der Körper noch eine Bedeutung, wenn unter den Bedingungen der modernen Kommunikationstechnologien (Telefon, Internet) die körperliche Anwesenheit für die Kommunikation an Bedeutung verliert, wenn biotechnologische Errungenschaften die Befruchtung einer Eizelle außerhalb des weiblichen Körpers ermöglichen und wenn moderne Fortbewegungsmittel den Transport jedes Einzelnen an jeden erwünschten Ort der Welt erlauben? Und wenn ja, welches ist dann diese Bedeutung?

Verschiedene Körperkonzepte

In den Gesellschaftswissenschaften ist nach Judith BUTLERS „Das Unbehagen der Geschlechter" (1991) die Vorstellung des phänomenologischen, prädiskursiven[1] Körpers von M. MERLEAU-PONTY (1966) weit verbreitet. Mit diesem Körperkonzept kritisierte M. MERLEAU-PONTY die Idee eines transzendentalen Subjekts, das nur aus Geist und Bewusstsein besteht und identifizierte den Körper als entscheidendes Medium aller Erkenntnisse. Er bezeichnet die Beziehung zwischen Körper und Umwelt als Erfahrung und definiert Körperlichkeit und Räumlichkeit als eine Folge von Handlungsbedingungen, wobei der (geschlechtliche) Körper eine existentielle Eigenschaft des Menschen darstellt, durch und über welchen entsprechende (geschlechtsspezifische) Weltbilder konstituiert werden.

Der prädiskursive Körper

In seiner rationalistischen Philosophie ist für MERLEAU-PONTY nur der Körper der Ort objektiver Merkmale und nur der Geist besitzt die Kraft von Intelligenz und somit von Selbstbewusstsein. Feministische Geographinnen wie Gillian ROSE (1993) und Robin LONGHURST (1997) argumentieren, dass dieser Dualismus von Körper und Geist vergeschlechtlicht ist. Denn der dualistischen Assoziation von Geist mit Rationalität, Bewusstsein, Vernunft und Männlichkeit und Körper mit Emotionalität, Natürlichkeit, Irrationalität und Weiblichkeit folgt der Gegensatz von Mann als denkender Geist und Frau als durch Menstruation, Schwangerschaft und Mutterschaft eng an die Natur gebundenes Wesen.

Dualismus von Geist und Körper ist vergeschlechtlicht

Der Mann als Intellekt

Obwohl die Geschlechterstereotypen als Folgen sozialer Zuschreibungsprozesse dekonstruiert werden, weisen sie eine enorme Persistenz auf. Noch heute existieren die Vorstellungen von Frauen als hilflose, schutzbedürftige Personen, die eine stärkere Gemeinschaftsorientierung aufweisen, mehr Emotionalität und Loyalität besitzen, dazu durch Menstruation, Menopause und Schwangerschaft behindert und in ihren Fähigkeiten eingeschränkt sind. Für Männer wird ein gegenteiliges Bild entworfen, welches durch physische Stärke und mentale Kraft, durch Mut und Kreativität charakterisiert ist. Anhand dieser Stereotypen erfolgen Verhaltenserwartungen, nach denen Frauen sensibel, liebevoll, ruhig und geduldig sein müssen, währenddessen Männer niemals schwach oder emotional sein dürfen, immer Entschlusskraft beweisen, zudem temperamentvoll und energisch ihre Ziele verfolgen müssen. Somit werden Charaktereigenschaften und Verhaltensmuster dem vergeschlechtlichten Körper vor- bzw. zugeschrieben, der damit zum Objekt kultureller Überformungen und normativer Einschreibungen wird.

Die Frau als durch ihre Körperlichkeit bestimmt

Am Körper wird in der Regel geschlechtliche Identität festgemacht, aber auch Alter, Ethnie, Leistungsfähigkeit, Attraktivität etc. Diese Unter-

Geographie ist bisher blind für normative Zuschreibungsprozesse

---

1 Prädiskursiv meint, dass der Körper vor (,prä') jeder sprachlichen Beziehung existent ist und nicht erst über Sprache und das Sprechen (,Diskurs') über ihn entsteht. Im Gegensatz dazu steht das Körperkonzept von Judith BUTLER, das den Körper als Konstruktionsleistung des Sprechens versteht.

schiede werden meist unreflektiert naturalisiert und die Geographie blieb bisher blind für die normativen Zuschreibungsprozesse ‚am' Körper und somit ebenso hinsichtlich räumlicher Handlungsvollzüge (A. STRÜVER 2005). Aber genau darum geht es in den Gender Geographien.

> Durch die Erforschung normativer Zuschreibungsprozesse und Alltagspraktiken können Hierarchisierung, patriarchale Machtstrukturen sowie geschlechtsspezifische (Lebens)Chancen nicht mehr als natürlich legitimiert werden und gesellschaftliche Motive und Prozesse werden sichtbar. Ganz im Gegensatz zu M. MERLEAU-PONTY sehen poststrukturalistische Diskurse den Körper als niemals unabhängig von der Gesellschaft und bestreiten die Existenz eines prädiskursiv vorgedachten Körpers.

Weil auch Körper entsprechend den gesellschaftlichen Machtverhältnissen und Wertvorstellungen (siehe Kap. 1.4. über hegemoniale Männlichkeiten) bzw. entlang der bestehenden gesellschaftlichen Diskurse ihre Bedeutung zugeschrieben bekommen, bilden sie diese gleichfalls ab (beispielsweise entsprechend den Werten wie Jugendlichkeit, Schönheit, Fitness, BMI); der Körper ist „ein Text, der von anderen gelesen wird" und damit eine Art Oberfläche für die geltenden Werte und Normen (A. STRÜVER 2005: 74). Die in einer Gesellschaft existierenden Körperbilder sind ‚im Körper' eingeschrieben („*social tatooing*", E. GROSZ 1997: 238) und repräsentieren sich über ihn (E. LIST 1994: 10f). Pierre BOURDIEU hat in seinen Konzepten von ‚Habitus' bzw. der ‚sozialen Distinktionen' besonders auf Klassenunterschiede verwiesen und festgehalten, dass eben diese Distinktionen in bestimmte Gesten oder Körperpraktiken eingelassen sind, in der Art, wie man geht, die Nase putzt oder isst.

Auch der Körper wird als Text gelesen

N. DEGELE und G. WINKER betonen insbesondere, dass über den Körper auch eine Diversifikation im Hinblick auf den Produktionsprozess erfolgt, v.a. im Zugang zum Arbeitsmarkt. Körper ist eine der vier von ihnen identifizierten sozialen Strukturkategorien und damit sind bestimmte Ausbeutungs- und Diskriminierungsstrukturen verbunden: „Wir gehen davon aus, dass sich in kapitalistisch organisierten Gesellschaften die grundlegenden strukturellen Herrschaftsverhältnisse anhand der vier Strukturkategorien Klasse, Geschlecht, Rasse und Körper bestimmen lassen. Diese Differenzierungen verteilen die verschiedenen Arbeitstätigkeiten ebenso wie die vorhandenen Ressourcen ungleich auf verschiedene Personengruppen" (2007: 6).

Sie zeigen auch eindrücklich, dass selbst Gesundheit gesellschaftlichen Diskursen, Normen und der kapitalistischen Arbeitslogik unterliegt:

> Zur Bedingung sozialer, und das heißt auf dem Arbeitsmarkt gewinnbringend einsetzbarer Wertschätzung gehören Jugendlichkeit, Schönheit, Fitness und Gesundheit (vgl. Degele/Sobiech 2007). Mit der Argumentation, dass die Macht dazu in den Händen, Beinen und Köpfen jeden Individuums liege, wird das Gesundheitssystem entsprechend umgebaut: jede Person ist für ihre Gesundheit selbst verantwortlich. *(N. DEGELE und G. WINKER 2007: 8)*

Exkurs

Der Körper als Kunst- und Kultobjekt – ästhetische Barbies and funktionale Kens

1/3 der Frauen sind unzufrieden mit ihrem Körper. Schon in der Pubertät existieren klare Vorstellungen, worüber man später als Frau unzufrieden zu sein hat. Die Unzufriedenheit und Ablehnung des eigenen Körpers ist zudem kein Problem mehr allein nur von Mädchen und Frauen; auch immer mehr Jungen und Männer unterliegen dem ‚Adonis-Komplex' (Pope 2001). So werden uns durch Barbie und Ken, He-Man und Superman sowie durch die perfekten Stars der Medienwelt nicht nur der perfekte Körper nach Hause transportiert, sondern auch das richtige geschlechterspezifische Verhalten.

Dass mehr als alles andere die Schönheit des Körpers für alle Lebensbereiche – sowohl privat als auch beruflich – von großer Bedeutung ist, zeigen der boomende Markt der Kosmetik- und Diätbranche, die steigenden Mitgliederzahlen von Fitnessstudios und die zunehmende Zahl der Schönheitsoperationen. Anscheinend fühlen wir uns nicht wohl in den Körpern. Wir wollen/müssen ihn ändern, ihn perfektionieren. Aber mit welchem Ziel? Wohin bewegt sich das Körperbewusstsein? Welchem Ideal soll der Körper entsprechen?

Dass sich das Körperbewusstsein heute weit über die natürlichen Grenzen des körperlich Möglichen (vgl. Doping) und medizinisch Gesunden zu einem Körperkult – der versessen ist auf die perfektionierte Schönheit und Ganzheit – hinaus bewegt, ist eine Dimension des neuzeitlichen Körperwahnsinns. Neben dieser Konzentration auf den Körper stellt Ammicht Quinn (2002) zudem fest, dass die zu erreichenden Körperbilder bei Frauen und Männern verschieden sind.

Während der Männerkörper funktionieren soll, potent und stark sein muss und jegliche Schwäche zu ignorieren hat, weil er nur so in die Welt der immer funktionierenden Technologie passt, wird die Frau zum ästhetischen Produkt. Zu den Beurteilungskriterien Fruchtbarkeit, Arbeitskraft und Stellung ihrer Familie im sozialen Gefüge kommt seit dem späten 18. und frühen 19. Jahrhundert das Kriterium der Schönheit hinzu. Als zentraler Tauschwert auf dem Heiratsmarkt wird Schönheit zur Qualität der Person und der Schönheitskult ein Medium, mögliche Mängel zu beseitigen, um die Qualität der Frau zu erhöhen (Prokes 1996).

In diesem Sinne steht das idealtypische Männerbild mit breiten muskulösen Schultern, engem Becken und einer deutlichen Gesäß- und Gesichtsmuskulatur der idealtypischen Frau mit besonderer Betonung auf Beine, Busen und Haare gegenüber und sie prägen die geschlechterspezifischen Vorstellungen ganzer Generationen von Frauen und Männern.

Auf der Basis von M. FOUCAULTs Körperkonzept, welches das Subjekt als ein „Produkt eines bestimmten historischen Gefüges sprachlich geprägter sozialer Praktiken, die die Machtverhältnisse in den Körper einschreiben" (A. STRÜVER 2005: 75), sieht, baut Judith BUTLERs Konzept der Performanz auf. Obwohl ihr auf Grund ihrer konstruktivistischen Perspektive und der Ablehnung jeglicher biologischer Essentialismen oftmals ‚Entkörperung' vorgeworfen wird, sieht sie den Körper keinesfalls nur als passives Medium der Zuschreibung. Vielmehr verändert sie den Blickwinkel vom natürlich gegebenen Körper zum Körper als dem gelebten Ort des Menschen, da die natürlichen Determinanten (essen und schlafen zu müssen, Schmerzen empfinden und Gewalt erleiden zu können usw.) nicht als bloße Konstruktionen verstanden werden können (J. BUTLER 1997). Diese Determinanten sind aber – so Butler – nicht geschlechtsspezifisch und können somit auch keine Legitimation für eine zweigeteilte Welt und räumliche Handlungsfolgen geben.

Dass über die Sprache Körper hergestellt werden, zeigt für Butler die Macht, die im Diskurs eingeschrieben ist. Damit ist auch die Geschlechtszugehörigkeit ‚performativ', das heißt, sie ist nur Realität, insoweit sie performiert wird. Damit führt BUTLER in die Gender Debatte das Konzept der Geschlechterrepräsentationen (lat. *repraesentatio*: Darstellung, Vertretung) ein, das fragt, wie Weiblichkeit oder Männlichkeit in einem bestimmten

Körper als Ausdruck gesellschaftlicher Praktiken und Machtverhältnisse

2. KÖRPER UND KÖRPERLICHKEIT IM RAUM

kulturellen Kontext dargestellt wird. J. BUTLER fragt, durch welche Akte, welchen performativen Vollzug, Geschlechtszugehörigkeit hergestellt wird. Sie sieht Geschlecht als Effekt einer permanenten Inszenierung von Geschlechtlichkeit. Mann-sein oder Frau-sein wird ständig performativ erzeugt. Nach J. BUTLER haben wir nie einen unmittelbaren Zugang zu Geschlecht und Körper, sondern immer durch eine sozio-kulturell geprägte, diskursiv vermittelte „Brille".

Körperlichkeit als performative Praxis

J. BUTLER versteht somit den Körper/Leib und ‚sein' Geschlecht als permanente Inszenierung, die stetig Wiederholung erfahren muss, um den Anschein der Natürlichkeit immer wieder herzustellen.

Der Körper erschließt sich dem analytischen Blick nicht als ahistorische biologische Realität, sondern nur vermittelt über alle historischen und kulturellen Kodierungen, welche ihn prägen. Geschlecht ist damit nicht das, was Mann oder Frau biologisch ist, sondern das, was im Zuge eines performativen Aktes innerhalb eines bestimmten Kontextes immer wieder aufs Neue hervorgebracht wird. Für die Gender Geographien stellt sich natürlich besonders die Frage, in welchem räumlichen Kontext welche Gender- bzw. Körperperformanz vorgesehen bzw. zugelassen ist. Wir wissen aus dem Alltag, dass in Tanzclubs, am Strand, an der Universität oder in Büros jeweils eine andere Form von Körperlichkeit (Bewegungen, Gesten, Kleidung etc.) vorgesehen ist. Wie Körper in zwei spezifischen Arbeitsumfeldern performiert werden bzw. wie vor allem Frauen an einem überwiegend männlich geprägten Arbeitsort durch ihre Körper als ‚Andere' und deplatziert (*out of place*) definiert werden, haben L. MCDOWELL für hochqualifizierte Cityarbeitsplätze (1997) und D. MASSEY für high-tech Büros in den Science Parks von Cambridge (1995) dargestellt. R. LONGHURST (2000a) hat die unterschiedlichen Möglichkeiten aufgezeigt, wie schwangere Frauen ihre Schwangerschaft im öffentlichen Raum bzw. speziell bei Schönheitswettbewerben inszenieren und damit herrschende Klischees aus unterschiedlichen Subjektpositionen in Frage stellen.[2]

Geschlecht als performative Praxis

> Akzeptiert man die Performanz von Körper(lichkeit) über Sprache, bleiben auch Identitäten keine vordiskursiven Bestandteile menschlicher Existenz.

Performanz erlaubt Vielfalt

In diesen Klischees wird die Kategorisierung über körperliche Merkmale am deutlichsten und sie zeigen die einverleibten gesellschaftlichen Normen. Als Konstrukt erkannt, werden die erzwungenen Identifikationen mit dem, was ‚normal' – normativ vorgegeben ist, deutlich und eine Hand-

---

2 Siehe dazu die Themenhefte von Environment and Planning D mit dem Titel „Spaces of performance, part I und part II" (2000) mit den Gasteditoren G. ROSE und N. THRIFT.

lungsrealität wird eröffnet, die Abweichungen von der Normalität ohne gesellschaftliche Repressionen zulassen könnte[3].

Aus einer Reihe von gesellschaftlich möglichen Varianten zu wählen, ohne entweder das Eine oder das Andere sein zu müssen, lässt die Vielfalt und ihre Potentiale für eine kreative Lebensgestaltung anerkennen.

Basierend auf J. BUTLER und ihrem Konzept der Performanz konzentrieren sich jüngere Studien der Geschlechterforschung auf die Inszenierungen von Geschlecht in verschiedenen Disziplinen wie Kunst, Literatur, Theater sowie Musik. Das *staging gender*-Konzept widmet sich – ohne dabei die Funktion der (un)bewussten individuellen Selbstreflexion von BUTLERS Konzept aufzugeben – geschlechtsspezifischen Rollendarstellungen in den verschiedenen Disziplinen als historische, politische, philosophische und wissenschaftliche Vorgaben.

Staging gender

Eine Analyse des *staging gender* zum Beispiel in der Literatur bedeutet in diesem Sinne, dass ein Werk (Roman) als abstrakter (Vorstellungs)Raum betrachtet wird, in dem geschlechtsspezifische Unterschiede stetig eingebunden sind, vorgeführt und dadurch gleichzeitig (re)produziert werden. Dabei ist es wichtig danach zu fragen, in welcher Weise Geschlechter in einem Roman, Lied, Theaterstück usw. inszeniert werden, um zu zeigen, dass die Darstellungen von Geschlechterrollen nicht nur stattfinden, sondern zudem als kultureller Code fungieren. Dieses Konzept des *staging gender* könnte auch für Gender Geographien sehr fruchtbar sein, wenn man einzelne Orte als *stage* konzeptualisiert. Damit stellen sich die Fragen: Welche Modelle von Repräsentation deuten auf geschlechtsspezifische Rollen und konstruieren diese? Welche Bedeutung haben Geschlechterrollen, Vorstellungen über den Körper und Identitätskonzepte in verschiedenen sozialen, politischen, wirtschaftlichen Zusammenhängen und wie werden sie in welchen Räumen umgesetzt? Und auf welche Weise reflektieren Musik, Fernsehen, literarische Texte usw. die bestehenden Geschlechterarrangements und inszenieren sie als natürliche Normalität? Wie werden bei *staging gender* Geographie und Geschlecht verknüpft?

2.2 Performativität von Raum und Gesellschaft

In Erweiterung der in Kapitel 1 diskutierten sozialen und diskursiven Konstruktion von Geschlecht und Raum wird im Folgenden besonders auf den Aspekt der Performanz durch Körperlichkeit eingegangen.

---

3 S. BAURIEDL et al. (2000) zeigen in ihrem Artikel sehr eindrücklich, wie Normativitäten hergestellt werden und wie dies am Beispiel von Krankheiten zu Tabuisierungen führt.

2. KÖRPER UND KÖRPERLICHKEIT IM RAUM

> Das Konzept der Performanz von Judith BUTLER hat auch für die Geographie Bedeutung, denn einige Studien über Körper und Raum argumentieren, dass auch Räume ebenso wie Körper und Geschlecht performativ konstituiert sind (N. GREGSON und G. ROSE 2000: 441); sie sind *performed spaces* (G. ROSE 1999).

Körper konstituiert Raum

Auch M. MERLEAU-PONTY geht davon aus, dass der Körper Raum konstituiert, denn „without the body there would be no space" (1966: 88). Da er aber den Körper als objektiv gegeben sieht, versteht er auch den konstituierten Raum als objektive Relation.

Im Gegensatz dazu betont Gillian ROSE (1999), dass die Konstruktion von Raum durch das Zusammenwirken von Diskurs, Fantasie und Körperlichkeit vonstatten geht. In diesem Sinne sind Räume weder bereits existierende, vorgedachte Materialitäten (Container), noch als objektive Relationen zu verstehen, sondern die Folgen spezifischer Performanzen, über die Machtbeziehungen und Subjektpositionen vermittelt werden, wie man sich am Beispiel eines Exerzierplatzes oder eines *open air concerts* gut vorstellen kann. Da diese Subjektpositionen immer relational auf andere

Subjekte und Räume entstehen relational

Subjekte bezogen sind, weisen auch Räume eine Relationalität auf und sind damit die Folge der Auseinandersetzung des eigenen Selbst mit dem jeweils Anderen (im Beispiel der Kommandierende mit Rekruten oder die Band mit Zuhörer_innen). Folgen wir Judith BUTLER und Gillian ROSE und nehmen an, dass Raum nicht a priori (vor jeder Handlung) existent ist, sondern erst im Zuge der Handlung konstituiert wird, dann hat dies begriffliche Konsequenzen. Denn der Terminus ‚Raum' lässt – auch wenn betont wird, dass ‚er' sozial konstruiert ist – eine materielle Existenz vermuten. Es entsteht demnach eine Widersprüchlichkeit, die auszuräumen ist, wenn nicht ‚Raum', sondern räumliche Handlungsfolgen forschungslogisch im Mittelpunkt stehen.

Heteronormativität hat räumliche Konsequenzen

> Sich auf Judith BUTLER beziehend betont Gill VALENTINE (1993), dass die Heteronormativität auch räumliche Handlungsfolgen aufweist. Die stetige Wiederholung von Beziehungen zwischen Menschen konstruiert eben genau diesen sozialen Beziehungen entsprechende räumliche Kontexte; andere Performanzen würden andere räumliche Handlungsfolgen bedeuten.

VALENTINE (2003) kann durch die Analyse der Erfahrungsberichte von lesbischen Frauen zeigen, dass die Heteronormativität alltägliche Ausschlussprozesse in räumlicher Hinsicht initialisiert, so dass sich lesbische Frauen oft deplatziert *(out of place)* fühlen. Aus diesem Grund verleugnen sie ihre Sexualität, wodurch jedoch die Lebenskonzepte nicht einfacher realisierbar, sondern unsichtbar werden und dies aufs Neue die Heterosexualität als normative Form der Sexualität stabilisiert. In einigen Arbeiten setzen sich Wissenschaftler_innen mit diesen sozialen und räumlichen Exklusionsprozessen auseinander und sprechen von der Vergeschlechtlichung des Raumes. Tatsächlich geht es aber um die Verräumlichung von Geschlecht. Denn es existiert kein neutraler Raum, der anhand normativer Handlungen durch Akteure ‚gefüllt' wird, sondern räumliche Kontexte entstehen erst durch eben diese geschlechtsspezifischen Handlungen. In diesem Sinne ist es auch nicht der vergeschlechtlichte Raum, der Handlungsfolgen determiniert, sondern die Akteure selbst verräumlichen im Zuge des Handelns Geschlecht und ermöglichen bzw. erzwingen damit Handlungsfolgen. Aus diesem Grund ist es vielversprechend, wenn gendersensible geographische Forschung die heterosexuelle Aufladung als räumliche Handlungsfolge versteht und in die Analysen mit einbezieht. Es ist zu prüfen, wie die räumlichen Strukturen zur täglichen (Re)Produktion der Zweigeschlechtlichkeit und zur Aufrechterhaltung der Zwangsheterosexualität beitragen.

Die Verräumlichung von Geschlecht

Die vorhergehenden Ausführungen zeigen, dass heteronormative Handlungen eine Verräumlichung von Geschlecht als Handlungsfolge bedingen. Auch M. FOUCAULT betont, dass „Kontrolle über die Körper (…) mittels einer kontrollierten Raumorganisation" erfolgt. „Es werden Raumordnungen erstellt mit ausgeklügelten Bewegungs- und Aufenthaltshierarchien, was zu einer Machtausübung in räumlichen Kontexten bzw. zu räumlicher Machtverstärkung durch Kontrolle führt. Die Kontrolle über Körperlichkeit und Räumlichkeit ist elementar für die Erhaltung politischer Macht" (P. RABINOW und H.L. DREYFUS 1987: 224).

Körper werden über Räume kontrolliert

> Räumliche Handlungsfolgen sind ein Zeichen der Macht bzw. eine Strategie der Macht, persistente Raumstrukturen zu schaffen, um entsprechende Machtkonfigurationen zwischen dem Selbst und dem Anderen zu erhalten.

Genau an dieser Stelle macht G. ROSE (1999) auch die Grenzen des Diskurses deutlich, denn wenn räumliche Kontexte eine Performanz von Macht sind und wir alle Performer_innen des Alltäglichen sind, dann ist auch innerhalb der kritischen Reflexion über die Raumkonstitution der Machtaspekt enthalten. Eine der ersten Arbeiten im deutschen Sprachraum zu den Verschränkungen von „Macht Körper Wissen Raum? Ansätze für eine Geographie der Differenzen" war die Diplomarbeit (1999) von Anke STRÜVER, die mittlerweile auch überarbeitet veröffentlicht ist (A. STRÜVER 2005).

Die Frage, wie wir uns der Wirklichkeit tatsächlich annähern (sollen), ist damit noch nicht beantwortet, und daher geht das nächste Kapitel auf eine feministische Natur- und Wissenschaftskritik ein bzw. ein alternatives Konzept von Ökologie und ökologisch nachhaltigem Leben.

Merkpunkte:

- Der Körper wurde wie die Kategorien ‚Geschlecht' und ‚Raum' lange Zeit essentialistisch (d.h. als natürlich vorgegeben und real existent) betrachtet. Durch Judith BUTLERs Arbeiten wird der essentialistische Körper hinterfragt und als zentrale Projektionsfläche stetiger Inszenierungen dekonstruiert. Räume und Körper konstituieren einander permanent innerhalb einer symbolischen sozialen Ordnung.
- Die körperlichen Performanzen konstruieren gleichzeitig auch räumliche Handlungskontexte. Auf diese Weise bewirkt das alltägliche Erleben und Leben des heterosexuellen Geschlechterverhältnisses dessen Inszenierung als allgemeingültige Norm und lässt Abweichungen davon als das Andere und Deviante erscheinen.

Literaturtipps:

BAURIEDL, S., K. FLEISCHMANN, A. STRÜVER und C. WUCHERPFENNIG, 2000, Verkörperte Räume – „verräumte" Körper. Zu einem feministisch-poststrukturalistischen Verständnis der Wechselwirkungen von Körper und Raum. – In: Geographica Helvetica, 55, 2, S. 130–137.

CHOUINARD, V., HALL, E. and WILTON, R. (eds), 2010, Towards enabling geographies: ‚disabled' bodies and minds in society and space. Aldershot: Ashgate.

LONGHURST, R., 1997, (Dis)embodied geographies. – In: Progress in Human Geography, 21, 4, S. 486–501.

ROSE, G., 1999, Performing Space. – In: D. MASSEY, J. ALLEN und P. SARRE, Hrsg., 1999, Human Geography Today. – Cambridge, S. 247–259.

STRÜVER, A., 2005, Macht Körper Wissen Raum? Ansätze für eine Geographie der Differenzen. – Wien.

VALENTINE, G., 2003, In pursuit of social justice: ethics and emotions in geographies of health and disability. – Progress in Human Geography, 27: 375–380.

VALENTINE, G. and Skelton, T., 2003, Living on the edge: The marginalisation and resistance of D/deaf Youth. – Environment and Planning A, 35: 301–321.

3 Natur/Umwelt und Naturwissenschaft/Technik aus einer geschlechtsspezifischen Perspektive

Auch die feministische Naturwissenschafts- und Technikkritik, die sich anfangs vor allem gegen die Allmachtsfantasien und Rücksichtslosigkeit der *mainstream*-Wissenschaften richtete (E. Fox Keller 1986, C. Merchant 1987, H. Nowotny und K. Hausen 1990, S. Harding 1990, 1994), veränderte analog zur feministischen Theorie mit dem Poststrukturalismus den Fokus auf die Dekonstruktion der Natur/Kultur-Dichotomie bzw. den Mensch/Technik-Gegensatz (E. Scheich 1996, D. Haraway 1996).

Schon in den 1970er Jahren wies die feministische Wissenschaftskritik darauf hin, dass in Naturwissenschaften und Technik der Mensch wie auch der Forscher als geschlechtsneutrales und ausschließlich rational handelndes Individuum gesehen wurde; die Natur im Gegensatz dazu als etwas Äußerliches, dem Menschen Gegebenes.

In diesem Kapitel wird die Sicht auf und der Umgang mit Natur, die Zusammenhänge von patriarchaler Wissensproduktion und Ausbeutung von Natur sowie die dichotome Verknüpfung von Frau : Natur und Mann : Kultur diskutiert. Dabei werden die kritischen Punkte herausgearbeitet und Ansätze einer feministischen Naturwissenschaft und Technikforschung vorgestellt. Auch soll deutlich gemacht werden, dass die scheinbare Realität objektiver (Natur)Forschung tatsächlich eine Folge kultureller Werte und Normen ist und gesellschaftliche (patriarchale) Strukturen widerspiegelt (vgl. H. Nowotny und K. Hausen 1990).

3.1 Feministische Naturwissenschafts- und Technikkritik

Eine der führenden Denker_innen der feministischen Naturwissenschafts- und Technikkritik ist die Biologin und Physikerin Evelyn Fox Keller. Schon Mitte der 1970er Jahre stellt sie die selbstverständliche Verbindung von Naturwissenschaft und Objektivität ebenso in Frage wie die damit verbundenen Geschlechterpolaritäten, die Objektivität, Verstand und Geist als männlich, Subjektivität, Gefühl und Natur als weiblich definieren. In ihrem bekanntesten Werk „Liebe, Macht und Erkenntnis" von 1986 deckt sie erstens historisch, zweitens psychoanalytisch und drittens wissenschaftlich und philosophisch die Definitionen von ‚Liebe', ‚Macht' und ‚Erkenntnis' als männliche Festlegungen auf. Denn der Wissenschaftler wählt „seine Beziehung und Perspektive nicht frei; sie sind Teil seines Sozialisationspro-

<!-- margin note: Kritik am Objektivitätsanspruch der Wissenschaft -->

zesses innerhalb der wissenschaftlichen Gemeinschaft und Kultur, deren Teil diese Gemeinschaft ist" (Fox KELLER 1986: 23).

> Zum einen ist es möglich, Wissenschaft als gesellschaftlich eingebunden einzuordnen und zu benennen. Damit wird ihre Objektivität als Fiktion erklärt, da sie in ihren Perspektiven und Aufgabengebieten gesellschaftlich beeinflusst ist. Zum anderen wird es möglich, Wissenschaft zeitlich einzuordnen, denn das, was als unverbindliches Wissen und Natur deklariert wird, ändert sich mit der Zeit und der Gesellschaft bzw. ihren Bedürfnissen.

Wissen ist kontextgebunden

E. Fox KELLER (1986: 40ff, 139ff) kann zeigen, dass die Definitionen von ‚Liebe' und ‚Sexualität' ebenso wie die von ‚Herrschaft' und ‚Gehorsam' Ursprünge im Denken Einzelner haben, sich über die Zeit verändert haben und somit nicht natürlich und selbstverständlich, sondern konstruiert sind. Selbst ‚Naturgesetze' sind gesellschaftliche Konstruktionen und lassen sich darauf zurückführen, wie der Mensch die Welt und die Natur betrachtet, sie sind Ausdruck seines Wunsches nach einer Ordnung der Dinge.

In diesem Sinne lässt sich der Ursprung einer Wissenschaft als Instrument der Kontrolle über die Natur vor allem in Francis BACONS Schriften finden. Er stellte sich eine Wissenschaft vor, die die Überlegenheit des Menschen über die Natur vorbereitet, unterstützt und festigen soll. Während BACON die Macht über andere Menschen grundsätzlich ablehnte, sah er im Streben des Mannes nach Macht und Herrschaft über das Universum die zweifellos edelste Sache. Damit sei nur ein Argumentationsstrang von vielen in Fox KELLERS Buch angedeutet, mit denen sie sich auf überzeugende Weise der Ontologie bzw. den Ontologien von Wissenschaft nähert, deren Entstehungszusammenhänge aufdeckt und damit der Naturwissenschaft und Technik eine neue Perspektive anbietet.

Natur wird zum Objekt der Naturwissenschaften

Auch C. MERCHANT (1987) zeigt in ihrem Buch an Hand der dominanten Diskurse über Natur und Naturwissenschaften auf, wie Natur zu einem Objekt der Naturwissenschaften reduziert wird, mit ähnlichen Argumenten, wie Frauen den Männern untergeordnet werden. Sie weist auch an Hand vieler Beispiele die Gleichsetzung von Frau und Natur nach, und beide werden gleichermaßen objektiviert.

Kritik an Dichotomien

Eine weitere Kritik legt eine der Pionier_innen der Naturwissenschafts- und Technikkritik vor: Donna HARAWAY ist Biologin, Wissenschaftshistorikerin und Feministin und kritisiert, dass die aktuelle Technik- und Naturwissenschaft direkt an der patriarchalen Konstruktion von Geschlecht und Sexualität sowie Ethnie beteiligt ist. Sie argumentiert, dass im Zuge der Wissenschaftsentwicklung seit dem Zweiten Weltkrieg, besonders der *Technosciences* (Informations-, Kommunikations- und Biotechnologien), auf der Basis einer Kultur/Natur-Dichotomie auch die Trennung von Mensch/

Tier, Organismus/Maschine sowie Materiellem und Immateriellem vollzogen wird (D. HARAWAY 1995). Um aber ihr kritisches Potential zu bewahren, bedürfen Kategorien und Konzepte wie die oben genannten einer dauernden Praxis der Selbstreflexion und Situierung der Wissensproduktion, wie sie in der Geschlechterforschung, generell eingefordert wird (D. HARAWAY 1996).

Ziel ihrer Analysen ist es, nach den politisch-ethischen Konsequenzen des wachsenden Einflusses von Naturwissenschaft und Technik auf die Gesellschaft zu fragen. Denn spätmoderne Gesellschaften mit ihren fortgeschrittenen Technologien deuten den lebenden Organismus zur kodierten Datensammlung um. Die Natur soll nicht mehr nur beschrieben, sondern entschlüsselt und damit beherrscht werden. Im Zuge eines „Machbarkeitswahns" sollen alle Möglichkeiten genützt werden, aus Natur eine „artefaktische Natur" zu produzieren (R. BECKER-SCHMIDT und G.-A. KNAPP 2001: 96f). Darin eingebunden ist die Kritik an einer Wissenschaftsforschung ohne jegliche ethischen Grenzen und der damit verbundenen Profitmaximierung. Dadurch definiert die Wissenschaft selbst, was wichtig und von Bedeutung ist und erklärt nach kapitalistischer Logik, was somit bedeutungslos für die Gesellschaft ist. Die Vorstellung einer objektiven Wissenschaft bleibt daher nur eine Fiktion und das Beschreiben von wissenschaftlichen Fakten kann vor diesem Hintergrund nur mehr als gesellschaftliche (Be)Wertung verstanden werden (R. BECKER-SCHMIDT und G.-A. KNAPP 2001).

Kritik an Allmachtsfantasien

Donna HARAWAY geht davon aus, dass es sich – wie bei den Sozialwissenschaften – auch bei den Naturwissenschaften um „große Erzählungen" handelt, welche Wahrheiten konstruieren, wobei es wichtig wäre, auch in den Naturwissenschaften die in Epistemologie, Theorie und Praxis inhärenten Welt- und Menschenbilder bzw. Stereotype aufzudecken. Sie setzt der in der (Natur)wissenschaft als Objektivität deklarierten „view from nowhere" die Perspektive des „situierten Wissens" gegenüber und verlangt eine offene Erklärung der Wissenschafter über ihre Positionalität bzw. Perspektive. Ebenso wie die humanen ‚Subjekte' sieht sie auch die inhumanen ‚Objekte' als konstruierte und konstruierende Medien der Wissensproduktion. Entsprechend der BUTLER'schen Dekonstruktion in den Sozialwissenschaften verlangt sie auch innerhalb der Naturwissenschaft eine materielle Dekonstruktion. Das würde einerseits ermöglichen, dass der Naturbegriff fern des „Produktionsparadigmas" (J. WEBER 1998: 703) gedacht und anderseits die Vorstellung von der Materie Geschlecht reflektiert wird.

Deklarierung der eigenen Positionierung eingefordert

> Vor diesem Hintergrund ist es Donna HARAWAY vor allem ein Anliegen, den Sex/Gender-Dualismus (vgl. Kapitel 1 und 2) auf seine inhärenten Machtstrukturen zu hinterfragen. Während aber bei BUTLER sex schon immer gender ist, legt sich HARAWAY nicht im vorhinein fest, wer oder was innerhalb des Konstitutionsprozesses aktiv ist und macht damit auch deutlich, dass „wir [...] immer mittendrin" sind (D. HARAWAY 1995). Sie entfernt sich von der Zentralperspektive der Unterdrückten und zeigt, wie wir alle täglich an der Wissensproduktion und der Reproduktion von Machtverhältnissen teilhaben.

Plädoyer für die Verortung und Verkörperung von Wissen

Auch sie sieht *sex* als kulturell vorgedacht und nicht essentialistisch, jedoch schreibt sie der Materialität des Körpers eine besondere Rolle zu. Mit ihrem Plädoyer für die Verortung und Verkörperung von Wissen stellt sie das einheitliche Subjekt in Frage und definiert es als unvollständig konstruiert und damit immer offen für Veränderungen. Als Metapher dieses unvollendeten Selbst verwendet sie die von ihr kreierte Figur des ‚Cyborg'. Der Cyborg ist ein „kybernetischer Organismus, Hybride aus Maschine und Organismus, ebenso Geschöpf der Wirklichkeit wie der Fiktion" (D. HARAWAY 1995: 33). Mit ihm untergräbt sie vermeintlich abgeschlossene Einheiten und entwirft damit eine politische Strategie. Hintergrund dessen sind die durch technologische Entwicklungen möglichen Grenzüberschreitungen zwischen Organismus und Maschine, wie sie heute bei künstlichen Gelenken oder Gliedmaßen schon alltäglich sind.

Die Cyborgs verdeutlichen die heutige Gesellschaft, indem man an ihnen die gesellschaftliche Wirklichkeit ebenso wie die Fiktion ablesen kann. Cyborgs verwischen die bestehenden Dualismen und heben feste Zuschreibungen auf Grund von Kategorien auf. Und sie zeigen, dass sowohl auf einer diskursiven wie auch auf materialisierter Ebene alltägliche Konstruktionen ablaufen. So wie die Cyborgs sowohl Realität wie auch Fantasie sind, ist Geschlecht die Folge von Körper und Vorstellung.

Damit kritisiert HARAWAY die Auffassung einer bloßen diskursiven Konstruktion und verweist deutlich auch auf die Materialität von Körperlichkeit. Insgesamt lehnt HARAWAY die westliche Dominanzkultur und die Annahme der Gleichheit ab und verlangt die Sichtbarmachung von Andersartigkeit.

Feministische Physische Geographie

Mit ihren kritischen Überlegungen machen die feministischen Naturwissenschaftskritikerinnen den Weg frei für die bisher noch seltene, aber beispielsweise von S. BAURIEDL et al. (2000) geführte Diskussion über eine feministische Physische Geographie und für ein konstruktivistisches, relationales Raumkonzept, wie es seit Doreen MASSEY zunehmend auch im deutschen Sprachraum Verbreitung findet.

Gender Studies stellen dazu auch immer die Frage nach den Rahmenbedingungen der Wissensproduktion, den Machtverhältnissen, unter denen die jeweilige Forschung erfolgt und wieweit diese in die eigene Forschung eingeschrieben sind. Hinterfragt wird aber auch das Verhältnis des Forschers oder der Forscherin zu ihrem Forschungsobjekt oder -subjekt und wie hier tradierte Geschlechterverhältnisse reproduziert werden. Insbesondere stellt sich die Frage, wem die Forschung dient und wer die sozialen oder ökonomischen Nutznießer der Forschung bzw. der Ergebnisse sind.

Rahmenbedingungen für Wissensproduktion werden hinterfragt

3.2 Der Ökofeminismus: Die Natur/Frau- und Kultur/Mann Dichotomie in der Kritik

Eine weniger theoretische, sondern vor allem pragmatisch-ökologische Perspektive bezüglich der Kritik an Naturwissenschaft und Technik nehmen Ökofeministinnen ein. Der Ökofeminismus ist eine bedeutende Bewegung der letzten Jahrzehnte, die aber bis heute auch innerhalb der feministischen und gendersensiblen Forschung kontrovers diskutiert wird.

1993 gewinnt die indische Umweltschützerin, Bürgerrechtlerin und Feministin Vandana SHIVA den Alternativen Nobelpreis dafür, dass sie Frauen und Ökologie ins Zentrum der modernen Entwicklungspolitik stellt. Damit rückt eine Sichtweise in die Öffentlichkeit, die sich schon Mitte der 1970er Jahr am Institut für Soziale Ökologie an der Universität Vermont herausbildet: der Ökofeminismus. Dieser Ansatz erweitert den feministischen Diskurs dahingehend, dass auch hinsichtlich der Konstruktion von Natur und Umwelt, Materie und Technik feministische Standpunkte formuliert werden. Die Vertreterinnen verbinden Feminismus mit Anarchismus, libertärem Sozialismus und sozialer Ökologie, um zu konkreten politischen, nicht theoretisch-philosophischen Lösungen zu kommen (M. MIES und V. SHIVA 1995).

Der Ökofeminismus greift auf eine zentrale Argumentation der sozialen Ökologie zurück, nach der durch die ‚Entzauberung' der Welt (durch die Naturwissenschaften) und den Niedergang der naturverankerten Religionen die Natur auf ihre bloße Funktion als Ressource für den Menschen reduziert wird. Die soziale Ökologie kritisiert die Vorstellung der westlichen Industrienationen, dass die Natur keinen Selbstzweck oder ‚Eigensinn' hat, sondern als Ressource für die menschliche Bedürfnisbefriedigung zur Verfügung steht und aus diesem Grund beherrscht werden darf, kann und muss. Sie setzt sich mit der Frage auseinander, wie die lebensnotwendige Nahrungs- und Trinkwasserversorgung, die Energieversorgung und das Bedürfnis nach städtebaulicher Entfaltung sowie technischer Entwicklung der Menschen in Einklang zu bringen ist mit der nicht-menschlichen Natur.

Kritik am funktionalistischen Naturverständnis

3. NATUR/UMWELT UND NATURWISSENSCHAFT/TECHNIK

Objektivierung der Natur als Voraussetzung für ihre Unterdrückung

Basierend auf einer radikalen Kapitalismuskritik[1] und der anarchistischen Theorie entwickelt Murray BOOKCHIN die soziale Ökologie und wird damit zur Stimme der US-Linken und der Ökologiebewegung. Auch in Deutschland sind seine Reden durch Publikationen im „Trotzdem Verlag" und der Zeitschrift „Schwarzer Faden" bekannt und er kann seinen Einfluss in der Politik der Grünen hinterlassen (J. SILLIMAN und Y. KING 1999). BOOKCHIN macht deutlich, dass im Zuge der immer schnelleren Entwicklung von Technologien nicht nur die Fiktion einer unendlich verfügbaren Natur entsteht, sondern auch der Glaube an die unbeschränkte Fähigkeit der (Natur)Wissenschaft, auftretende Probleme lösen zu können. Somit wird die Natur zum ‚Anderen', das sich wesentlich vom ‚Einen' (Herrschenden) dadurch unterscheidet, dass es ein Objekt ist und so unterdrückt werden kann (J. SILLIMAN und Y. KING 1999).

Schon 1962, viele Jahre vor der aktiven Ökologiebewegung in Amerika, erlangt das Buch von Rachel CARSON „Der stumme Frühling" Berühmtheit und startet eine spannungsreiche Diskussion über die Pestizidverwendung in der amerikanischen Landwirtschaft zum einen medizinisch, denn es wird bekannt, dass Pestizide einen nicht geringen Einfluss auf den Menschen haben können; zum anderen ökologisch, denn CARSON betont, dass in der Vernichtung von Pflanzen eine menschliche Interpretation über das, was brauchbar und das, was nicht brauchbar ist, zum Ausdruck kommt.

Gleich wie Natur werden auch Frauen zu Objekten reduziert

Ökofeministinnen knüpfen später an dieser Stelle an und argumentieren, dass auf dieselbe Art auch Frauen in der patriarchalen Gesellschaft zu Objekten reduziert und damit unterdrückt und ausgebeutet werden. Vor dem Hintergrund, dass mit der Unterdrückung der Frau und der Natur auch der größte Teil des Lebens auf der Erde bedroht ist und leiden muss, strebt der Ökofeminismus eine harmonische, differenzierte und dezentralisierte Gesellschaft an, in der ausschließlich Technologien Anwendung finden sollen, die auf ökologischen Prinzipien basieren. In diesem Sinne verkörpert Ökofeminismus zum einen die Forderung nach einer neuen Politik und Kultur im Umgang mit der lebenden Natur, indem sich jede(r) über die Konsequenzen eines patriarchalen Herrschaftssystems bewusst wird und zum anderen den Anspruch nach einer differenzierten und dennoch gleichberechtigten Gesellschaft.

Kritik an der Natur/Frau und Kultur/Mann-Dichotomie

Beide Theorien, anarchistische und feministische, beleuchten ein Herrschaftsverhältnis, in dem es durch die Herrschaft des einen (Mann/Kultur) zur Unterdrückung der anderen (Frau/Natur) kommt. Aber sie verbindet

---

1 Ausgangspunkt des Kapitalismus ist die Unterscheidung zwischen Tausch- und Gebrauchswert von Waren. Dadurch, dass der Tauschwert über den Produktionskosten liegt, wird Mehrwert erzeugt. Dies ist nur möglich, wenn die Arbeitskraft in der Form ausgebeutet wird, dass die Arbeiter_innen weniger Lohn verdienen, als sie an Wert produzieren. Die Fixierung auf Gewinn führt immer mehr zu Ausbeutung sowohl der Arbeiter_innen als auch der natürlichen Umwelt und entzieht dem Kapitalismus seine eigenen Grundlagen.

nicht nur ein ähnliches Verhältnis von Herrschaft und Beherrschten untereinander, sondern auch eine Verbindung miteinander.

> Durch die patriarchale Unterstellung, dass Frauen auf Grund ihrer Reproduktionsfähigkeit eine größere Nähe zur Natur besitzen als der Mann, wird eine Natur/Frau Kultur/Mann-Dichotomie eröffnet (B. THIESSEN 2008). Ziel der feministischen Kritik ist es, zu zeigen, dass die Ausbeutung der Natur den gleichen Prinzipien folgt wie die Ausbeutung der Frau.

Neben der Kritik linker Theoretiker_innen am Ökofeminismus kommt die wohl stärkste Kritik von feministischer Seite. Dies scheint nur zunächst überraschend, ist jedoch nachvollziehbar, denn durch die Gleichsetzung von Frau mit Natur reproduzieren Ökofeministinnen nicht nur den klassischen Dualismus zwischen Natur/Frau und Kultur/Mann, sondern bekräftigen die damit assoziierte stärkere Nähe der Frau zur Natur. Die Annahme, dass die Frau der Natur näher stehe und beide die Unterdrückung durch den Mann verbindet, impliziert auch, dass nur die Frau eine Verbesserung der ökologischen Verhältnisse herbeiführen kann und bürdet ihr damit die ganze Verantwortung dafür auf.

Der Ökofeminismus hat innerhalb der aktiven Frauenbewegung bis heute eine starke Tradition und erweitert im Zuge der aktuellen Debatte über Klimawandel und Energiebedarf seine Perspektiven. Besonders die Globalisierung bildet für Ökofeministinnen spätestens seit den 1990er Jahren ein neues Aufgabengebiet, was zumeist in einer scharfen Globalisierungskritik und in einem Antimilitarismus mit besonderem Hinblick auf Gewalt gegen Frauen zum Ausdruck kommt. Militarismus verkörpert für Ökofeministinnen einerseits ökonomische Interessen im Bezug auf Waffenproduktion und -finanzierung und andererseits eine patriarchale Kultur, die Gewalt auf allen Ebenen ausübt. Im deutschsprachigen Raum ist es vor allem Maria MIES, die seit den 1960er Jahren zu feministischen, ökologischen und zu Entwicklungsländerthemen arbeitet und seit 1997 in der globalisierungskritischen Bewegung aktiv ist. Sie soll mit den folgenden Auszügen aus einem Interview vorgestellt werden.

Ökofeminismus im Zeitalter der Globalisierung

Exkurs:

Auszüge aus einem Interview mit Maria Mies, emeritierte Professorin für Soziologie und Expertin für weltweite Wirtschaftszusammenhänge; erschienen in ZAG (antirassistische Zeitschrift der Antirassistischen Initiative Berlin) durchgeführt von Jana Seppelt und Albert Zecheru (ZAG 41, 2002, 28–31)

ZAG: Frau Mies, das Wort Globalisierung ist ein Begriff, der mittlerweile eine inflationäre Anwendung in nahezu allen gesellschaftsrelevanten Bereichen findet. (…) Was steckt für Sie hinter diesem Begriff?

Maria Mies: Ich zitiere da immer Percy N. Barnevik, den ehemaligen Präsidenten des multinationalen Konzerns ABB (Asea Brown Bovery Group), der (sinngemäß) gesagt hat: „Ich definiere Globalisierung als die Freiheit für meine Firmengruppe, zu investieren, wo und wann sie will, zu produzieren, zu kaufen und zu verkaufen, was sie will – und dabei nur die geringstmöglichen Einschränkungen zu akzeptieren, die aus Arbeitsgesetzen oder aus anderen gesellschaftlichen Übereinkünften stammen." (…)

ZAG: Was bedeutet das Ihrer Meinung nach für Arbeiter?
Maria Mies: Das bedeutet für Arbeiter weltweit, dass Arbeitsrechte sukzessive dereguliert und liberalisiert werden. Dies geschieht beispielsweise durch Aufweichung von bestehenden Gesetzen, wie es beim Kündigungsschutz für schwangere Frauen im Juni 2000 durch die ILO geschehen ist. Oder aber, indem ein Billiglohnsektor geschaffen wird, um die Konkurrenz der Billiglohnländer zu kontern. (…)

ZAG: In Ihrem Buch [Mies & Shiva 1995] sprechen Sie direkt von einer sog. Subsistenzwirtschaft als Alternative zur neoliberalen Globalisierung. Wie würde diese aussehen?
Maria Mies: Dieses Modell kommt der von Colin Hines favorisierten lokalen Ökonomie sehr nahe. Bei einem Besuch von Bauern in Bangladesch z.B., die in einer Subsistenzwirtschaft leben, wurde mir vorgeführt, dass eine solche lokale Ökonomie sehr viel erfolgreicher als die moderne Landwirtschaft ist. Sie produzieren das meiste, was sie brauchen, selbst und tauschen es untereinander aus. Was sie nicht brauchen, das verkaufen sie und sind damit unabhängig von multinationalen Konzernen. (…)

ZAG: Was für eine Rolle spielen für Sie dabei Forschung und technische Entwicklung?
Maria Mies: Wenn andere Prinzipien einer Wirtschaft akzeptiert sind, brauchen wir auch eine andere Technik und Wissenschaft. Es müsste sozusagen eine ganz neue Technologie erfunden werden. Nicht dass Computer überflüssig werden, oder Autos. Die Frage wäre, wie viel wir davon brauchen. Denn die sozialen Verhältnisse stecken in der Technologie und diese sind momentan Herrschafts- und Ausbeutungsverhältnisse, die alle auf unendliches Wachstum zielen. (…)

ZAG: Die Anti-Globalisierungsbewegung scheint sich auf nationalstaatliche Strukturen und Staat als Regulationsinstrument rückzubesinnen. Hier gibt es durchaus Berührungspunkte mit der extremen Rechten.
Maria Mies: Das wird der Bewegung oft vorgeworfen: Wenn du nicht für Globalisierung bist, dann bist du für den Nationalstaat. In diesem Argument steckt der Fehlschluss, dass die Globalisierung per se schon einen Internationalismus darstellt und den Nationalstaat überwinden könnte. Doch das passiert nicht. Im Gegenteil, der Nationalstaat wird ja gleichzeitig aufrechterhalten, mit seiner Polizei, seinem Militär, seiner Repressionsgewalt und seiner Steuerhoheit. Das globalisierte Kapital braucht für seine Finanztransaktionen den Nationalstaat. (…)

ZAG: Haben sie denn selbst in ihrem Modell einen Staatsbegriff?
Maria Mies: Ich fange nicht mit dem Staat an. Ich fange auch nicht mit der Politik an. Zuerst brauchen wir eine andere Ökonomie. Diese Ökonomie muss unter der Kontrolle der Menschen sein, die konkret an ihr teilhaben. Eine globale Kontrolle über eine globale Ökonomie kann es nicht geben, zumal, wenn sie demokratisch sein soll. Die Ökonomien, die ich mir vorstelle, könnten die Größe eines Nationalstaates haben, könnten aber auch kleiner sein oder auch ein Block sein, wie die EU. Wichtig ist aber, dass diese eine andere Form von Demokratie entwickeln, in der eine größere Partizipation der Bürgerinnen und Bürger gewährleistet ist. Die parlamentarische Demokratie, wie wir sie jetzt haben, reicht nicht aus. Wir müssen einmal verstanden haben, dass wir große multinationale Konzerne nicht brauchen, weil wir uns im Sinne eines „guten Lebens", der sozialen Gerechtigkeit für alle und der Erhaltung der Natur selbst versorgen können. (…)

Zentrales Thema dieser Kritik ist auch der Arbeitsbegriff und die gesellschaftliche Bewertung von Arbeit. In einer Gesellschaft, die ihre Mitglieder über die Teilnahme am Arbeitsmarkt integriert, regelt keine andere gesellschaftliche Institution derart machtvoll den Zugang zu Ressourcen, die Möglichkeiten der Selbstverwirklichung, die individuelle Unabhängigkeit, die Wahrnehmung von Pflichten, aber auch Rechten und somit die Handlungsspielräume ihrer Mitglieder. Aus diesem Grund wird das folgende vierte Kapitel die Verschränkung von Geschlecht und Arbeit ausführlich beleuchten, denn auch Arbeit hat ein Geschlecht.

Merkpunkte:

- Wissenschaft ist Teil der Gesellschaft, wird von dieser finanziert und reproduziert deren Strukturen, Ziele und Werte. Aus diesem Grund kann Wissenschaft niemals objektiv sein, sondern ist immer gesellschaftlich determiniert.
- Nicht allein in den Sozial- und Geisteswissenschaften, sondern ebenso in den Natur- und Technikwissenschaften hat sich eine feministische Position entwickelt. Sie stellt das Verhältnis von Kultur zu Natur und die damit einhergehenden geschlechtsspezifischen Vorstellungen von Kultur/männlich und Natur/weiblich in Frage.
- Zentraler Bestandteil ökofeministischen Interesses ist es zu zeigen, dass die Ausbeutung der Natur und die Ausbeutung der Frauen denselben Prinzipien folgen. Mit diesem Grundargument hat der Ökofeminismus innerhalb der Antiglobalisierungsbewegung eine starke Tradition, wird aber wegen dieser Analogie auch stark kritisiert.

Literaturtipps:

CARSON, R., 1962, Der stumme Frühling. – München.
FOX KELLER, E., 1986, Liebe, Macht und Erkenntnis. Männliche oder weibliche Wissenschaft? – München.
HARAWAY, D., 1995, Die Neuerfindung der Natur: Primaten, Cyborgs und Frauen. – Frankfurt am Main.
MIES, M. und V. SHIVA, 1995, Ökofeminismus. Beiträge zur Praxis und Theorie. – Zürich.
NOWOTNY, H. und K. HAUSEN, Hrsg., 1990, Wie männlich ist die Wissenschaft? – Frankfurt am Main.
ROCHELEAU, D., B. THOMAS-SLAYTER und E. WANGARI, Hrsg., 1996, Feminist Political Ecology. Global issues and local experiences. – London.
VON WERLHOF, C., 2004, Natur, Maschine, Mimesis: Zur Kritik patriarchalischer Naturkonzepte, in: Widerspruch, Nr. 47, 24. Jg., 2. Halbjahr 2004 (Zürich), S. 155–171.

4 Das Geschlecht der Arbeit

Auch Arbeit ist, wie jedes menschliche Handeln, kontextgebunden und damit immer durch soziale Beziehungen sowie durch gesellschaftliche Normen und Werte bestimmt. Besonders relevant erscheinen dabei Vorstellungen über an das Geschlecht gebundene Fähigkeiten und Kompetenzen, die in dieser Weise ebenso naturalisiert werden, wie Vorstellungen über Familie und die entsprechenden Geschlechterrollen.

Arbeit wird entsprechend den gesellschaftlich dominierenden Geschlechterstereotypen in bezahlte Erwerbsarbeit und unbezahlte Haus- und Familienarbeit eingeteilt, wobei in der Regel den Männern die außerhäusliche, bezahlte Berufstätigkeit zugeschrieben wird und den Frauen die unbezahlte häusliche Reproduktionsarbeit. Diese geschlechtsspezifische Arbeitsteilung in eine männliche Ernährerrolle und eine weibliche Betreuungs- und Zuwendungsrolle erfolgt unabhängig von individuellen Präferenzen und Begabungen. Sie ist in vielen Ländern die Basis der Sozialgesetze (wie Pensionsregelungen) und des Familienrechtes (beispielsweise bei Scheidungen) und daher im Alltag äußerst wirkungsvoll. Hier spielen Nationalstaaten bzw. Gebietskörperschaften eine bedeutende Rolle als normative Räume.

Geschlechtsspezifische Arbeitsteilung

Diesen sozial konstruierten Geschlechterbildern und Alltagspraxen entsprechend werden auch die Arbeitsmärkte segregiert. In der vertikalen Segregation finden sich in den oberen Hierarchie- und Lohnstufen in Wirtschaft, Politik und Verwaltung weit überwiegend Männer, in den unteren Hierarchie- und Lohnstufen, die auch Teilzeitbeschäftigung umfassen, überwiegend Frauen. Häufig wird dies mit deren häuslichen bzw. familiären Verpflichtungen erklärt. Die horizontale Segregation der geschlechtsspezifischen Arbeitmärkte erfolgt entlang von Differenzierungen in Männer- und Frauenberufe, wobei das zugrunde liegende traditionelle Modell der Geschlechterverhältnisse sich sehr schwer verändern lässt.

Vertikale Segregation

Horizontale Segregation

> Die geschlechtsspezifische Arbeitsteilung ist eine der wesentlichen Ursachen für die ökonomische und soziale Ungleichheit zwischen den Geschlechtern.

Schon seit den Anfängen der Frauenbewegung ist die Frauerwerbstätigkeit einer ihrer inhaltlichen Schwerpunkte und dies zeigt, dass der lohnabhängige Erwerb und die damit verbundene Möglichkeit zur Verwirklichung eigener Lebensentwürfe bzw. Lebensziele als ein wichtiges Medium auf

4. DAS GESCHLECHT DER ARBEIT

dem Weg zur Gleichstellung zwischen Männern und Frauen gesehen wurde und nach wie vor wird. Nach dem Rückgang der Arbeitsplätze im primären und sekundären Sektor gilt vor allem der aufkommende Dienstleistungssektor in der Mitte des 20. Jahrhunderts als große Hoffnung für die Zukunft der Arbeitsgesellschaft (J. FOURASTIÉ 1954, D. BELL 1979), und anscheinend profitieren vor allem Frauen von den Veränderungen der Agrar- und Industriegesellschaft hin zur Dienstleistungsgesellschaft. Acht von zehn erwerbstätigen Frauen sind laut deutschem Mikrozensus 2005 im Dienstleistungssektor beschäftigt. Dies ist auch ein Grund dafür, warum in Deutschland, Österreich und der Schweiz fast die Hälfte der Erwerbstätigen Frauen sind (44 bis 47%; siehe Tab. 1). Diese Relationen entsprechen in etwa dem Durchschnitt der EU und werden nur durch die skandinavischen Länder (z.B. Schweden 48%) und die USA (46,6%) übertroffen (Eurostat 2005).

Acht von zehn Frauen im Dienstleistungssektor

	Erwerbstätige gesamt in Mio.	Männer in %	Frauen in %	Teilzeitbeschäftigung gesamt in Mio.	Männer in %	Frauen in %
Deutschland	38 672	52,5	47,4	9 090	17,1	82,9
Österreich	3 824	53,7	46,3	789	14,9	85,1
Schweiz[1]	4 183	55,5	44,5	1 299	19,2	80,8

Tabelle 1: Erwerbsquoten und Teilzeitbeschäftigung nach Geschlecht in Deutschland, Österreich und Schweiz (alle Branchen) (Stand April 2005) (Quelle: www.eurostat.eu; www.statistik.ch)

[1] Bei der Schweiz ist zu beachten, dass als Teilzeit eine Beschäftigung von 1%–89% angesehen wird bei einer Wochenarbeitszeit von 42 Stunden und Vollzeit demnach bereits bei 90% beginnt und nicht wie in Deutschland und Österreich die Vollzeit nur für den Fall der 100% Erwerbstätigkeit erfasst wird.

Eine räumlich differenzierte Arbeitsmarktgeographie

Eine räumlich differenzierte Forschung im Rahmen der jungen Disziplin der Arbeitsmarktgeographie (siehe H. FASSMANN und P. MEUSBURGER 1997, C. BERNDT und M. FUCHS 2002, V. MEIER KRUKER et al. 2002, B. KLAGGE 2007) zeigt auf, dass regionale Arbeitsmärkte im Hinblick auf Angebot und Nachfrage, aber eben auch nach Geschlecht differenziert sind. Da der Arbeitsmarkt innerhalb der Gesellschaft nicht nur hinsichtlich wirtschaftlicher, sondern auch bezüglich regionaler Varianten und sozialer Positionen als Platzanweiser fungiert, strukturiert er damit den sozialen Handlungsraum und legt klare Zugangs- bzw. Ausschlusskriterien fest, die es zu analysieren gilt.

Der erste Abschnitt dieses Kapitels (4.1.) legt dar, wie eng die Kategorien ‚Arbeit' und ‚Geschlecht' verknüpft sind und welche Folgen dies für die Strukturierung und Hierarchisierung der Gesellschaft hat. Am Beispiel der Segregation des Arbeitsmarktes und der Vereinbarkeit von Beruf und Familie wird diese Hierarchisierung gespiegelt.

Im zweiten Abschnitt (4.2.) wird bezogen auf formelle und informelle Erwerbstätigkeit die unbezahlte Reproduktions- bzw. Betreuungs- und Zuwendungsarbeit *(care)* thematisiert.

4. DAS GESCHLECHT DER ARBEIT

Abbildung 9:
Der männliche Blick innerhalb der geographischen Forschung

4.1 Arbeits(ver)teilung durch Geschlechterkonstruktionen

> Vielfach wird im Alltag, aber auch in der wissenschaftlichen Diskussion in der Geographie, unter Arbeit formelle, bezahlte Berufstätigkeit verstanden. Mit dieser Definition wird unbezahlte Arbeit wie Hausarbeit oder Betreuungsarbeit, ebenso wie Freiwilligenarbeit, ausgeschlossen.

Diese Differenzierung ist international weitgehend ähnlich und entspricht der geschlechtsspezifischen Arbeitsteilung und gesellschaftlichen Hierarchisierung, wie in Abbildung 9 karikiert.

Frauen heute stärker in den Arbeitsmarkt eingebunden

Weltweit gesehen kann gesagt werden, dass die Globalisierung für Frauen mehr Beschäftigungsmöglichkeiten im formellen Bereich geschaffen hat und damit Frauen heute fast überall stärker in den Arbeitsmarkt eingebunden sind als je zuvor.

Die Weltbank deklariert aus diesem Grund Frauen zu den Gewinnern der ökonomischen Globalisierung. Jedoch können verschiedene Studien zeigen, dass der prozentuale Anstieg der Frauenerwerbstätigkeit nicht im Zusammenhang mit höherer Bildungsqualifikation steht. Außerdem erwartet diese Frauen im Zuge der allgemeinen Flexibilisierung und Informalisierung der Arbeitsbereiche oft nur eine informelle Beschäftigung. In vielen

Flexibilisierung und Informalisierung der Arbeitsbereiche

4. DAS GESCHLECHT DER ARBEIT

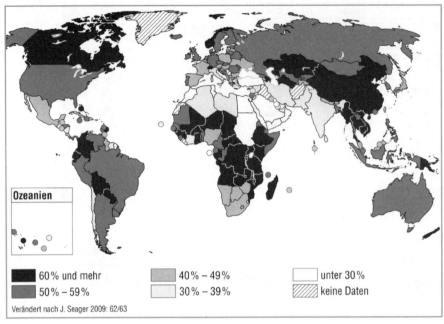

Karte 2: Anteil der erwerbstätigen Frauen 2005

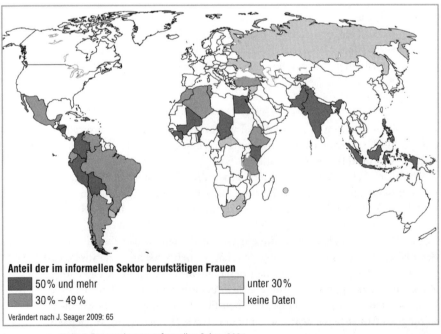

Karte 3: Frauenarbeit im informellen Sektor 2004

Fällen werden die formelle und informelle Berufstätigkeit nebeneinander ausgeübt, um den Lebensunterhalt zu sichern.

Auch in Europa findet man unqualifizierte oder gering qualifizierte Frauen in bereits feminisierten prekären Berufssparten, die sich durch deutliche Lohnunterschiede von männlichen Berufsbereichen auszeichnen (S. SASSEN 1994 zit. in S. RANDERIA 2000: 20).

Verena MEIER (1989) und Elisabeth AUFHAUSER et al. (1991, vgl. auch E. AUFHAUSER 2002) konzentrieren sich in ihren Arbeiten auf alltägliche Lebens- und Arbeitsbedingungen. Sie beleuchten beide die Vorstellungen von Arbeit und können sowohl bei den Frauen im Calancatal als auch in der Stadt Wien feststellen, dass Frauenarbeit als wesenseigene Pflicht und nicht als produktiv verstanden wird. So zeigen E. AUFHAUSER et. al (1991), dass 90 % aller berufstätigen Wienerinnen auf ganz wenige Berufsgruppen entfallen, die in engem Zusammenhang mit den Tätigkeiten im Haushalt (Haus- und Handarbeit) oder der Vermarktung von Weiblichkeitsattributen (Attraktivität) stehen.

Frauenarbeit als wesenseigene Pflicht und nicht als produktiv verstanden

> Das geringe Ansehen spezifisch weiblicher Berufsgruppen spiegelt sich in ihrem geringen Lohn und prekären Arbeitsverhältnissen wider.

Tatsächlich betragen die Lohnunterschiede zwischen Männern und Frauen auch in den Ländern der Europäischen Union bis zu 35 %, wie Karte 4 zeigt. Da sich im Lohn auch die gesellschaftliche Anerkennung der geleisteten Arbeit ausdrückt, ist das Lohngefälle auch ein Ausdruck der geringeren Wertschätzung der von Frauen verrichteten Arbeit. Wie Abbildung 11 zeigt, veränderte sich die Situation in den letzten Jahren, aber nicht überall in Richtung einer Gleichstellung. In vielen Ländern allerdings wird der Unterschied langsam geringer.

Lohnunterschiede zwischen Männern und Frauen

Da viele Frauen als Arbeitnehmerinnen keine Chancen auf einen angemessenen Job sehen oder beispielsweise in den letzten Jahren ihren Arbeitsplatz verloren haben, machen sie sich selbstständig, was dazu führt, dass viele Klein- und Kleinstunternehmen weltweit, ebenso wie in Europa, von Frauen geführt werden. Dies gilt für Gründerinnen von Hightech Firmen (siehe H. MAYER 2008) ebenso wie für formell wenig qualifizierte Frauen, die mit dieser Strategie versuchen, prekäre Arbeitsverhältnisse und die Gefahr der Armut zu überwinden. Heike MAYER et al. haben die sozialen und Rahmenbedingungen dafür auf der regionalen Ebene untersucht (H. MAYER et al. 2007), Britta KLAGGE (2002) auf der lokalen Ebene. KLAGGE stellt vor allem die für Frauen wegen ihrer geschlechtsspezifischen Haushalts- und Familienpflichten notwendige Nähe zwischen Wohn- und Arbeitsort ins Zentrum ihrer Überlegungen. Eine Typologie von einkommensgenerierenden Tätigkeiten ist die Basis für ihre Diskussion von Zu-

Selbständigkeit als Strategie

Prekäre Arbeitsverhältnisse und Armut

4. DAS GESCHLECHT DER ARBEIT

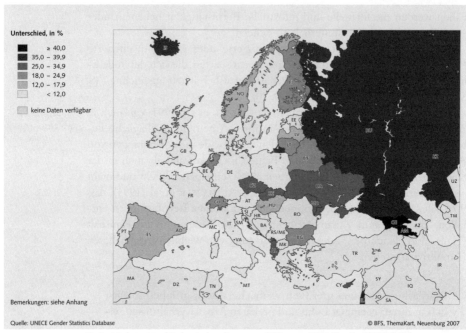

Karte 4: Lohnunterschied zwischen Frauen und Männern, 2004 (Quelle: BfS 2008: 24)

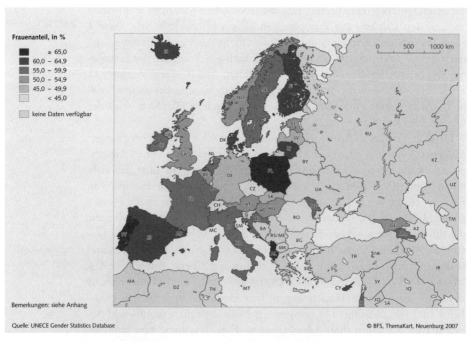

Karte 5: Tertiärstufe: Abschlüsse an universitären Hochschulen und Fachhochschulen, 2003/04 (Quelle: BfS 2008:7)

4. DAS GESCHLECHT DER ARBEIT

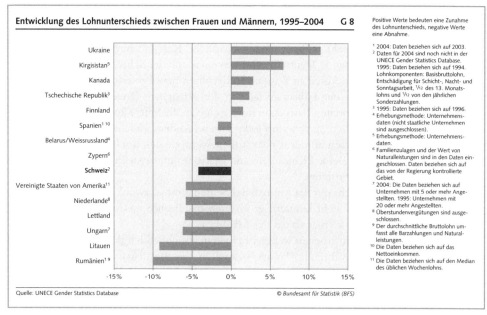

Abbildung 10: Entwicklung des Lohnunterschieds zwischen Frauen und Männern, 1995–2004 (Quelle: BfS 2008: 25)

gänglichkeit und Mobilitätseinschränkungen in unterschiedlichen Quartieren. Michaela SCHIER untersuchte in ihrer Dissertation (veröffentlicht 2005) die erwerbsbezogenen biographischen Entscheidungen von Münchner Modefrauen im Hinblick auf geschlechtsspezifische subjektive Wahrnehmungen und Bedeutungszuschreibungen ebenso wie Bezüge zu sozialen, kulturellen, politisch-institutionellen und räumlichen Rahmenbedingungen. Später thematisiert sie die räumliche Entgrenzung von Arbeit und Familie bzgl. der Herstellung von Familie unter den zunehmend verbreiteten Bedingungen von Multilokalität (M. SCHIER 2009). Michaela SCHIER plädiert auch zusammen mit Anne VON STREIT (2004) dafür, die geographische Arbeitsmarktforschung an Hand der Konzepte ‚Alltag' und ‚Biographie' neu zu orientieren um herauszufinden „wie sich veränderte Lebens- und Arbeitsbedingungen auf Individuen auswirken. Entwicklungen wie Flexibilisierung oder auch neue Selbständigkeit, die gerade in Bezug auf Frauen mit Prekarisierung und Unsicherheit in Verbindung gebracht werden (…), können somit differenzierter betrachtet werden (…) Den letztendlich in wirtschaftsgeographischen Analysen immer noch dominierenden isoliert und zweckrational handelnden, Nutzen maximierenden Akteuren werden sozial eingebundene Akteure gegenübergestellt," (ebd.: 38).

Nähe zwischen Wohn- und Arbeitsort

Geographische Arbeitsmarktforschung neu orientieren

Obwohl Frauen im Bildungsbereich stark aufholen konnten und mittlerweile auch an den Universitäten die Hälfte der Studierenden ausmachen

Nur wenige Frauen an der Spitze

(Karte 5) (wobei es eine starke Differenzierung nach frauen- und männertypischen Studienfächern gibt), können sie diese universitäre Ausbildung offenbar nicht für eine wissenschaftliche Karriere nutzen. Denn an den Universitäten in Deutschland, Österreich und der Schweiz liegt der durchschnittliche Anteil an Wissenschaftlerinnen bzw. Professorinnen weit unter denjenigen der Führungskräfte in der Wirtschaft. Dieses Phänomen, dass von einer breiten Basis dann nur wenige an die Spitze kommen, nennt man im englischen Sprachraum *leaky pipeline*. Andere sprechen vom *glass ceiling*, an den Frauen immer wieder stoßen, wenn sie sich um höhere Funktionen bewerben. Beide Phänomene sind weltweit unterschiedlich ausgeprägt, aber überall anzutreffen.

Aber nicht nur das Ausmaß der Segregation – sowohl horizontal als auch vertikal – bleibt konstant groß, auch das Berufsspektrum von Frauen ist wesentlich kleiner als das der Männer.

Insgesamt arbeiten weniger Frauen in ausschließlich geschlechtstypischen Berufen, während Männer bezüglich des Berufswunsches stärker geschlechtstypisiert sind. C. COCKBURN (1988: 30 zit. in A. WETTERER 2002: 72) begründet dies damit, dass Männer viel stärker als Frauen ihre Berufsgrenzen verteidigen und sich gegenüber dem anderen Geschlecht abschotten (G. ENGELBRECH 1996: 71, B. HEINTZ et al. 1997: 38).

> Neben der geschlechtsspezifischen horizontalen und vertikalen Segregation des Arbeitsmarktes kann eine Regionalisierung von Arbeitsmärkten beobachtet werden.

Arbeit als zentral für Identitätsbildung und Integration in die lokale Gesellschaft

Dies soll an Hand von drei Beispielen kurz erläutert werden. Erstens unterscheidet sich die Bedeutung von Arbeit in ländlichen und städtischen Regionen vor dem Hintergrund soziokultureller Entwicklungen. Während zum Beispiel für die Frauen in bundesrepublikanischen ländlichen Kontexten eher die Familien- und Freiwilligenarbeit statt die Erwerbsarbeit eine zentrale Rolle für die Identitätsbildung und Integration in die lokale Gesellschaft spielt, bedeutet der Verlust der Erwerbsarbeit nach 1989 für Frauen aus den neuen Bundesländern – auch wenn sie im ländlichen Kontext leben – den Verlust von identitätsstiftenden soziokulturellen Institutionen. Formen von Erwerbs- oder (Nicht)Arbeit werden demnach regional unterschiedlich wahrgenommen und bewertet (B. VAN HOVEN und C. PFAFFENBACH 2002). E. BÜHLER und V. MEIER KRUKER zeigen 2002 für die Schweiz, dass kulturelle Leitbilder ausschlaggebend sind für regional unterschiedliche Geschlechterarrangements und somit ein Schlüssel für die Analyse von geschlechtsspezifischen Arbeitsmärkten im Hinblick auf die Verbindung von Erwerbstätigkeit und Mutterschaft.

Zweitens stellten G. GAD und K. ENGLAND (2002) in ihrer Studie zur Feminisierung des boomenden Finanzsektors in Toronto fest, dass trotz dieser Feminisierung Management-Jobs für Frauen eher im suburbanen Raum, nicht aber im *Financial District* zu finden sind, da sie auf Grund der zusätzlichen Familienarbeit auf kürzere Arbeitswege angewiesen sind (siehe für Deutschland auch B. KLAGGE 2002).

Frauen sind auf kurze Arbeitswege angewiesen

Das dritte Beispiel zeigt, inwiefern sich die globalen Umstrukturierungsprozesse auf die lokalen und regionalen Arbeitsmärkte in Form einer Zunahme informeller und prekärer Arbeitsverhältnisse auswirken. So untersuchten Mireia BAYLINA und Michaela SCHIER (2002) die Entstehungsbedingungen neuer Heimarbeit in ländlichen Regionen Spaniens.

Prekarisierung der Arbeitsverhältnisse

> Es gibt verschiedene Ansätze seitens der ökonomischen Arbeitsmarkttheorien, welche die doppelte Benachteiligung von Frauen auf dem Arbeitsmarkt zu erklären versuchen. Dabei interessiert zum einen, warum die geschlechtsspezifische Arbeitsmarktsegregation trotz gleichwertiger Qualifikationen von Frauen derart stabil bleibt, und zum anderen, warum die Löhne so massive Unterschiede aufweisen.

Klassische angebotsorientierte Erklärungsansätze wie die Humankapitaltheorie sehen im Gegensatz zu feministischen und gendersensiblen Analysen die Arbeitsmarktsegregation als Folge eines geschlechtsspezifischen Arbeitsmarktverhaltens. Auf Grund der Annahme, dass die Geschlechter eine gewisse Rollenverteilung in der Paarbeziehung akzeptieren und Frauen eher Familieninteressen folgen, investieren sie weniger in ihre Aus- und Weiterbildung. Somit verringern sie selbst ihr Humankapital und können höhere Positionen mit besserer Bezahlung und beruflich höherem Status nicht besetzen. Im Gegensatz dazu stehen die nachfrageorientierten Erklärungsansätze, die das Einstellungsverhalten der Arbeitgeber und deren personalpolitische Strategien beleuchten. Diese Ansätze weisen darauf hin, dass personalpolitisch gesehen die Entscheidungen von Arbeitgebern nachvollziehbar sind, da sich Frauen nicht in gleicher Weise einsetzen wie Männer. Ein Hauptargument dafür ist wiederum die schlechtere Qualifikation, ein weiteres, dass die Frauen auf Grund der Familienarbeit weniger Zeit für den Betrieb einsetzen können.

Humankapitaltheorie

Nachfrageorientierte Erklärungsansätze

Eine Voraussetzung für eine hohe Erwerbstätigkeit der Frauen ist eine flächendeckende Kinderbetreuung. Häufig wird auf das Kinderbetreuungsmodell der DDR[1] hingewiesen, das einen Modellcharakter für die Gleich-

Beispiel DDR

---

1 Um die Vereinbarkeit von Familie und Beruf für Frauen zu ermöglichen, stand in der ehemaligen DDR für jedes Kind im Kindergartenalter ein Kindergartenplatz (räumlich gleichmäßig verteilt) zur Verfügung. Auch konnten 37 % der Krippenkinder und 41 % der Hortkinder eine Tagesbetreuung in Anspruch nehmen. Eben-

stellung der Geschlechter aufweise. Dabei wird von einem drastischen Unterschied im gesellschaftlich-politischen Leitbild der DDR gegenüber dem der BRD ausgegangen. Die Darstellung der Frauenerwerbstätigkeit in der ehemaligen DDR und die aktuellen Entwicklungen zeigen, dass die lohnabhängige Beschäftigung alleine keine Gleichberechtigung zwischen den Geschlechtern schafft, es müssen auch traditionelle Rollenbilder verändert werden.

Beiden Ansätzen ist gemeinsam, dass sie die schlechteren Chancen von Frauen gegenüber Männern im Verhalten der Frauen selbst sehen. Diese würden sich immer wieder für frauentypische Berufe entscheiden, die sowohl schlechter bezahlt als auch ohne Aufstiegschancen sind und würden auf Grund ihrer Lebensplanung zu wenig in ihre Aus- und Weiterbildung investieren. Allen Erklärungen fehlt eine systematische Bezugnahme auf die gesellschaftlichen Bedingungen, wie die Trennung von Produktions- und Reproduktionsbereich, die geschlechtsspezifische Segregation und Hierarchisierung von Arbeitsmärkten sowie eine kritische Reflexion der verwendeten Kategorie ‚Arbeit' als geschlechtsspezifische Kategorie, was nachfolgend diskutiert wird.

4.2 Produktion und Reproduktion – zwei Seiten eines Arbeitsbegriffs

Produktion und Reproduktion

Angelehnt an die marxistische Diktion wurde von feministischen Sozialwissenschafter_innen lange Zeit zwischen produktiver und reproduktiver Arbeit unterschieden. Dabei wurde unter produktiver Arbeit bezahlte (Lohn)arbeit verstanden, unter Reproduktion alle notwendigen Tätigkeiten, um die individuelle und gesamtgesellschaftliche Arbeitskraft zu erhalten (essen, schlafen, sich erholen etc., aber auch die Betreuung des Nachwuchses). Da auch für die Reproduktion häufig Arbeit geleistet werden muss, wie Nahrung beschaffen und zubereiten, die Wohnung in Ordnung halten, emotionale Zuwendung, Betreuung und Pflege, die meist von Frauen unentgeltlich zuhause erbracht wird, verlangen Feministinnen, diese auch unter dem Arbeitsbegriff zu subsumieren.

Trennung von Wohnort und Arbeitsort

Lange Zeit wurde diese Unterscheidung nicht gemacht, vor allem im Bereich der Landwirtschaft, wo alle Tätigkeiten am Hof bzw. auf den Feldern in der Umgebung erfolgten. Im Gegensatz zur Landwirtschaft erfordern aber die Industrialisierung und der technischer Fortschritt innerhalb der Produktion in der Regel die Tätigkeit von Arbeiter_innen in Fabriken. Dadurch kommt es zur Trennung der ehemals räumlichen Einheit von Fa-

falls war eine ganztägige Betreuung der Kinder die Regel und kann mit 98 % als flächendeckend bezeichnet werden. Das Kinderbetreuungsmodell der DDR war darauf ausgelegt, dass Frauen, auch wenn sie Mütter sind, einer vollen Erwerbstätigkeit nachgehen konnten.

milie und Arbeit innerhalb des ‚ganzen Hauses', zur räumlichen Verteilung von Erwerbs(Lohn)arbeit in der Fabrik und Familien(Haus)arbeit im privaten Bereich.

> Dieser Prozess der räumlichen Trennung von Arbeit(ern) wird begleitet durch eine zunehmende Aufwertung von Erwerbsarbeit als ökonomisch und gesellschaftlich bedeutsame Tätigkeit, die Lohn erwirtschaftet, während die Hausarbeit immer mehr an öffentlicher Anerkennung verliert.

Besaßen die Frauen in der agrarwirtschaftlichen Arbeits- und Lebensform durch ihre Tätigkeit auf dem Land und Markt noch denselben ökonomischen Stellenwert wie der Mann, verändert sich ihre Stellung mit der Trennung der Arbeitsbereiche immens. Diese Trennung kann seit der Industrialisierung zwar niemals völlig aufrechterhalten werden, denn immer wieder erfordern die neuen Produktionsformen zur Verfügung stehende Arbeitskräfte, die flexibel einsetzbar und jederzeit wieder freigesetzt werden können. Jedoch können sich Frauen mehrheitlich, obwohl sie eine wichtige Rolle in der Produktion besitzen, über den Status als schlecht bezahlte Aushilfskräfte nicht hinwegsetzen und werden als ständig verfügbare Arbeitsressourcen und in Zeiten von Männermangel als Reservearmee betrachtet. Bei steigender Arbeitslosigkeit werden sie jedoch wieder zurück an den Herd geschickt. In beiden Fällen, als Frau im Erwerbsprozess als auch in Zeiten der Ausgrenzung aus diesem, wird die Reproduktions- und Familienarbeit als gleichwertige Arbeit unterschlagen, als gesellschaftlich unproduktiv und als Charaktereigenschaft der Frauen definiert (vgl. B. LUTZ und H. GRÜNERT 1996). Der Entwicklungsbericht der Vereinten Nationen weist darauf hin, dass Frauen weltweit zwei Drittel ihres Arbeitspensums unbezahlt leisten.

Flexibilisierung der Arbeitsverhältnisse

Ungleichverteilung von bezahlter und unbezahlter Arbeit zwischen Frauen und Männern

Das Bundesamt für Statistik in der Schweiz (siehe Abb. 11) weist den Frauen in Europa eine höhere Gesamtbelastung durch Erwerbs- und unbezahlte (reproduktive) Arbeit aus, mit den Ausnahmen Niederlande, Norwegen, Schweden und die Schweiz, in denen eine ausgeglichene Zeitbelastung zwischen den Geschlechtern zu verzeichnen ist. Ohne Ausnahme lässt sich hingegen feststellen, dass die Ungleichverteilung von bezahlter und unbezahlter Arbeit zwischen Frauen und Männern in allen Ländern nach demselben Muster besteht: Männer investieren mehr Zeit in bezahlte, Frauen mehr in unbezahlte Arbeit. In der Schweiz wendeten Frauen im Jahr 2004 im Durchschnitt 15 und Männer 30 Stunden pro Woche für die Erwerbsarbeit auf. Für unbezahlte Arbeit investieren Männer nur 19, Frauen 32 Stunden pro Woche. (2008: 26) Untersuchungen in Deutschland zeigen, dass im Durchschnitt etwa 31 Stunden pro Woche von Frauen entgegen 17 Stunden von Männern für die Familien- und Hausarbeit aufgewendet wer-

4. DAS GESCHLECHT DER ARBEIT

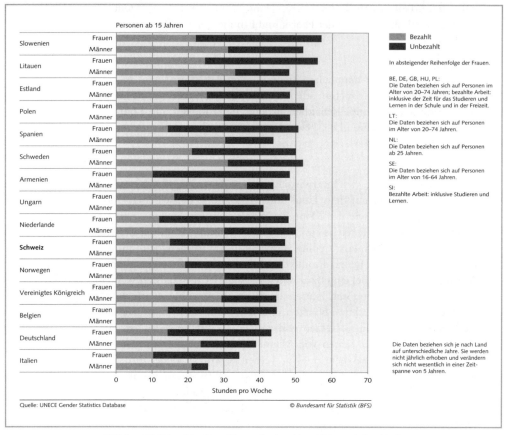

Abbildung 11: Zeitaufwand bezahlter und unbezahlter Arbeit nach Geschlecht, 2000–2004
(Quelle: BfS 2008: 29)

den. Noch stärkere Unterschiede existieren in Haushalten mit Kindern bis 15 Jahre, wo Frauen durchschnittlich 54 und Männer 24 Stunden investieren (Bundesamt für Statistik 2004 – Deutschland).

Die Karten 5, 6 und 7 spiegeln dies in den niedrigen Erwerbsquoten von Frauen sowie in dem im Vergleich zu Männern weit höheren Anteil an Teilzeitbeschäftigen, was mit ihren unbezahlten Reproduktionsaufgaben zu erklären ist.

Teilzeitbeschäftigung schreibt derzeit Geschlechterrollen fort

Im Zuge der Pluralisierung der Arbeitsformen wird die Möglichkeit zur Teilzeitbeschäftigung als Mittel zur Vereinbarkeit von Beruf und Familie diskutiert. Aber was bedeutet die Teilzeitbeschäftigung für den Arbeitnehmer und die Arbeitnehmerin außer der Arbeitszeitverkürzung und den damit auftretenden finanziellen Einbußen auch für spätere Zeiträume (z.B. Rente)? Die verkürzte Arbeitszeit macht sich bemerkbar im Einsatz in weniger verantwortungsvollen Bereichen, in weniger Einfluss im Unterneh-

4. DAS GESCHLECHT DER ARBEIT

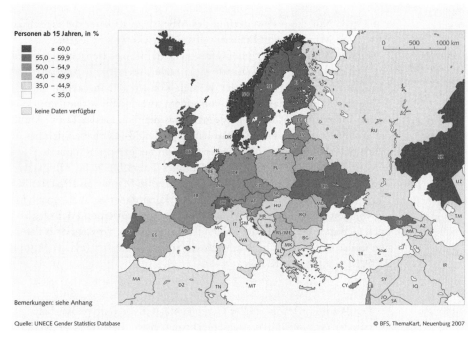

Karte 6: Erwerbsquote der Frauen, 2005 (Quelle: BfS 2008:14)

men, in geringeren bzw. keinen Aufstiegschancen sowie durch Probleme bei der Integration ins Team und somit in weitaus geringeren Chancen zur Verwirklichung eigener Berufsziele. Dass vor allem Frauen in Teilzeit beschäftigt sind und diese Arbeitszeitform zum großen Teil auch nur in den frauendominierten Beschäftigungsbereichen existiert, zeigt, dass der größte Teil der Männer/Väter diese Einbußen für ihr eigenes Lebenskonzept nicht in Kauf nehmen will und/oder auf Grund tradierter Rollenvorstellungen seitens der Unternehmen nicht können.

Auf Grund dessen verlangen Feministinnen wiederholt neben der Gleichstellung der Frauen und Männer in der Berufswelt die Ausweitung des Arbeitsbegriffes über den der lohnabhängigen bzw. selbständigen Produktion hinaus. In die Definition von Arbeit sollte sowohl bezahlte Lohnarbeit innerhalb eines festen Arbeits- und Angestelltenverhältnisses als auch die Erwerbstätigkeit von Selbständigen als auch die Tätigkeiten im informellen Sektor wie kleine Dienstleistungen und Gelegenheitsarbeit gelten, auch wenn die Bezahlung nicht in Lohn, sondern in Naturalien erfolgt. Dazu gehören auch alle ehrenamtlichen Arbeiten, die vor allem von Frauen geleistet werden. Einbezogen werden muss auch die Subsistenzproduktion, das heißt die Herstellung von Nahrungsmitteln und Gütern für den Eigenverbrauch und ebenso alle Tätigkeiten im reproduktiven Sektor wie Haushalts – und Betreuungsarbeit (vgl. E. BÄSCHLIN ROQUES und D. WASTL-WAL-

Neue Definition von Arbeit notwendig

TER 1991). Nur diese Erweiterung des Arbeitsbegriffs kann die vielseitige Arbeit von Männern und Frauen weltweit korrekt widerspiegeln.

Der gesellschaftliche Wandel stellt Geschlechterrollen in Frage

Mehrere Wissenschaftlerinnen weisen darauf hin, dass Benachteiligungen von Frauen auf dem Arbeitsmarkt[2] nicht mehr durch Bildungsdefizite und Familienorientierung begründet werden können. Heute stellen sie die Hälfte der Studienanfänger und von einem ausschließlich familienorientierten Interesse kann keine Rede sein, was deutlich an der Entwicklung der Wohnformen von Familienhaushalten zu Single-Haushalten sichtbar ist (Statistisches Bundesamt 2006). Aber noch immer existieren tradierte Rollenvorstellungen, die Frauen und Männern unterschiedliche Fähigkeiten und Kenntnisse zuschreiben. So werden weiterhin Männer als Ernährer der Familie und Frauen als das emotionale Rückgrat dieser gesehen, unabhängig von den tatsächlichen individuellen Lebensentwürfen und der rückläufigen Geburtenzahl. Über die Folgen der Entgrenzung der Arbeit für Familien insbesondere für Väter hat Michaela SCHIER gearbeitet (vgl. M. SCHIER 2009, M. SCHIER und K. JURCZYK 2007).

> Die Persistenz traditioneller Geschlechterrollenstereotype ist ebenfalls der Grund dafür, dass geschlechtsspezifische Berufssparten weiterhin derart stabil bleiben. Die Erwartungen und Vorstellungen von dem, was jeder zu leisten im Stande ist, sind in hohem Maße unabhängig von der reellen Leistungsfähigkeit als vielmehr eine Folge geschlechtsspezifischer Zuweisungs- und Zuschreibungsprozesse.

Das weibliche Arbeitsvermögen ist eine Interpretation von bestehenden Geschlechterrollen und erfasst daher vor allem die Fähigkeiten, die als typisch weiblich gelten, wie die Haus- und Familienarbeiten. Das männliche Arbeitsvermögen wird im Gegensatz dazu mit Attributen wie Intellekt, Stärke und Durchsetzungskraft besetzt.

Neue Lebensentwürfe

Somit ist die geschlechtsspezifische Arbeitsteilung in jeweils typische Frauen- und Männerberufe die Folge einer reduktionistischen Sicht auf Fähigkeiten, Qualitäten, Leistungs(un)möglichkeiten und Wünsche einzelner Personen und gleichzeitig wiederum Ursache für typisierende Geschlechterkonstruktionen. Im Zuge der Individualisierung und Pluralisierung der Lebensstile entscheiden sich mittlerweile viele Frauen bewusst

---

2   Diese Annahme stützt sich auf Sekundäranalysen von Studien zu den von Langzeitarbeitslosigkeit betroffenen Arbeitskräftegruppen (Frauen, Jugendliche, ältere Arbeitnehmer, Behinderte, Ausländer) in der Bundesrepublik, aufgegriffen von K. GOTTSCHALL (2000: 201).

4. DAS GESCHLECHT DER ARBEIT

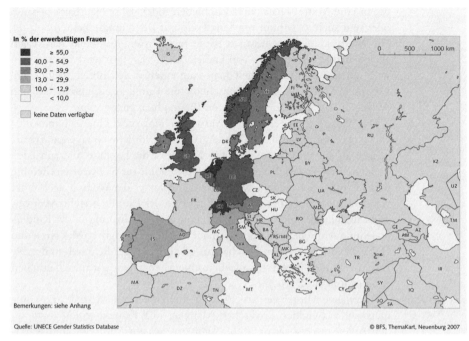

Karte 7: Teilzeit beschäftigte Frauen, 2004 (Quelle: BfS 2008:19)

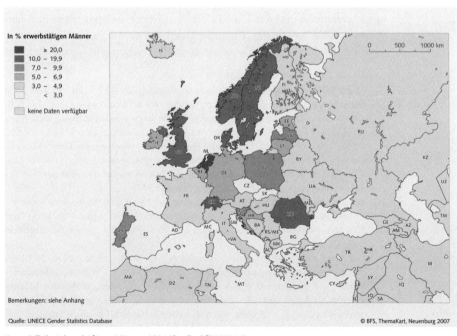

Karte 8: Teilzeit beschäftigte Männer, 2004 (Quelle: BfS 2008:19)

gegen eine Mutterschaft[3], sind geschieden[4] oder selbst Haushaltsvorstand[5] oder sind auch als Mutter nur kurzfristig mit Betreuungspflichten belastet. Die Mutterideologie entspricht damit nur sehr eingeschränkt den realen alltäglichen Lebensmustern von Frauen. Auch Männern wird durch diesen stark normativen Diskurs die Chance auf einen so genannten ‚weiblichen' Lebensentwurf (falls sie es wünschen) mit Familienzeit, ehrenamtlichen Aufgaben oder nicht zielgerichteten Biographien genommen.

<small>Traditionelle Geschlechterrollen sind für Männer und Frauen stark einschränkend</small>

Der Wunsch nach persönlicher Verwirklichung rückt innerhalb individueller Lebensentwürfe in den Vordergrund und fördert die eigenen Erwartungen an die Erwerbstätigkeit. Für Frauen ist die bezahlte und zufrieden stellende Erwerbstätigkeit ein wichtiges Medium zur Selbstverwirklichung und Identifikation ebenso wie für einige Männer der Wunsch nach einer verantwortungsvollen Beteiligung innerhalb der Familie besteht. Aber obwohl auch immer mehr Männer sich eine aktive Teilnahme an der Kindererziehung wünschen, ist dies vielen nur beschränkt möglich (M. OSTER und H. NIEBERG 2005). Denn Geschlechtsrollenstereotype, die durch unflexible Arbeitszeitmodelle wirken, machen einen generellen partnerschaftlichen Ausgleich nicht möglich.

<small>Neuorganisation der Pflege- und Versorgungsarbeit</small>

Alternative Muster der Arbeits(auf)teilung scheitern oft an der Einkommensschere zwischen klassischen Männer- und Frauenberufen sowie an den Arbeitsmarktstrukturen, die Männern bessere Aufstiegs- und Karrierechancen bieten. Häufig lassen sich die zunehmenden Mobilisierungs- und Flexibilisierungsanforderungen nicht mit den Kinderbetreuungsstrukturen verbinden und der Umbau des Sozialstaats, welcher meist mit dem Abbau sozialer Leistungen einhergeht, verlangt immer mehr die Neuorganisation der Pflege- und Versorgungsarbeit, welche meist von weiblichen

---

3 In der Schweiz bringt heute eine Frau durchschnittlich 1,4 Kinder zur Welt, 1960 waren es noch 2,4. Vor allem in Städten ist die Zahl der kinderlosen Frauen hoch. In Zürich haben 38% der 35–44-jährigen Frauen keine Kinder, in Basel 35%. Auch Deutschland liegt mit 1,3 Kindern pro Frau deutlich unter dem OECD-Durchschnitt von 1,6 Kindern. Eine Studie des Forsa-Institutes weist für Deutschland als Grund für die Kinderlosigkeit berufliche Unsicherheit, Verlust der persönlichen Unabhängigkeit, hohe Kosten und vor allem das Fehlen des richtigen Partners zur Familiengründung aus. (ifo-Bericht 2006, Eurostat 2005)

4 Während die Scheidungsrate in der Schweiz 1950 bei 12,5% lag, liegt sie heute bei 52,6%. Österreich weist 2005 eine durchschnittliche Scheidungsrate von 46% (Tirol 33%, Wien 63%) und Deutschland im Jahr 2004 von 53% auf. (www.statistik.at, www.bfs.ch)

5 Der Anteil der Haushalte von Alleinerziehenden ist in den letzten 20 bis 30 Jahren erheblich gestiegen. Insgesamt gab es in der EU15 2001 4,3 Millionen Alleinerziehende (90% Frauen; außer in Schweden, wo 26% der Alleinerziehenden Männer waren). Der Anteil von Alleinerziehendenhaushalten an allen privaten Haushalten der EU15 betrug 3% (Spanne von 5% in Großbritannien bis 1% in Spanien) und an allen Haushalten mit unterhaltsberechtigten Kindern 9% (22% in Schweden bis 3% in Spanien). (www.eurostat.org)

Familienangehörigen erbracht wird. Den größten Einfluss auf die stabile Ungleichverteilung der Hausarbeit zwischen Männern und Frauen besitzen aber wohl die tief verankerten Geschlechterarrangements. Hausarbeit ist nicht nur eine wenig angesehene Arbeit, sondern eine „emotional hochgradig mit Bedeutungen und Interpretationen" besetzte Tätigkeit, über die wir festlegen, „wer wir als Frauen und Männer sind und wer wir sein wollen" (C. GATHER et al. 2002: 21). Es ist eine Kernaktivität des *doing gender* und gehört zu einer „überzeugenden Darstellung der Geschlechterzugehörigkeit" (H. LUTZ 2005: 67).

<small>Doing gender</small>

> Der Segregation des Arbeitsmarktes folgt die Segregation der Gesellschaft und umgekehrt. Ausgehend von der gesellschaftlichen Arbeitsteilung zwischen Männern und Frauen und der daraus folgenden Entlohnung und Wertschätzung wird permanent ein Geschlechterverhältnis (re)produziert, doing gender, welches darüber entscheidet, welche Privilegien eine Person innerhalb der Gesellschaft besitzt, welche Rechte und Pflichten sie zu erfüllen hat und welche Zugriffschancen zu sozialen Räumen für die einzelnen Geschlechter bestehen.

Einer der Bereiche, in welchem Frauen enorme Arbeitsleistungen erbringen, ist die Betreuungsarbeit, gleichermaßen für Kinder, Personen mit besonderen Bedürfnissen und alten Menschen, die aber nur dann gesellschaftliche Wertschätzung erfahren, wenn es zu Engpässen kommt. Diese Arbeit wurde lange Zeit als die quasi natürliche Verpflichtung von Frauen gesehen, assoziiert mit Weiblichkeit und Mutterschaft. Erst in jüngster Zeit wird es auch als Wirtschaftszweig, *care economy*, interpretiert, aber nun kommen Fragen der Ethnizität und Klasse dazu. Denn historisch gesehen waren es immer schon Frauen aus unterprivilegierten Gruppen, die diese Betreuungsarbeit für ökonomisch besser gestellte Familien übernommen haben.

<small>Betreuungsarbeit wird von Frauen geleistet</small>

Grundsätzlich stellt sich die Frage, ob Betreuungsarbeit oder *care* eine private Aufgabe ist (die innerhalb der Familie oder durch Freiwilligenarbeit in karitativen Organisationen geleistet wird) oder eine öffentliche Aufgabe, die durch den Staat oder zumindest über den Markt übernommen wird. Dementsprechend ist auch die räumliche Dimension der Betreuungsarbeit, entweder auf der häuslichen oder lokalen Ebene angesiedelt oder auf der regionalen bzw. nationalen. Da aber diese Arbeit in beiden Fällen überwiegend von Frauen geleistet wird, lassen sich ökonomisch besser gestellte Frauen durch andere Frauen, heute zunehmend aus Staaten mit wesentlich niedrigeren Löhnen als im Westen, ersetzen. Damit wurde die *care economy* globalisiert und es gibt eine ganze Reihe von Untersuchungen über die

4. DAS GESCHLECHT DER ARBEIT

Bedeutung dieses Phänomens auf der individuellen, aber auch staatlichen Ebene (vgl. beispielsweise G. PRATT 2003, 2005).

Der vorhergehende Abschnitt zeigt, wie eng die Kategorien Geschlecht und Arbeit miteinander verbunden sind und den neoliberalen Staat strukturieren, indem klare Aufgabengebiete für Frauen (Hausfrau) und Männer (Ernährer) zugewiesen werden. Im nächsten Kapitel soll dies nun im weltweiten Kontext unter den aktuellen Rahmenbedingungen der Globalisierung betrachtet werden.

Merkpunkte:

- Die horizontale und vertikale Segregation des Arbeitsmarktes zeigt, dass dieser eine geschlechtsspezifische Komponente besitzt. Normative Zuschreibungsprozesse als Folge von gesellschaftlichen Vorstellungen von Frauen und Männern strukturieren den Arbeitsmarkt und dieser reproduziert wiederum diese normativen Zuschreibungen. Damit wirkt der Arbeitsmarkt als gesellschaftlicher Platzanweiser, indem er Chancen und Möglichkeiten bietet bzw. verkleinert.
- Das kapitalistische Produktionssystem baut auf der geschlechtsspezifischen Arbeitsteilung – weibliche Reproduktionsarbeit und männliche lohnabhängige Erwerbstätigkeit – auf. Aus diesem Grund können auch flexible Arbeitszeitmodelle wie zum Beispiel die Teilzeitarbeit keine wirklichen Alternativen sein, da sie weder die unabhängige finanzielle Absicherung für Frauen (oder auch Männer) schafft, noch die Doppelbelastung aufheben kann.

Literaturtipps:

BÜHLER, E. und V. MEIER KRUKER, 2002, Gendered labour arrangements in Switzerland: Structures, cultures, meanings: statistical evidence and biographical narratives. – In: GeoJournal, 56, 4, S. 305–313.

BÜHLER, E., 2002, Formen der Vereinbarkeit von Erwerbstätigkeit und Familie – Strukturen und Entwicklungstendenzen in der Schweiz. Geographische Zeitschrift, Band 90, Heft 3 + 4: 167–179.

SCHIER, M., 2005, Münchner Modefrauen. Eine arbeitsgeographische Studie über biographische Erwerbsentscheidungen in der Bekleidungsbranche. – München (= Arbeit und Leben im Umbruch. Schriftenreihe zur subjektorientierten Soziologie der Arbeit und der Arbeitsgesellschaft, Band 8).

WICHTERICH, C., 2003, Femme global. Globalisierung ist nicht geschlechtsneutral. – Hamburg.

5 Geschlechterkonstrukte und globalisierte Geographien

Für Unternehmer ist die Globalisierung eine Möglichkeit zur Ausweitung der Kapital- und Warenströme auf der Basis der umfassenden Liberalisierung des Konsummarktes, für Soziologen ein Schlagwort zur Beschreibung der weltweiten Vernetzung von Menschen und Gesellschaften, für politische Akteure ein schlagkräftiges Instrument globaler Gouvernanz und für Globalisierungskritiker vor allem auch ein Prozess zur Verstärkung sozialer Ungleichheiten, da der Globalisierung von Märkten und Geschäftsbeziehungen nicht zwangsläufig die Globalisierung universeller Menschen- und Arbeitsrechte, ökologischer Standards oder der Aufbau nationalstaatlicher Demokratien folgt.

Wir verstehen Globalisierung als einen vielseitigen Prozess sozialer, raum-zeitlicher, kultureller, ökonomischer und politischer Vernetzung durch die technischen Möglichkeiten der Telekommunikation, des Transport- und Personenverkehrs sowie der globalen Informationsverbreitung. Ebenso verstehen wir Globalisierung aber auch als kontrovers geführten Diskurs mit dem Ziel, Nachteile der Globalisierung wie Unterdrückung und Ausbeutung der Entwicklungsländer oder die Legitimation des Abbaus sozialstaatlicher und rechtlicher Errungenschaften auf Grund des globalen Konkurrenzdrucks aufzudecken.

Insgesamt gesehen ist die Auseinandersetzung mit Globalisierung trotz ihres kontroversen Charakters vielseitig und produktiv, jedoch oft auch geschlechtsblind. Daher konnte sie bisher geschlechtsspezifische Phänomene weder sichtbar machen noch hinreichend zur Diskussion stellen. Die Beschäftigung mit Globalisierung als Gegenstand der Geschlechterforschung will diese Lücke durch eine konsequente geschlechtersensible Perspektive schließen und zeigen, dass „Globalisierungs-prozesse von Anfang an und strukturell geschlechtlich kodierte Prozesse sind" (C. WICHTERICH 2003: 7).

Globalisierungsprozesse sind geschlechtlich kodiert

Zunächst erfolgt in diesem Kapitel eine Einführung in das Beziehungsgeflecht von Globalisierung, Migration und Geschlecht. Dabei wird deutlich, dass in der Globalisierungsforschung und somit auch in der Migrationsforschung ein Perspektivenwechsel vollzogen wurde, durch den Frauen nicht mehr nur als Opfer der Globalisierung, sondern als handlungsfähige Subjekte begriffen werden. Migration wird damit auch als Wunsch der Frauen sichtbar und bleibt nicht allein die Folge struktureller Gewalt (J. GALTUNG 1975), ökonomischer Zwänge, jedenfalls bezüglich der legalen Migration. Daneben gibt es die illegale Migration, die Schattenseiten der Globalisierung aufzeigt und vor allem für Frauen als ‚neue' Akteurinnen auf

Globalisierung ermöglicht neue Dimension von Migration

dem internationalen Weltmarkt für Arbeitskräfte zu einer Chance, aber auch zu einer Ausbeutungsgefahr geworden ist.

Mit dieser illegalen Migration und ihren Auswirkungen wird sich Kapitel 5.2 beschäftigen und zeigen, dass die teilweise Emanzipation der westlichen Frauen auf den Schultern von immer mehr Migrantinnen, meist aus Nicht-EU-Ländern, (aus)getragen und die Diskriminierung dieser Frauen in Kauf genommen wird (vgl. für Europa A. LANZ 2003, S. HESS 2002, J. NAUTZ und B. SAUER 2008 und für die USA E. HANSEN und D. MATTINGLY 2006). Zweitens wird die Diskriminierung von Frauen durch Frauenhandel angesprochen, der durch die Vernetzung globaler Märkte eine solche Dimension angenommen hat, dass einige Autor_innen vom Sklavenhandel des 21. Jahrhunderts sprechen (U. HÄNNY 2000, H. SCHMIDT 1985).[1] Insbesondere Betreuungspflichten werden häufig ausländischen Frauen übertragen, so dass daraus heute bereits ein eigener Sektor im Dienstleistungsbereich entstanden ist (siehe auch 5.2. zu *care economies*).

Migrantinnen erfüllen Dienstleistungen entsprechend den Geschlechterrollen

In beiden Bereichen – Migrantinnen als billige Dienst- und Kindermädchen, als Sexarbeiterinnen in Bordells, Nachtclubs und Bars, wie auch als gekaufte (Ehe)Frauen – erfüllen Frauen Dienstleistungen, die eng an die ihnen zugeschriebenen Geschlechtsrollen geknüpft sind (M. LE BRETON 1998: 215 zit. in M. LE BRETON und U. FIECHTER 2005: 17). Ein stereotypes Weiblichkeitskonzept geht davon aus, dass Frauen aus peripheren Ländern sich für Aufgaben im häuslichen, emotionalen und sexuellen Bereich besonders gut eignen, da sie liebevoll, häuslich, anspruchslos und anpassungsfähig sind. Gegenüber Migrantinnen können Männer in Extremfall ihre Vorstellungen als das bestimmende Subjekt weiterhin vertreten und durchsetzen, nicht selten auf Grund der völligen Abhängigkeiten dieser Frauen vom Mann. Damit ist die Ausbeutung der Frauen als Hausangestellte und der weltweite Handel mit ihnen eine direkte Folge traditionell zugeschriebener Rollenbilder und patriarchaler Macht- und Herrschaftsverhältnisse, die Frauen als Objekte verstehen und somit als Ware auf dem Weltmarkt zur Befriedigung, Regeneration und Unterhaltung von Männern verschieben können (M. LE BRETON und U. FIECHTER 2005: 45). Dies mag natürlich in vielen Fällen, beispielsweise bei bi-nationalen Ehen unter ehemaligen Studienkolleg_innen nicht gelten, doch sind selbst in diesem Fall in der Öffentlichkeit und im Alltag Frauen aus dem globalen Süden mit diesem stereotypen Frauenbild konfrontiert (vgl. J. BRUTSCHIN 2000, R. ECHARTE FUENTES-KIEFFER 2004).

Neue Industriearbeitsplätze für Frauen in Sonderwirtschaftszonen

Im dritten und letzten Abschnitt des Kapitels werden die Arbeits- und Lebensbedingungen der Frauen angesprochen, die in den Sonderwirtschaftszonen der Erde für den Weltmarkt produzieren. In diesem Rahmen wird deutlich, wie der internationale Kapitalmarkt von der abgewerteten Frauenarbeit durch typisierte Rollenbilder profitiert und ein ungerechtes

---

1   Anti-Slavery international schätzt gegenwärtig die Anzahl der Sklav_innen auf 27 Mio. Menschen. Dazu kommen ca. 179 Mio. Kinder (siehe www.anti-slavery.org).

Geschlechterverhältnis auch von westlichen Ländern als Auftraggeber und Konsumenten tradiert und gefördert wird.

5.1 Globalisierung, Migration und Geschlecht

Das zentrale Argument der feministischen Globalisierungsforschung besteht in der Ablehnung des Diskurses, dass Globalisierung eine unausweichliche Folge ökonomischer Zwänge sei und eine Art schicksalhafter Prozess, dessen Folgen hinzunehmen sind. Im Gegenteil dazu wird betont, dass der Prozess der Globalisierung mit der Verbreitung neoliberaler wirtschaftlicher und politischer Ideen beginnt, „somit politisch intendiert und daher auch politisch (um)gestaltbar" ist (S. RANDERIA 2000: 16f).

In diesem Zusammenhang besteht ein weiteres zentrales Anliegen von dekonstruktivistischen, poststrukturalistischen und postkolonialen Theorieansätzen einerseits in der Zurückweisung und Ablehnung des universalistischen Konzeptes von ‚Frau(en)', andererseits zeigen jedoch die frauenpolitischen Erfolge besonders auf der normativ-politischen Ebene, dass gerade ein strategischer Essentialismus produktiv und effizient ist.

> Der Bereich der geschlechtssensiblen Globalisierungsforschung bewegt sich im Spannungsfeld zwischen der grundsätzlichen Frage danach, inwiefern globales frauenpolitisches Engagement ohne die universalistische Kategorie ‚Frau' möglich wäre und dem Wissen, dass diese politisch-emanzipatorischen Bemühungen die Zweigeschlechtlichkeit durch die soziale Typisierung von ‚Frau' stetig (re)produzieren (siehe auch Kapitel 1).

Saskia SASSEN (1998) beschreibt drei Phasen von feministischer und gendersensibler Globalisierungsforschung in den letzten drei Jahrzehnten: In der ersten Phase beschäftigten sich Forscherinnen in den 1970er Jahren vor allem innerhalb entwicklungspolitischer Zusammenhänge mit der Verknüpfung des Subsistenzsektors mit modernen kapitalistischen Unternehmen. Noch heute ist der Subsistenzsektor ein großer Teil der Frauenarbeit, durch den die Frauen sowohl das Überleben der Familie sichern als auch dem Mann die lohnabhängige Arbeit ermöglichen (vgl. E. BOSERUP 2007 (1970), C.D. DEERE 1976). Die zweite Phase beschäftigte sich vordergründig mit der Internationalisierung der industriellen Produktion. Unter dem Druck globaler Märkte kommt es Anfang der 1980er Jahre zur Auslagerung von industriellen Arbeitsplätzen (meist im Bekleidungssektor und in der Montage von Elektrogeräten) in Entwicklungs- und Schwellenländer. Diese Arbeitsplätze werden vor allem von Frauen besetzt, womit sie den größten Teil des neu entstehenden Proletariats darstellen (L.Y.C. LIM 1980, M.P. FERNÁN-

Drei Phasen der GenderGlobalisierungsforschung

DEZ-KELLY 1982, K. WARD 1990). Gemeinsam war allen Forschungen der ersten und zweiten Phase der konsequente Einbezug von unentlohnter Arbeit im reproduktiven Sektor in die Analyse, da somit ein blinder Fleck der politischen Ökonomie aufgedeckt werden konnte (C. VON WERLHOF 1978 zit. in H. JENSEN 2005: 146). Erst dadurch konnte gezeigt werden, dass der Rückzug des Staates aus der Verantwortung für Versorgungsarbeit – in den westlichen Industrieländern durch Demontage des Wohlfahrtstaates, in den Ländern des Südens durch Strukturanpassungsprogramme und in den Länder des Ostens durch den Zusammenbruch des sozialistischen Versorgungsregimes – zum größten Teil von Mädchen und Frauen ausgeglichen wird (H. JENSEN 2005: 148).

Die dritte Phase der Globalisierungsforschung ab Ende der 1990er Jahre wandelt jedoch ihren Blickwinkel von den nur ökonomischen Aspekten der Globalisierung hin zu sozialen Fragen. In diesem Sinne steht die Veränderung der Geschlechterverhältnisse im Zentrum des Interesses. Vor allem interessieren Lebens- und Arbeitsbedingungen, Handlungsspielräume von Frauen auf lokaler Ebene und deren Chancen, selbstbewusst in ihren Lebensalltag eingreifen, ihn individuell gestalten und autonom planen zu können. Dabei rücken die Wahrnehmungen der Frauen selbst bezüglich ihrer Situation, ihre eigene Subjektivität, ihre Wünsche und ihre alltäglichen Strategien in den Mittelpunkt der Untersuchungen. Durch den Perspektivenwechsel werden Frauen nicht als Opfer ökonomischer Wirtschaftsbeziehungen, sondern als aktive Akteurinnen gesehen, die die Globalisierung auch als Möglichkeit sehen, ihren Wunsch nach Geschlechtergerechtigkeit zu erfüllen.

Neues Verständnis von Migrantinnen

Forschungsarbeiten der dritten Phase nehmen einen großen Teil der internationalen Migrationsforschung ein (siehe auch www.imiscoe.org bzw. E. AUFHAUSER 2000, F. HILLMANN 2007, E. KOFMAN und P. RAGHURAM 2004, H. LUTZ 2007, A.R. MORRISON et al. 2008, HILLMANN und WASTL-WALTER 2010). Vor den 1990er Jahren standen Männer in der Migrationsforschung im Zentrum der Forschung und weibliche Migration wird oft nur in familiärer Hinsicht betrachtet: die Frau als (mit)immigrierte Ehefrau, Mutter oder Tochter. Gleichfalls erfuhren Migrantinnen auch in der feministischen Forschung eine untergeordnete Rolle und erhielten unter „dem Duktus des Besonderen" (S. GÜMEN 1998 zit. in H. LUTZ 2004: 476) eine Außenseiterrolle. Folglich wurden Migrantinnen sowohl in der Migrations- wie auch in der Geschlechterforschung als das jeweils „Andere, Abweichende, in der Hierarchie Untergeordnete betrachtet" (H. LUTZ 2004: 476).

Feminisierung der internationalen Migration

Das entspricht jedoch in keiner Weise den Tatsachen. Denn während die globale Migration seit dem 20. Jahrhundert immer mehr zunimmt – nach Schätzung des *World Migration Report* leben im Jahr 2000 150 Millionen Menschen außerhalb ihres Herkunftslandes[2] – lässt sich in den letzen Jahren

---

2 Hinzu kommen 20 Millionen Menschen, die sich auf der Flucht befinden; es suchen mehrere Millionen Binnenimmigrant_innen Zuflucht in den Metropolen und Me-

eine Feminisierung der Migration feststellen. Mittlerweile sind die Hälfte der Migrant_innen Frauen, zum Teil sind sie sogar überrepräsentiert (2003 sind 64% der lateinamerikanischen Migranten in der Schweiz Frauen). Das lässt den Schluss zu, dass neben den Gründen für eine Migration, die Frauen mit Männern teilen, wie Flucht vor Diktaturen, politische und ethnische Verfolgungen, ökologischen Katastrophen oder den Zusammenbruch politischer, wirtschaftlicher und/oder sozialer Systeme sowie Armut und fehlenden Berufschancen, auch immer stärker Wünsche nach einer unabhängigen Verwirklichung des Lebensentwurfes in den Vordergrund treten.

Das folgende Beispiel aus der Schweiz soll über die internationale Migrationsforschung hinaus die spezielle Situation in einem der deutschsprachigen Länder verdeutlichen. Eine Untersuchung von Yvonne RIAÑO und Nadia BAGHDADI (2007b) zeigt im Zuge eines partizipativen Ansatzes, dass Frauen durch die Migration (selbst)bewusst eine Geschlechtergerechtigkeit anstreben und sich ein selbstbestimmtes Leben wünschen. Frauen demnach als Opfer von Handlungen anderer zu betrachten oder sie nur als (mit)immigrierte Ehefrau oder Tochter mitzudenken, ist eine klare Fehleinschätzung in vielen Fällen, reduziert deren Handlungsfähigkeit (beispielsweise durch gesetzliche Regelungen) und verhindert den aktiven Einbezug von Migrantinnen zum Beispiel in Integrationsprojekte. Damit wird auch deutlich, dass es eine homogene Gruppe von Migrantinnen nicht gibt. So bestehen nicht nur vielseitige Unterschiede zwischen lateinamerikanischen oder mittel- und südosteuropäischen Migrantinnen, sondern auch bezüglich der individuellen Qualifikation sowie Wünschen und Vorstellungen über das Migrationsland, so dass Homogenisierungen ohne spezifischen Bezug inadäquat sind. Die empirische Forschung von Yvonne RIAÑO und Nadia BAGHDADI mit 57 Migrantinnen aus Lateinamerika, dem Mittleren Osten und Südosteuropa zeigt aber auch (vgl. 2007a: 173), dass 82% der gut ausgebildeten Frauen ihr soziales und kulturelles Kapital (nach BOURDIEU, beispielsweise Netzwerke, internationale Arbeitserfahrung, Diploma im Herkunftsland, Fremdsprachenkenntnisse) nicht nutzen können um sich selbst in einem entsprechenden Segment des Arbeitsmarktes zu etablieren. Ein Drittel der Studienteilnehmerinnen ist überhaupt nicht in den Arbeitsmarkt integriert und ein Viertel arbeitet in Positionen, für die sie überqualifiziert sind. Ein weiteres Drittel arbeitet auf ihrem Qualifikationsniveau, aber in prekären Arbeitsverhältnissen, das heißt, mit kurzfristigen oder instabilen Verträgen. Nur eine Minderheit (18%) hat somit eine ihrem Qualifikationsniveau entsprechende stabile Stelle. Es ist demnach gar nicht einfach, seine formalen und persönlichen Qualifikationen über nationale

Schweiz als europäisches Beispiel

> gastädten Asiens, Lateinamerikas und Afrikas. Nicht zu erfassen sind diejenigen, die ihr ganzes Leben zum Beispiel als Saisonpendler_innen (Saisonarbeiter_innen) unterwegs sind oder die als Illegal- oder Transit-Emigrant_innen in informellen Wirtschaftsbranchen arbeiten.

Grenzen hinweg zu erhalten, wobei die Frauen vor allem bei längerer Arbeitslosigkeit auch mit dem Problem des *de-skilling* zu kämpfen haben, insbesondere einem Verlust des Selbstvertrauens und der persönlichen Autonomie. Diese Resultate decken sich mit den Ergebnissen des 2004 European labour survey: 19.8 % der Nicht-EU Migrantinnen, die in der Schweiz arbeiten, sind in Jobs, für die sie überqualifiziert sind (im Gegensatz zu 13.8 % für EU-Bürgerinnen und 7.6 % für Schweizerinnen) (J.-C. DUMONT und T. LIEBIG 2005: 7).

Transnationale Lebensformen und zirkuläre Migration

Im Kontext der Globalisierung entstehen aber auch neue Migrationsmuster und Lebensformen auf der Basis von transnationaler Mobilität, die geschlechtsspezifische transnationale Aktionsräume schaffen über nationale, aber auch Kontinentgrenzen hinweg. Dadurch entstehen transnationale Netzwerke, die immer mehr Menschen ein Leben in (mindestens) zwei Staaten und zirkuläre Migrationen erlauben. Ein Problem dabei ist die Wahrung sozialer und politischer Bürgerrechte. Manche Staaten unterstützen die Arbeitsmigration ihrer Bürger_innen, wie die Philippinen, andere versuchen, Rückwanderungswillige wieder zurück zu gewinnen (J.-P. CASSARINO 2004). Da in Zeiten einer Wirtschaftskrise die Rückwanderung von Immigranten auch im Interesse der Zielländer ist, gibt es dafür staatliche Unterstützung wie beispielsweise in Deutschland für Türk_innen oder in Spanien für Ecuadorianer_innen (siehe C. SCHURR und M. STOLZ im Druck).

5.2 Der globalisierte Dienstleistungssektor

Frauenspezifische Migrationsgründe

Millionen Menschen migrieren aus unterschiedlichen Motiven und viele dieser Motive gelten für Männer und Frauen gleichermaßen. Es gibt jedoch für Frauen auch spezifische Migrationsgründe, auf die in der Folge näher eingegangen wird. Wenn man heute von einer Feminisierung der Migration spricht, dann bezieht sich dies nicht nur auf die statistischen Daten zur legalen Migration, die auf eine Zunahme weiblicher Migrantinnen hinweist, sondern auch auf eine spezifische Variante der Migration: nämlich als Haushaltshilfen, Altenpflegerinnen, Sexarbeiterinnen und Heiratsmigrantinnen. Es dominieren nicht nur weibliche Migranten, sondern Frauen erfüllen im Gegensatz zu den männlichen Migranten Funktionen, die eng an ihr Geschlecht gebunden sind.

Besondere Erwartungen an Arbeismigrantinnen

Die Erwartungen, die an eine Migrantin in dem Land, in das sie migriert, gestellt werden, sind jedoch nicht nur Erwartungen an sie als ‚Frau', sondern es kommen differenzierte Vorstellungen an sie als weibliche Migrantin einer bestimmten Altersklasse, einer bestimmten ethnischen und kulturellen Herkunft, mit bestimmten Einstellungen gegenüber Männern, Arbeit, Freizeit und sogar in Hinblick auf sexuelle Orientierung dazu.

Migrationsprozesse von Frauen weisen Besonderheiten auf wie zum Beispiel, dass Arbeitsmigrantinnen nur dann willkommen sind, wenn sie in frauenspezifischen Arbeitsfeldern arbeiten. Da auch von den Frauen tendenziell besser verdienende migrieren, ist die Dequalifikation von Migrantinnen in der Arbeitswelt vorprogrammiert (E. AUFHAUSER 2000: 111ff, Y. RIAÑO und N. BAGHDADI 2007a).

Hinzu kommt, dass emanzipatorische Wünsche und Vorstellungen als Folge der Migration vor allem für Frauen, die im Hinblick auf eine Heirat migrieren, enttäuscht werden, denn zum Teil können Verschärfungen von patriarchalen Geschlechterverhältnissen beobachtet werden, die im Heimatland weniger stark ausgeprägt waren (vgl. Y. RIAÑO und R. KIEFFER 2000, M. RICHTER 2006). So erleben zum einen besonders muslimische Frauen und junge Mädchen auch in der zweiten und dritten Generation massive Einschränkungen ihrer Freiräume, da die fremde (z.B. europäische) Kultur stärker als im Herkunftsland als Bedrohung angesehen wird. Zum anderen erfahren Migranten und Migrantinnen oftmals Veränderungen ihrer Lebensstile, denn während die Frauen im Herkunftsland oftmals berufstätig waren, werden sie im Migrationsland zu Vollzeit-Familienfrauen, während die Männer zu Vollzeit-Arbeitern werden (E. AUFHAUSER 2000: 118).

Heiratsmigrantinnen finden besondere Bedingungen vor

Aus diesem Grund hat sich die feministische Migrationsforschung seit ihren Anfängen vom Forschungsziel der Sichtbarmachung von Frauen im Migrationsprozess bezüglich typischer Migrationsmuster, über die Analysen von Migrationserfahrungen zu einer vielseitigen Forschungsperspektive entwickelt, die seit den 1980er Jahren vor allem Macht- und Herrschaftsverhältnisse einbezieht. Seit den 1990er Jahren ist auch hier ein deutlicher Einfluss des Konstruktivismus zu spüren, denn in zunehmenden Maße werden neben den Auswirkungen von Migrationserfahrungen auf die Paar- und Elternbeziehung auch die Konstruktion von Männlichkeit und Weiblichkeit sowie der Einfluss religiöser Geschlechterbilder thematisiert (H. LUTZ 2004, M. RICHTER 2006).

Im Zuge nationalstaatlicher Veränderungen durch die strukturellen Transformationsprozesse rücken zudem Fragen nach Identitätskonstruktionen und Netzwerkbildungen in den Mittelpunkt der Untersuchungen (H. LUTZ 2004, C. WYSSMÜLLER 2006). Welche Alltagsstrategien werden von Frauen entwickelt, um sich und ihren Töchtern eine Zukunft im Zuwanderungsland zu ermöglichen? Daneben ist auch in der feministischen Migrationsforschung das politische Engagement als traditionelles Anliegen des Feminismus zu finden. In diesem Zusammenhang fragen Forscher_innen nach den Lebens-, Arbeits- und Ausbildungsbedingungen von Migrantinnen, um

Transnationale Identitäten und Netzwerke

Abhängigkeiten sowohl in Ehe als auch im Beruf aufzudecken und Handlungsmöglichkeiten und -unmöglichkeiten deutlich zu machen.

Die wachsende Erwerbsbeteiligung der westlichen Frauen ist kein Zeichen für ein gleichberechtigtes Geschlechterverhältnis. Gerade unter neoliberalen Rahmenbedingungen versteht man die Haus- und Familienarbeit als in Frauenhände gehörend. Dass viele westliche Frauen eine Befreiung davon erleben, ist neben dem technologischen Wandel die Folge der Reinstitutionalisierung des Hausangestelltensystems aus dem 19. Jahrhundert, häufig auf der Basis illegaler Arbeitsmigrantinnen oder Au-Pairs (vgl. M. ORTHOFER 2009).

Das Schlagwort Globalisierung entwirft Assoziationen vor allem mit einer schnellen, flexiblen, mobilen Welt, mit fortgeschrittenen Kommunikations- und Informationstechnologien sowie mit vielseitig ausgebildeten Professionals, die für ihre Arbeit um die ganze Welt reisen. Jedoch wird dabei oft übersehen, dass auch der fortgeschrittensten Informationstechnologie ein Produktionsprozess zu Grunde liegt. Auf der einen Seite schafft die Globalisierung mit ihrer Ausweitung des Dienstleistungssektors einen Arbeitsbereich der *High Professionals*[3], auf der anderen Seite einen Niedriglohnsektor, der in der formellen Ökonomie zu einem wichtigen Bestandteil geworden ist. Hinter den *High Professionals* stößt man „auf materielle Praktiken (…) : die Arbeit, die die Voraussetzung für die Organisation und das Management eines globalen Produktionssystems und eines globalen Finanzmarktes" ist, denn auch „globale Prozesse haben lokale Restriktionen" (S. SASSEN 1998: 202).

<small>Einkommensdifferenzen werden größer</small>

Dies ist nicht nur im formellen Bereich, sondern ebenso im informellen/privaten Bereich im Zuge von Auf- und Abwertungsprozessen von Arbeit zu beobachten. Ähnlich der Interessenverschiebung von landwirtschaftlichen oder industriellen Zentren hin zu den *Global Cities*, ähnlich der Verschärfung der Unterschiede zwischen den Stadtzentren der wirtschaftlichen Geschäftswelt und den Wohnvierteln der einkommensschwachen Bevölkerung, steigen die Einkommen der Hochqualifizierten, während die der Niedrigqualifizierten im Vergleich dazu stetig sinken. Bestimmte spezialisierte Dienstleistungen und Qualifikationen werden höher bewertet (oftmals überbewertet) als andere, die für eine fortschrittliche Wirtschaft als unwichtig betrachtet werden (S. SASSEN 1998: 203ff). Als solche gelten zum Beispiel die Arbeiten der Immigrant_innen, die in der ganzen Welt (re)produktive, schlecht bezahlte Arbeit erledigen und damit die Basis für eine globale Informationsgesellschaft schaffen. Besonderes Interesse soll an dieser Stelle den frauenspezifischen Arbeiten in diesem Bereich gewidmet werden, denn die Angleichung westlicher Frauen an männliche Arbeitsmus-

---

3 So kann Linda McDOWELL (1997) in ihrer Studie zeigen, dass sich die Londoner City – bisher die Hochburg männlicher Finanziers – allmählich den weiblichen Professionals öffnet.

ter und patriarchale Arbeitsmarktstrukturen geht mit einer neuen internationalen Arbeitsteilung zwischen Arbeitnehmerinnen einher und vergrößert die sozialen Ungleichheiten unter den Frauen. Da westliche Länder noch immer keine ausreichende Strukturen schaffen, um Frauen und Männer bezüglich ihrer familiären Pflichten zu entlasten, „sind die Bedingungen für den Zugang von Frauen zu den derzeit existierenden männlichen Arbeitsstrukturen nicht nur geschlechts-, sondern auch klassen- und ethnienspezifisch" (B. Young 1999/2000 zit. in B. Young und H. Hoppe 2004: 486, V. Samarasinghe 2005).

> Damit ist die Dienstmädchenarbeit nicht nur ein Phänomen der Migration, sondern ein Bestandteil der gesamten Hausarbeitsdebatte und zentrales Thema der Geschlechterforschung.

Schon 1977 schreiben Gisela Bock und Barbara Duden ihren berühmten Aufsatz „Arbeit aus Liebe – Liebe als Arbeit", in dem sie die Trennung in privat-weiblich und öffentlich-männlich sowie die damit einhergehende wertende Unterscheidung, „bei der Berufsarbeit höher als Versorgungs- und Reproduktionsarbeit bewertet werden" (H. Lutz 2005: 65–87), kritisieren. Dass sich heute Frauen den Arbeitsmarkt und ihre Berufstätigkeit erkämpft haben, hat nicht zu neuen Arrangements bezüglich der Versorgungs- und Reproduktionsarbeiten geführt. Die Entstehung haushaltsnaher Dienstleistungen erscheint als Lösung eines modernen Dilemmas und steht im Schatten der Debatten um Kinderbetreuungseinrichtungen und Ganztagsschulen. L. Caixeta (2007) stellt auf Grund ihrer empirischen Untersuchungen fest, „die ‚angenehmere' (unbezahlte) reproduktive Arbeit wird von den Frauen im Haushalt unbezahlt geleistet, während die schwere Arbeit von den eingestellten Frauen als bezahlte Arbeit verrichtet wird. Über diese beiden Arbeitsbereiche erfolgt die affektive, physische und emotionale Organisation von Haushaltsarbeit, ..." (ebd.: 84).

Liebe als Arbeit?

Wie im Kapitel 4.1 schon angesprochen wurde, besitzt die Haus-, Pflege- und Versorgungsarbeit – also der gesamte Reproduktionsbereich – ein Spezifikum: Sie ist keine normale Erwerbsarbeit. Denn sie ist „hochgradig personalisiert, emotional aufgeladen und findet in einem Raum statt, der als intim und gefühlsbeladen definiert wird, an dem Arbeit an und mit Identität stattfindet" (H. Lutz 2005: 70). Dieser Markt besaß und besitzt keine deutlichen Arbeitsregulierungen für das Arbeitergeber-Arbeitnehmer-Verhältnis und ist somit prädestiniert für einen deregulierten Arbeitsmarkt und prekäre Arbeitsverhältnisse, besonders wenn Migrantinnen diese Tätigkeit übernehmen (vgl. für die Schweiz P. Tschannen 2003, für Österreich B. Haidinger 2007).

Neue, globalisierte care economies

Der Ökonom Jürgen Schupp hat für das Jahr 2000 geschätzt, dass mehr als drei Millionen private Haushalte in Deutschland eine Putz- oder Haus-

5. GESCHLECHTERKONSTRUKTE UND GLOBALISIERTE GEOGRAPHIEN

Abbildung 12:
Gewalt gegen Frauen
Terre des femmes

haltshilfe beschäftigt haben, jedoch waren davon nur rund 40.000 uneingeschränkt sozialversicherungspflichtig.

In Italien, Spanien, Griechenland und Großbritannien gehen Schätzungen davon aus, dass jede vierte Haushaltshilfe illegal arbeitet (J. ANDALL 2000: 39, B. ANDERSON und A. PHIZACKLEA 1997, B. ANDERSON 2000). Damit bewegt sich die Haushaltsarbeit auch in einer Grauzone auf dem Arbeitsmarkt, da genau in diesem Bereich Migrantinnen aus Osteuropa, Lateinamerika, Asien und Afrika unsichere illegale Arbeitsverhältnisse finden, die nicht selten Abhängigkeiten für die Migrantinnen schaffen (vgl. Abb. 12). Denn neben der preisgünstigen Entlohnung bringen der zivilrechtlich schwache Status und die geringeren Kenntnisse der Migrantinnen zum Beispiel über Arbeitsrecht Vorteile für den Arbeitgeber/die Arbeitgeberin, womit deutliche Machtverhältnisse entstehen. Informationen, statistische Zahlen, Schätzungen usw. sind überdies wenig zu finden, da eine konsequente Auseinandersetzung mit der weiblichen Seite von Migration nicht erfolgt. Nur unter dem Titel ‚Schwarzarbeit' entsteht eine Debatte, die diese Arbeit skandalisiert, kriminalisiert und illegalisiert[4]. Eine Ausnahme machen da Au-Pair-Arbeitsverträge, die vor allem von allein erziehenden Müttern

---

4   ‚Illegal' ist kein Attribut einer Person und gehört nicht zu seinen/ihren Charakteristika, sondern es basiert auf staatlichen Zuschreibungen und ist damit konjunkturab-

mit kleinen Kindern oder berufstätigen Paaren in Anspruch genommen werden sowie in jüngster Zeit selbständige Pflegerinnen bzw. angestellte Altenpflegerinnen wie beispielsweise in Österreich.

Nicht nur in Europa, auch in anderen Ländern steigt das Interesse an weiblichen Hausangestellten und Kindermädchen. Vor allem die Philippinen ‚exportieren' Arbeitsmigrantinnen; noch vor 30 Jahren waren 12% der Auswanderer Frauen, heute sind es 70%. Mittlerweile gibt es 1.200 Agenturen, die Filipinos und Filipinas ins Ausland vermitteln (W. UCHATIUS 2004). So arbeiten drei von vier philippinischen Migrantinnen im Ausland als Hausangestellte, Unterhalterin oder Krankenschwester. Sie arbeiten in der Regel in wirtschaftlich prosperierenden Ländern wie Saudi-Arabien, Kuwait und vor allem in der Metropole Hongkong, wo sich ihre Zahl seit Beginn der 1990er Jahre verdoppelt hat (von 45.000 auf 90.000). Auch in Sri Lanka prägen Dienst- und Kindermädchen die gesamte Migration. Sie arbeiten ebenso vor allem in Saudi-Arabien und Kuwait, wo sie mittlerweile über die Hälfte der ausländischen Dienstmädchen darstellen (M. LE BRETON 1998).

Zum größten Teil arbeiten Hausangestellte in aufsteigenden Mittelstandsfamilien. In den Industrieländern arbeiten sie meist für doppelverdienende Paare, die auf eine berufliche Karriere nicht verzichten wollen, oder für alleinerziehende Eltern, für die eine Erwerbstätigkeit ohne sie oftmals gar nicht möglich wäre. In wirtschaftlich prosperierenden, aber traditionellen Ländern wie Saudi-Arabien oder Kuwait arbeiten sie weniger für den Ausgleich der weiblichen Emanzipation, sondern dienen dem Prestige der Familie (M. LE BRETON 1998: 124f).

Herkunftsstaat der Opfer	Opferzahl	
	Gesamt	Weiblich 15–30 Jahre
Ukraine	183	170
Bulgarien	126	121
Russland	113	87
Rumänien	104	97
Polen	56	50
Litauen	28	23
Deutschland	127	103
Andere	235	218
Gesamt	972	869

Tabelle 2: Opfer von Frauenhandel (Quelle: verändert nach Lagebericht des BKA 2004)

hängig. Illegalität ist kein kriminelles, sondern ein aufenthaltrechtliches bzw. arbeitsrechtliches Delikt (H. LUTZ 2005: 68).

5. GESCHLECHTERKONSTRUKTE UND GLOBALISIERTE GEOGRAPHIEN

Informelle Arbeitsverhältnisse verstärken Ausbeutung

Die Vermittlung der Migrantinnen erfolgt meist über Agenturen, die nicht selten den Eltern die jungen Töchter ‚abkaufen' und sie in die ganze Welt vermitteln. Zumeist müssen die Frauen auch selbst Kredite aufnehmen, um vermittelt zu werden. Einzelberichte beschäftigen sich mit diesen Arbeitsagenturen und zeigen, dass sie nicht selten unseriös sind. Sie versprechen eine Anstellung als Hausangestellte, stattdessen werden die Mädchen und Frauen an Bordelle verkauft. LE BRETON (1998: 127) weist auch darauf hin, dass viele Dienstmädchen ihrem Hausherrn sexuell zur Verfügung stehen müssen, ansonsten werden sie entlassen. Wie viele Frauen insgesamt von diesen Ausbeutungsformen betroffen sind, kann nicht abgeschätzt werden und wird mit zunehmender Schließung der Nationalstaaten bezüglich der Einwanderung noch schwieriger, da es die illegale Migration verstärken wird.

Daneben nutzen Frauen selbst ein weit verzweigtes Netzwerk durch Familien, Freunde und Kolleginnen, um eine Anstellung zu finden (vgl. N. CONSTABLE 1997).

> Netzwerke gewinnen innerhalb der Migrationsforschung immer mehr an Bedeutung, denn über diese können Frauen in die Forschung miteinbezogen werden, was den Blick von der Migrantin als bloßes Opfer zur Frau, die aktiv und auf Grund von bestimmten Rahmenbedingungen handelt, verändert. Diese Sichtweise ist bedeutsam für Projekte zur Legalisierung illegaler Migration, da sie die Motive der Frauen und die Ursachen von Migration einbindet.

Globalisierter Frauenhandel

Viele Frauen migrieren, um als Hausangestellte, Dienst- und Kindermädchen zu arbeiten, einige arbeiten in der Sex- und Unterhaltungsindustrie. Diese Migrationsform ist zudem eng mit der wohl krassesten Form internationaler Ausbeutung verbunden: dem Frauenhandel. So wie tausende Männer pro Jahr in beliebte Urlaubsländer in Südostasien, Westafrika oder in der Karibik als Sextouristen reisen, boomt seit der Öffnung des Eisernen Vorhangs 1989 die weibliche Migration in die westlichen Sexindustrien. Nach Schätzung der Internationalen Organisation für Migration (IOM) migrieren jährlich ein bis zwei Millionen Frauen als Sexualobjekte und Prostituierte um die ganze Welt. Insgesamt jedoch können nur schwer hinreichende Schätzungen gemacht werden, da sich diese Migration meistens im illegalen Kontext abspielt (vgl. Tab. 2).

Ähnliche Schwierigkeiten ergeben sich bei der Definition von Frauenhandel. So besteht der Tatbestand des Frauenhandels nach der UN-Konvention von 1949 „Zur Unterdrückung von Menschenhandel" nur auf dem Handel zum Zwecke der erzwungenen Prostitution. Das ist nach Meinung vieler Nichtregierungsorganisationen zu einseitig und sie verlangen eine breitere Betrachtung des Phänomens. Dabei sollen die Bedingungen der Migration, Folgen falscher Versprechen, der Zwang zur Heirat und Hausar-

5. GESCHLECHTERKONSTRUKTE UND GLOBALISIERTE GEOGRAPHIEN

Karte 9: Globaler Menschenhandel mit Sexarbeiter_innen 2007

beit sowie andere erzwungene (in)formelle Tätigkeiten einbezogen werden. In diesem Sinne wird von Frauenhandel gesprochen, wenn Gewalt, Zwang und Täuschungspraktiken angewendet werden, um Frauen in die Abhängigkeit zu treiben und sie ihrer physischen und psychischen Integrität beraubt werden (C. KARRER et al. 1996: 15 zit. in M. LE BRETON und U. FIECHTER 2005: 22f, vgl. E. NIESNER 1997). Bisher beziehen sich Zahlen zum Ausmaß von Menschenhandel jedoch ausschließlich auf den Handel zur sexuellen Ausbeutung.

Die wichtigsten Herkunftsländer gehandelter Frauen in Europa sind Moldawien, Ukraine, Weißrussland sowie Rumänien und Bulgarien, die wichtigsten Destinationen Deutschland, die Niederlande und Großbritannien (dazu bzw. zu den Transitrouten vgl. P. ROMANI 2008). Dabei schätzt man (J. NAUTZ und B. SAUER 2008: 12), dass global im Frauen- bzw. Menschenhandel höhere Gewinne erzielt werden als im illegalen Waffen- und Drogenhandel. Für die Frauen in Osteuropa führte die ökonomische Transformation in ihren Heimatländern zu neuen Unsicherheiten und Armut als Push-Faktoren, die Deregulierung der Arbeitsmärkte im Westen und vergleichsweise viel höhere Löhne als Pull-Faktoren, die den Wunsch nach Migration wecken. Damit fallen sie aber oft auf falsche Versprechungen

Auch in Europa gibt es Herkunfts- und Zielländer des Frauenhandels

zweifelhafter Vermittler herein (E. BLASSNIG et al. 2008) und landen in der Zwangsprostitution der Bordelle des Westens.

<small>Feminisierung von schlecht bezahlten Industriearbeitsplätzen</small>

Eine weitere Form der Ausbeutung entsteht im Zuge der fortschreitenden Globalisierung und Liberalisierung des Weltmarktes, denn Unternehmen sind immer mehr bestrebt, die Kostenvorteile anderer Länder zu nutzen. In den 1970er und 1980er Jahren haben Unternehmen ihre Produktionsstätten in zunehmendem Maße an Zulieferbetriebe ausgelagert, die das günstigste Angebot machten. Dieser Auslagerung geht ein anderer Prozess in den Industrieländern voraus, der erst die schlechten Arbeitsbedingungen in den Entwicklungs- und Schwellenländern für Frauen hervorbringt. Vor allem die Berufsbranchen der Leder-, Textil- und Bekleidungsindustrie haben in den industrialisierten Ländern einen Geschlechtswechsel von ehemals männlichen zu weiblichen Berufsfeldern erfahren. Im Zuge dieser Feminisierung erfolgt ein Statusverlust der Berufsbranchen, die dann in den 1980er Jahren in die Entwicklungsländer verlagert werden und dort erneut zu Frauenbranchen werden (C. WICHTERICH 1998: 15ff).

5.3 Frauenarbeit für den Weltmarkt

Entwicklungs- und Schwellenländern gelingt die Teilnahme am Weltmarkt und -handel oftmals nur durch die Konzentration der Beschäftigung im Niedriglohnsektor, um für westliche Unternehmen einen Standortvorteil gegenüber dem eigenen Land darzustellen. Dieser Standortvorteil entsteht jedoch nicht durch flexible Arbeitszeitmodelle und/oder ein effizientes Management des Zulieferbetriebes, sondern durch immense Einbußen bezüglich Entlohnung und arbeitsrechtlicher Bestimmungen und eine Aufweichung ökologischer Standards, was von westlichen Unternehmen in Kauf genommen wird.

<small>Einrichtung von Freien Exportzonen (FEZ) bzw. Sonderwirtschaftszonen (SEZ)</small>

Ein zentrales Instrument der weltweiten Liberalisierung der Märkte ist die Einrichtung sogenannter Freier Exportzonen (FEZ). (Neben dem Begriff Freie Exportzonen werden auch die Bezeichnungen Sonderwirtschaftszone (special economic zone SEZ) und Exportproduktionszone verwendet.) Nach ILO-Definition ist eine Freie Exportzone ein „begrenzter Industriebereich, der im Zoll- und Handelssystem eines Landes eine Freihandelsenklave darstellt, in dem ausländische Industrieunternehmen eine Reihe von steuerlichen und finanziellen Anreizen genießen" (A. T. ROMERO 1995: 247). Im Falle von Sri Lanka, Hongkong und Singapur besitzt das gesamte Land den FEZ-Status. In Tunesien und Mauritius sind Firmen mit FEZ-Status über das ganze Land verstreut. Die erste FEZ wurde 1959 in Shannon/Irland eingerichtet und ab den 1960er Jahren wird dieses Modell als Fördermaßnahme zu einer exportorientierten Industrialisierung von UNIDO *(United Nations Industrial Development Organisation),* UNCTAD *(United Nations Conference on Trade And Development)* und Weltbank den Entwicklungsländern vorgeschlagen (I. WICK 1998: 236). In Mosambik, Südkorea und Mexiko herrscht in den FEZ das gleiche Arbeitsrecht wie im übrigen Land. In Mauritius und Namibia kommen nur Teile zur Geltung. Zum Beispiel erhalten die FEZ in Namibia in den ersten fünf Jahren einen arbeitsrechtsfreien Status. Insgesamt kommt es dennoch quasi überall zu Verletzungen des Arbeitsrechtes, da es an staatlicher Kontrolle mangelt. Bleiben die Sonderwirtschaftszonen bis Ende der 1970er Jahre noch eine Randerscheinung, boomt ihr Aufbau seit den 1980er Jahren im Zuge der neoliberalen Offensive des Westens und besonders seit der Umsetzung von Strukturanpassungsmaßnahmen in den postkolonialen Ländern des Südens und zielt auf den Abbau der Binnenmarktorientierung dieser Länder ab. Die Motive der Regierungen selbst sind unterschiedlich. Im Vordergrund steht, dass mit ausländischen Unternehmen auch ausländisches Kapital angelockt, Arbeitslosigkeit gesenkt, strukturschwache Regionen entwickelt und Wachstumsimpulse gegeben werden sollen.

Sonderwirtschaftszonen wurden in rund 130 Ländern eingerichtet, darunter die Volksrepublik China, Indien, Nordkorea, Vietnam, Russland, Ukraine, Kasachstan, Argentinien, Uruguay, Mexiko und Polen, die Zahl der Sonderwirtschaftszonen (oder *export processing zones*) stieg von 79 im Jahr 1975 auf 176 im Jahr 1986 und auf 3.500 im Jahr 2006 (J. SEAGER 2009: 65). Sie haben in der Regel wesentlich zum wirtschaftlichen Aufschwung der Länder beigetragen. Derzeit gibt es in den Freien Exportzonen mindestens 4,5 Millionen Beschäftigte (drei Millionen in Asien, 1,2 Millionen in Lateinamerika und 250.000 in Afrika), wobei die etwa 70 Millionen Beschäftigten (Schätzungen sind sehr unterschiedlich) in den chinesischen Sonderwirtschaftszonen ausgenommen sind. Neben China finden sich die meisten Sonderwirtschaftszonen in Mexiko, wo in 2.000 Maquiladoras[5] mit über 500.000 Mitarbeiter_innen Produkte steuerfrei für den Weltmarkt hergestellt werden. Die vorherrschende Branche in den FEZ sind zum einen die Textil- und Bekleidungsindustrie (Bangladesch, Sri Lanka, Indonesien, Dominikanische Republik) und zum zweiten die Elektroindustrie (Taiwan, Südkorea, Malaysia). Die jeweiligen Regierungen streben eine Sortimentausweitung durch Schuh-, Schmuck-, Lebensmittel- und Spielzeugherstellung an.

Am auffälligsten ist jedoch die Beschäftigungsstruktur in den Branchen der FEZ.

<small>Sonderwirtschaftszonen bieten Frauenarbeitsplätze</small>

> Mit einem Anteil von 70 bis 90 % arbeiten Frauen im Alter von 15 bis 25 Jahren in diesen Branchen für den europäischen und amerikanischen Markt.

5 ‚Maquiladoras' ist die Bezeichnung der mexikanischen Sonderwirtschaftszonen. In dem Film „Performing the Border" (1999) der Schweizer Filmemacherin Ursula BIEMANN werden die Arbeitsbedingungen eindrücklich dargestellt.

Abbildung 13:
Frauenanteil in
Sonderwirtschafts-
zonen 2006

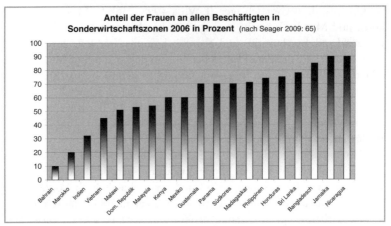

Arbeitsbedingungen in den FEZ sind sehr unterschiedlich und oft weit unter den westlichen Standards

Dass vor allem Frauen im Mittelpunkt der Rekrutierungspolitik der FEZ-Unternehmen stehen, hat vielfache Gründe. Erstens verdienen Frauen nur 50–70% der Löhne ihrer männlichen Kollegen, zweitens neigen sie weniger dazu, sich gewerkschaftlich zu organisieren, drittens haben die Frauen keinen Vergleich und Kenntnisse über Arbeitsbedingungen und rechtliche Möglichkeiten, da in den Ländern der FEZ die Erwerbstätigkeit der Frauen keine Tradition hat, viertens bietet sich den Frauen selten eine Alternative auf dem Arbeitsmarkt und fünftens herrscht die Meinung einer scheinbar hohen Fluktuation bei Arbeiterinnen vor, da sie nur bis zur Heirat im Unternehmen arbeiten, was einen hohen Verschleiß menschlicher Arbeitskraft ermöglicht (WICK 1998:238).

Diese Einstellung zeigt sich dann nicht nur in den geringen Löhnen, die meist unter dem Mindestlohn liegen, sondern in Überstundenzwang, Rekordarbeit und Akkordziele; Frauen arbeiten in den FEZ-Unternehmen meist bis zu 60 Stunden in der Woche mit zusätzlichem Druck immer höherer Stückzahlen. Die Gesundheits-, Sicherheits- sowie Umweltstandards werden nicht eingehalten, Sozialversicherungssysteme werden, wenn vorhanden, mit dem Abschluss kurzfristiger Arbeitsverträge umgangen und allen FEZ ist eine konsequente Behinderung und Bekämpfung gewerkschaftlicher Aktivitäten gemein. In den Ländern, die sich innerhalb der letzten drei Jahrzehnte von Entwicklungs- zu Schwellenländern entwickeln konnten, werden die steigenden Löhne durch Wanderarbeiterinnen stabil gering gehalten und wiederum verlieren Frauen, die meist ungelernt oder niedrig qualifiziert sind, ihre Jobs.

Die Konzentration auf Frauenarbeit in den ausländischen Unternehmen der Freien Exportzonen soll nicht darüber hinwegtäuschen, dass Frauen auch in inländischen Betrieben für den Exportmarkt produzieren. Verena MEIER (1994) beschreibt in ihrer eindrucksvollen Studie „Frische Blumen aus Kolumbien – Frauenarbeit für den Weltmarkt" den Alltag der Blumenarbeiterinnen.

Merkpunkte:

- Obwohl die konstruktivistische Globalisierungsforschung eine Abkehr von universalistischen Konzepten wie zum Beispiel der ‚Frau aus Entwicklungsländern' oder den ‚Afrikanerinnen' fordert, scheinen politisch intendierte Maßnahmen damit erfolgreich zu sein. Die Homogenisierung und Viktimisierung von Frauen sowohl als Arbeiterinnen im Subsistenzsektor wie auch als Flüchtlinge und Migrantinnen verschleiert die Vielseitigkeit der Probleme und verhindert die Durchsetzung partizipativer Ansätze in der Globalisierungsforschung.
- Die Migrationsforschung ist ein zentrales Thema der Globalisierungsforschung und weltweit ist ein Anstieg von Migrantinnen festzustellen. Das Schlagwort der ‚Feminisierung der Migration' ist jedoch nicht allein auf diese Tatsache zurückzuführen, sondern bezieht sich auch darauf, dass Migrantinnen zu einem großen Teil Aufgaben erfüllen, die eng mit den Vorstellungen über ihr Geschlecht verknüpft sind.
- Aber auch als Dienst- und Kindermädchen bzw. in der Altenpflege sind nur selten finanzielle Absicherung und persönliche Unabhängigkeit vom Arbeitgeber gewährleistet. Zudem zeigen die steigenden Zahlen an Hausangestellten, dass auch in Europa die Emanzipation und Arbeitsteilung der Geschlechter im privaten Bereich noch nicht weit fortgeschritten ist. Denn diese Reinstitutionalisierung des Hausangestelltensystems stützt die volle Erwerbstätigkeit westlicher Frauen und hierarchisiert damit die Frauen untereinander.
- Weltweit arbeiten Millionen von Frauen unter unzumutbaren Arbeitsbedingungen in Sonderwirtschaftszonen für Konsument_innen im Westen.

Literaturtipps:

AUFHAUSER, E., 2000, Migration und Geschlecht. Zur Konstruktion und Rekonstruktion von Weiblichkeit und Männlichkeit in der internationalen Migration. – In: K. HUSA, C. PANNREITER and I. STACHER, Hrsg., 2000, Internationale Migration. Die globale Herausforderung des 21. Jahrhunderts? – Frankfurt am Main, S. 97–122.

DO MAR CASTRO VARELA, M. und D. CLAYTON, 2003, Migration, Gender, Arbeitsmarkt. Neue Beiträge zu Frauen und Globalisierung. – Königstein/Taunus.

LUTZ, H., 2007, Vom Weltmarkt in den Privathaushalt. Die neuen Dienstmädchen im Zeitalter der Globalisierung. – Opladen.

NAUTZ, J. und B. SAUER, Hrsg., 2008, Frauenhandel. Diskurse und Praktiken. – Göttingen.

STEYERL, H. und E. GUTIÉRREZ RODRÍGUEZ, 2003, Spricht die Subalterne deutsch? Migration und postkoloniale Kritik. – Münster.

VON WERLHOF, C. BENNHOLDT-THOMSEN, V., FARACLAS, N., Hrsg., 2003, Subsistenz und Widerstand. Alternativen zur Globalisierung, Wien.

6 Stadt – ein geschlechtsloser Raum?

Interdisziplinäre feministische Stadtforschung

In der sozialwissenschaftlichen Frauenforschung wurde der Bereich des Städtischen lange Zeit vernachlässigt. Erst seit Mitte der 1980er Jahre befassen sich Planer_innen und Architekt_innen konsequent mit Frauenfragen innerhalb städtischer Planungen und machen Strukturen patriarchaler Herrschaftsverhältnisse in der gebauten Umwelt sichtbar. Zunehmend reflektieren vor allem Geograph_innen, Soziolog_innen, Architekt_innen und Planer_innen die Theorien der Stadtsoziologie der 1920er Jahre, interessieren sich für Stadt- und Freiraumkultur, Produktion von Öffentlichkeit und Privatheit sowie Analysen zum Verhältnis von Stadt und Umland/Peripherie.

Wechselwirkungen von Geschlecht und Stadtraum

Ausgangspunkt gendersensibler geographischer Stadtforschung ist die These, dass (Stadt)Räume vergeschlechtlicht sind. In diesem Sinne stehen die Wechselwirkungen von Geschlecht und Raum im Mittelpunkt des Interesses, wobei sich dieses Verhältnis nicht nur in der räumlichen Geschlechtertrennung auswirkt, sondern sich auch in der Reproduktion von (vergeschlechtlichten) Stadträumen zeigt. Im folgenden Kapitel sollen einzelne Themen aus dem vielseitigen Feld der gendersensiblen Stadtforschung herausgegriffen und vorgestellt werden.

Der erste Abschnitt 6.1. wird sich mit einem zentralen Arbeitsfeld feministischer Stadtforschung auseinandersetzen: der Trennung von (städtischer) Öffentlichkeit und (häuslicher) Privatheit. Karin HAUSEN zeigt bereits 1976, wie eng die Herausbildung von Öffentlichkeit und Privatheit historisch an die Entstehung der bürgerlichen Gesellschaft gebunden ist und wie stark diese dichotome Trennung als Grundkategorie in die moderne (Stadt)Gesellschaft eingelassen ist (K. HAUSEN 1976).

Eine Exkursbox wird sozialräumliche Ausschließungsprozesse am Beispiel Alleinerziehender aufzeigen, eine weitere die Ansätze feministischer Kritik an den Theorien der klassischen Stadtsoziologie kurz anreißen. Diese Darstellung zeigt, wie stark biologistische und androzentrische Perspektiven in die klassische Stadtsoziologie und -geographie eingebunden sind. Geschlechts-, ethnie- und klassenspezifische Regulierungen werden dadurch zu natürlichen Phänomenen erklärt, womit sie unsichtbar bleiben.

Der zweite Abschnitt dieses Kapitels wird sich mit einem zentralen praktischen Aufgabengebiet einer gendersensiblen Stadt- und Regionalforschung beschäftigen, welches eng mit der Diskussion „Wem gehört der öffentliche Raum?" verbunden ist. Denn vor allem Frauen haben das Gefühl, sich nicht frei im öffentlichen Raum bewegen zu können, was sie mit

„Wem gehört der öffentliche Raum?"

Unsicherheitsgefühlen und Ängsten begründen. Die Wahrnehmung dieser frauenspezifischen Unsicherheitsgefühle innerhalb der feministischen Stadtforschung hat in den letzten zwei Jahrzehnten zu vielseitigen baulichen Maßnahmen geführt; doch noch immer bewegen sich Frauen nicht unbelastet im öffentlichen Raum. Die feministische Stadtforschung bzw. Stadtgeographie muss sich demnach mit der Frage auseinandersetzen, warum der abgesicherte Raum das Sicherheitsgefühl der Frauen nicht erhöht.

6.1 Städtische Öffentlichkeit und häusliche Privatheit

> Die Frage von Öffentlichkeit und Privatheit bzw. deren geschlechtsspezifische Zuordnung war eines der ersten feministischen Anliegen.

Dabei wurde auch um die Begrifflichkeit gerungen. Öffentlichkeit betrifft den Staat, die Medien, die Presse. In einer Demokratie bedeutet öffentlich, dass jede(r) Zugang zu Informationen hat und diese in der Öffentlichkeit vertreten kann; in der Öffentlichkeit stehen deutet darüber hinaus auf Repräsentativität, was eng mit öffentlicher Anerkennung einhergeht (J. HABERMAS 1986 (1962), E. KLAUS 2004). Innerhalb städtischer Kontexte bedeutet Öffentlichkeit die Möglichkeit zur aktiven Teilnahme an der städtischen Lebensweise. *(Öffentlichkeit als die Möglichkeit zur Teilnahme am Stadtleben)*

Daneben existiert der Begriff der Privatheit als Sphäre der ökonomischen Reproduktion der Gesellschaft. Die private Sphäre gewann die Bedeutung eines ruhigen Ortes, sie war ein Platz der Besinnung und Zurückgezogenheit. Dort erlangte man Entspannung, kümmerte sich um die Kinder, nahm Anteil am Familienleben und entging damit dem Leben ‚da draußen'. Privat sein zu wollen, bedeutet ohne Einfluss des Staats oder anderer Personen zu sein. *(Privatheit als Sphäre der ökonomischen Reproduktion)*

> Die Trennung von (staatlicher und städtischer) Öffentlichkeit und (häuslicher) Privatheit war eng an die Zweigeschlechtlichkeit geknüpft, indem Privates mit Frau und Öffentliches mit Mann verbunden waren. Damit ist auch der öffentliche Raum in der Stadt geschlechtsspezifisch konnotiert.

Hinzu kommt, dass der Dualismus beider Sphären das ungleiche Geschlechterverhältnis zur Privatsache erklärt und damit Interessen von Frauen wie körperliche Unversehrtheit nicht als öffentliche Angelegenheiten verstanden wurden. Um dieser Unsichtbarkeit zum Beispiel von Gewalt gegen Frauen in der Familie entgegenzuwirken, wurde Mitte der 1970er Jahre das Öffentlichmachen sogenannt privater Missstände zu einer grundlegenden Forderung der zweiten Frauenbewegung.

Exkurs

Eine sozialgeographische Analyse sozialräumlicher Exklusionsprozesse am Beispiel alleinerziehender Mütter

Im Zuge von Individualisierungs- und Pluralisierungsthesen verändern sich auch die stadtsoziologischen Sichtweisen seit den 1980er Jahren. Die Betrachtungen zeigen eine Deckung von Lebenslagen und neuen Haushaltstypen in Folge der Entraditionalisierung von Familienbindungen. Im Zuge der klientelbezogenen Lebenslagenanalysen häufen sich auch Veröffentlichungen, die einen Zusammenhang zwischen neuen Haushaltsformen und einer Raumrelevanz thematisieren (vgl. W. DROTH et al. 1985:147; E. SPIEGEL 2000). Dabei interessieren vor allem problematische Gentrifikation- und Verdrängungsprozesse, die wegen einer verschärften Konkurrenz zwischen verschiedenen Haushaltstypen diese polarisieren und segregierte Wohnstandorte hervorrufen. Nicht selten beziehen sich solche Studien auf städtische Armutsgruppen, wobei Alleinerziehende in vielen Städten die größte Gruppe darstellen.

Das statistische Bundesamt teilt zum Internationalen Tag der Familie am 15. Mai 2004 mit, dass im Jahr 2003 fast jedes siebte Kind unter 18 Jahren bei einer allein erziehenden Mutter oder einem allein erziehenden Vater aufwächst. Ebenfalls wird mitgeteilt, dass im Jahr 2004 jede vierte allein erziehende Frau Sozialhilfe bezieht. Seitdem gibt es seitens des Bundesamtes keine aktuellen Angaben, aber es kann davon ausgegangen werden, dass mit der steigenden Zahl Alleinerziehender auch die Zahl der sozialhilfeabhängigen allein erziehenden Frauen gestiegen ist und weiter steigt. Sogar in einer Stadt wie Jena, die hinter Erlangen die geringste Zahl von Sozialhilfeempfängern in Deutschland aufweist, bilden allein erziehende Frauen und deren Kinder die größte Gruppe der Sozialhilfeempfänger, denn die geschlechterspezifische Arbeitsteilung wird für allein erziehende Frauen zum

Stolperstein, da sie beide Funktionen – die als Mutter als auch als Ernährerin – vereinen muss. Dies macht sich auch in der Segregation der Wohnstandorte bemerkbar. Auf Grund kommunaler Politik werden die Grundstücke für Wohnbauzwecke größtenteils zu einem möglichst hohen Preis verkauft, um leere kommunale Kassen aufzubessern. Damit kommen spezifische Probleme des Zugangs zu individuellen Wohnstandortpräferenzen zum Vorschein. Soziale Marginalisierung verdeutlicht sich somit in räumlichen Strukturen durch einen Verdrängungsprozess, der ökonomisch schwach gestellte Personen eher aus dem wirtschaftlich orientierten Innenstadtzentrum verdrängt.

Einer solchen geschlechtersensiblen Perspektive wurde und wird bis heute zu wenig Beachtung geschenkt. Ganz im Gegenteil stehen immer noch vor allem baulich-investive Maßnahmen im Mittelpunkt von Stadtplanungsprojekten, die durch eine Veränderung eines räumlichen Stadtausschnittes Veränderungen in sozialer Hinsicht herbeiführen sollen. Die Sozialpolitik wird somit jedoch zur Raumpolitik, wo das Soziale durch das Räumliche erklärt und letzteres als Lösung für ersteres angesehen wird.

Eine sozial engagierte Stadtplanung muss sich jedoch mit den städtischen Macht- und Organisationsstrukturen auseinandersetzen, da nicht der Stadtraum, sondern die handelnden städtischen Akteure als Ursache und Folge sozialer Disparitäten in den Mittelpunkt rücken müssen. Weiterhin muss sich eine nachhaltige Stadtentwicklung mit den Geschlechterverhältnissen auseinandersetzen. Denn wohnräumliche Segregation und Ausgrenzung allein erziehender Frauen sind die Folge eines bürgerlichen Geschlechterarrangements, das auf postmoderne Individualisierungs- und Pluralisierungstendenzen trifft und Alleinerziehende in doppelter Weise ausgrenzt.

Jeannine Wintzer

6. STADT – EIN GESCHLECHTSLOSER RAUM?

Die intensivste Trennung zwischen privaten und öffentlichen Räumen wurde Ende des 17. und Anfang des 18. Jahrhunderts vom Bildungsbürgertum vollzogen. Es kam zu einer Verfestigung der räumlichen Trennung von zwei Lebenswelten und -sphären durch die Trennung der Arbeitswelten im Zuge der Industrialisierung.

Geschlechtersegregierte städtische Strukturen

Die städtischen Strukturen wurden diesen Bedingungen immer mehr angepasst. Für erwerbstätige Männer beziehungsweise für (männliche) Stadtplaner ergab die Trennung der Lebensbereiche auf Grund der Trennung der Arbeitsbereiche durchaus Sinn. Zum Beispiel verschwanden die gesundheitsschädigenden Fabriken mit ihrem stinkenden Qualm aus den bürgerlichen Wohnsiedlungen und das Wohnen entwickelte sich als Gegenpol zur Arbeit, die Wohnung wurde zum Erholungs- und Reproduktionsort für die außerhäuslich tätigen Männer, wohl aber zum Arbeitsort für die Hausfrauen.

Männer- und Frauenräume/

Im Zuge dessen erlebte auch der öffentliche Raum eine Bedeutungsveränderung. Als Ort der Kommunikation und des Begegnens erfuhr er eine Abwertung, da somit einerseits auch die Kommunikations- und Begegnungsräume von Frauen wegfielen wie der öffentliche Brunnen zum Wasserholen oder das Waschhaus, da diese Aufgaben zu Hause erfüllt wurden. Andererseits wurde die Anwesenheit von Frauen im öffentlichen Raum als unangebracht gesehen. Auf diese Weise bildeten sich Männer- und Frauenräume heraus, die in vielfältiger Form zur Ausgrenzung von Frauen aus dem öffentlichen Raum führten. Erstens wurden Frauen in den Nicht-Wohnbereichen marginalisiert und auf den privaten Raum verdrängt; zweitens zwang das bürgerliche Ideal der Familie die Frau in den Wohnbereich, der zudem räumlich von anderen Grundfunktionen wie Arbeit, Einkauf, Freizeit usw. abgetrennt war.

Wie wirkten sich diese normierenden Diskurse auf das Alltagsleben von Frauen, auf ihre Mobilität und ihre sozialen Netzwerke aus? Die Errichtung von Warenhäusern ist eine Reaktion auf die Regulierung weiblicher Bewegungsfreiheit. Im geschützten Raum dieser noblen Einkaufsstätten sollten bürgerliche Frauen einkaufen können, ohne dabei ihren guten Ruf aufs Spiel zu setzen.

Neuverhandlung von Männlichkeit und Weiblichkeit

Ein interessantes Beispiel, wie die Durchlässigkeit zwischen öffentlichen und privaten Räumen im Bezug auf die adäquate Interpretation von Weiblichkeit verhandelt wurde, analysieren Sabin BIERI und Natalia GERODETTI (2007) in ihrer Arbeit über die Freundinnen junger Mädchen mit dem Titel „Falling women – saving angels. Spaces of contested mobility and the production of gender and sexualities within early twentieth century train stations". Die „Amies", wie sie sich nannten, empfingen als „rettende Engel" junge Frauen an den Bahnhöfen Europas. Ende des 19. Jahrhunderts waren junge Frauen häufig unterwegs, um als Dienstmädchen in Europas Großstädten Arbeit zu finden. Auf diesen Reisen, die zum Teil durch lange Wartezeiten an Bahnhöfen unterbrochen waren, wurden sie, so die Sicht der „Amies", zur leichten Beute von zwielichtigen Gestalten. Der Ausbau der Eisenbahnlinie hatte das Reisen demokratisiert und die neuen Bahnhöfe, die damals als große Repräsentationsbauten die Einfallstore zu den Städten markierten, wirkten sozial desorientierend, was als bedrohlich wahrgenommen wurde. In den Zügen wurde die soziale Ordnung durch ein Drei-Klassen-System zwar noch bis Mitte der 20er Jahre hoch gehalten. Am Bahnhof fielen die sorgsamen Distinktionsbemühungen hingegen in sich zusammen.

Die „Freundinnen" begleiteten die Mädchen an ihren Zwischenstationen, stellten sicher, dass sie den richtigen Anschluss erreichten und überbrückten lange Wartezeiten mit dem Vorlesen aus der Bibel. Hatte das Mädchen im richtigen Zug Platz gefunden, wurde die Kollegin an der nächsten Destination avisiert, damit sie sich für den Empfang bereithielt. Die nahtlose Überwachung stellte eine Sicherheit für den guten Ruf der jungen Frau dar und gewahrte deren Heiratschancen. Auch hier zeugt das freiwillige Engagement bürgerlicher Frauen von einer verzerrten Geographie der Gefahreneinschätzung: Häufig lauerte die echte Gefahr nicht auf den Zwischenstationen der Reisen, sondern im Privathaushalt, wo die Mädchen ihren Dienst antraten – nicht selten in Gestalt des Hausherrn selbst. Unerwünschte Schwangerschaften brachten nicht nur plötzliche Entlassungen, sondern auch die Rufschädigung, die so sorgfältig hätte vermieden werden sollen.

Frauen wurden beschützt im öffentlichen Raum

Es gab aber auch andere Motive für weite Reisen von jungen Frauen aus einfachen Verhältnissen – etwa der Wunsch, auf anonyme Weise eine Abtreibung vornehmen zu lassen. Auch darauf waren die „Freundinnen" vorbereitet, und sie versuchten, die jungen Frauen vom Kontakt mit den „Engelsmacherinnen", die nicht selten mit Flugblättern an Bahnhöfen auf sich aufmerksam machten, abzuhalten. (S. BIERI und N. GERODETTI 2007)

> Die feministische Diskussion um Öffentlichkeit und Privatheit arbeitete seit den späten 1970er Jahren die Defizite einer Trennung beider Sphären heraus und zeigte, wie städtische männliche Öffentlichkeit und häusliche weibliche Privatheit das ungleiche Geschlechterverhältnis verfestigen und immer aufs Neue (re)produzieren.

Um dieser Unsichtbarkeit zum Beispiel von Gewalt gegen Frauen in der Familie entgegenzuwirken, wurde Mitte der 1970er Jahre der Slogan „Das Private ist politisch" zu einer grundlegenden Forderung der zweiten Frauenbewegung.

In diesem Sinne wurden von Planer_innen, Architekt_innen und Soziolog_innen Räume für Frauen, Freiräume, Mädchenräume usw. gefordert, damit auch Frauen sich ‚ungehindert' bewegen können. Genau dies steht

Frauen erobern den öffentlichen Raum zurück

im Mittelpunkt feministischer Stadtforschung. Im Zuge der zweiten Frauenbewegung fordern Stadtplaner_innen, Architekt_innen, Stadtsoziolog_innen sowie Bewohner_innen ab Mitte der 1970er Jahre eine aktive Teilhabe an der Planung ‚ihrer' Stadt. In verschiedenen Fachzeitschriften und Ausstellungen (vgl. Bauwelt 1979: 31f) von Architekt_innen und Künstler_innen ist auch eine Kritik an formal-ästhetischen Formen wie an den normierten Großsiedlungen der 1960er und 1970er Jahre als männliche Planung zu erkennen, die durch weiblich-organische Formen aufgelockert werden müssten.

Aneignungsprozesse werden offensichtlich gemacht

Im Gegensatz zu dieser biologistischen Sicht einer weiblichen und männlichen Planung konzentriert sich die Gruppe „Frau, Stein, Erde" eher auf die Nutzungs- und Gebrauchsaspekte innerhalb städtischer Kontexte. Sie weist auf die geschlechtsspezifische Arbeitsteilung hin, die nicht biologisch, sondern sozial zu erklären ist und steht damit im Mittelpunkt der vorherrschenden Debatte um natürliche oder soziale Ursachen der Geschlechtsdifferenzen dieser Zeit. Diesen Forderungen lag die These zu Grunde, dass Räume, die von Personen (Männern) angeeignet werden, anderen Personen (Frauen) zum Teil vorenthalten werden. Der Zugriff einer anderen Person auf den ‚besetzten' Raum ist damit begrenzt. Damit werden Macht- und Herrschaftsverhältnisse deutlich, die klar geschlechtsspezifische Grenzen der Raumaneignung und Raumnutzung setzen.

> Räumliche Machtverhältnisse und die Schnittstelle vom Privaten zum Politischen stellten auch für die stadtpolitischen Bewegungen der 80er Jahre ein zentrales Motiv dar.

Dabei gingen die Hausbesetzungs-Bewegungen dezidiert vom Privaten aus – ein Konzept, das sie in ihren Aktionen umdeuteten, wie S. BIERI (2007) analysiert. Die 1980er Bewegung stellte die konventionellen Trennungen des bürgerlichen Lebensmodells radikal in Frage und erprobte neue Modelle des Zusammenlebens. Dazu gehörten Groß-WGs, Väter- und Müttergemeinschaften oder Familienformen, die homosexuelle Paarbeziehungen mit einschließen. Die Verteilung von Erwerbs- und Sorgearbeit wurde von Grund auf neu verhandelt und in den im politischen Kampf errungenen Freiräumen unmittelbar erprobt.

Neue Geschlechterrelationen bringen neue Wohn- und Lebensformen

Die Herausforderung konventioneller Geschlechterordnungen war nicht selbstverständlich in die Bewegung eingelassen. Vielmehr erkämpften sich die Frauen ihren Anspruch darauf in oft schmerzlichen Auseinandersetzungen mit den Männern der Bewegung. Ihr Anliegen setzen sie oft über separate Frauenwohn- und Kulturräume – eigentlich eine Forderung aus den 1970er Jahren – durch, was sie gleichsam als Befreiungsschlag wahrnahmen, da sie nun nicht mehr in die Rolle von Sozialarbeiterinnen gedrängt wurden, die ihre „durchgeknallten Mitbewohner" betreuen mussten

(S. BIERI 2007: 274). Die Öffentlichkeit und öffentliche Aufmerksamkeit holten sich die Frauen über die kulturellen Veranstaltungen und die politische Mobilisierung, die sie in und um die Frauenräume organisierten. Sie scheuten sich auch nicht, ihre Forderungen bei den politischen Verantwortlichen zu platzieren – etwa, in dem sie städtisch subventionierte Wohnungen für ein Kollektiv von alleinerziehenden Müttern verlangten – und diese dann auch bekamen.

> Eine neue Inanspruchnahme des Urbanen, die Stadt in ihrer ursprünglichen Sinnhaftigkeit bildete Ausgangspunkt und Ziel der 1980er Bewegung.

Der Freiraum war Ausdruck dieses Motivs, wobei er nicht als regelfreier Raum imaginiert wurde. Vielmehr begriff die Bewegung den FreiRaum als einen urbanen Raumausschnitt, der Heterogenität und Differenz – also zentrale Charakteristika des Städtischen – zulässt. Die besetzten Frauenräume waren solche Freiräume. Im Frauenhaus wurde die Frage der Geschlechterbeziehungen ausgeräumt und damit eine Form von Machtgefällen für eine beschränkte Zeit ausgehebelt.

Blickt man über die Grenzen des deutschen Sprachraumes hinaus, so stellt man fest, dass in Frankreich der Dekonstruktivismus auf Grund einer starken Tradition des Feminismus weitaus weniger vertreten ist. Zwei Geographinnen machen da eine Ausnahme: Jaqueline COUTRAS und Jeanne FAGNANI. COUTRAS (2003, 2004) konzentriert sich in ihren Forschungen auf Agglomerationsräume wie Paris und weist zum einen die soziale Konstruktion des Stadtraums über die Zuweisung geschlechtsspezifischer Rollen nach und zeigt zweitens, wie stark die Organisation der Stadt mit der geschlechtsspezifischen Arbeitsteilung gekoppelt ist. Jeanne FAGNANIS (2000, 2003, 2004) Arbeitsschwerpunkt liegt auf der Familie. Sie untersucht politische und unternehmerische Arbeitszeitmodelle und deren Auswirkungen auf die Vereinbarkeit von Familie und Beruf in Großstädten.

Organisation der Stadt entspricht der Organisation der geschlechtsspezifischen Arbeitsteilung

Unabhängig von der Planungsrelevanz der genannten Arbeiten konnten aber Forderungen von Geograph_innen, Planer_innen und Architekt_innen bezüglich der Herstellung sogenannter Freiräume von Frauen für Frauen die oftmals verborgenen Grundkategorien des Geschlechterverhältnisses nicht aufdecken, sondern sie konnten nur den sozio-strukturellen Bedingungen eine frauenspezifische Planung entgegensetzen. Damit konnten planerische Maßnahmen nur die Lebensentwürfe von Mädchen und Frauen im Hinblick auf ihre traditionellen Rollenzuschreibungen erleichtern; sie reproduzierten dabei aber die traditionellen (heterosexuellen) Geschlechterrollen und konnten daher auch die Trennung von Öffentlichkeit und Privatheit nicht auflösen.

Frauenspezifische Planung schreibt Geschlechterrollen fort

6. STADT – EIN GESCHLECHTSLOSER RAUM?

Ein Beispiel soll dies illustrieren: Das Niedersächsische Ministerium für Frauen, Arbeit und Soziales gab im Jahr 2000 eine Studie zum Thema „Frauen- und familiengerechtes Bauen und Wohnen" heraus. Leitthema der Studie war es, Freiräume im Alltag von Frauen zu schaffen. Schon der Einleitungssatz „Frauen haben einen komplizierten Lebensalltag zu bewältigen, da sie zumeist Berufstätigkeit, Haushalt und Familie verbinden müssen," zeigt den sehr traditionellen Ansatz, der die geschlechtliche Arbeitsteilung keineswegs hinterfragt. „Daran hat auch die Veränderung der Lebensmuster und Haushaltsformen nichts geändert. Sie sind daher besonders auf die Qualität von Freiräumen, die zugleich ihre Arbeitsorte darstellen, angewiesen. Organisation und Ausstattung von Freiräumen können sich im Rahmen der Alltagsarbeit von Frauen behindernd oder unterstützend auswirken (…)" (ebd.: 7). Dies zeigt, dass an Hand baulicher Maßnahmen das Alltagsleben für Frauen einfacher zu gestalten ist, so dass sie besser die vielseitigen Bereiche ihres Alltags (Hausarbeit, Kinderbetreuung und Erwerbsarbeit) organisieren können. In diesem Sinne erfolgt jedoch keine Reflektion der Zuweisung dieser Bereiche vordergründig an Frauen. Die Strategien und Möglichkeiten einer besseren Vereinbarkeit aller Lebens- und Arbeitsbereiche für Frauen stehen im Vordergrund, nicht aber das Hinterfragen der dahinter versteckten Geschlechterarrangements (www.niedersachsen.de).

Gender mainstreaming in der Stadtentwicklung

In den letzen Jahren hat Barbara ZIBELL unter anderem dazu sowohl in Österreich (B. ZIBELL et al. 2006), als auch international vergleichend zum planungsrelevanten Wandel der Geschlechterverhältnisse (A. SCHRÖDER und B. ZIBELL 2005, B. ZIBELL 2009) gearbeitet und gendersensitive Qualitätskriterien für die Stadt- und Bauleitplanung entwickelt (B. ZIBELL und A. SCHRÖDER 2007, B. ZIBELL 2009). Sie beschreibt an Hand unterschiedlicher Fallbeispiele den Übergang von der frauengerechten Stadt- und Bauleitplanung zum Gender Mainstreaming in der Stadtentwicklung.

Auch am Deutschen Institut für Urbanistik in Berlin wurden in den letzten Jahren Studien zum Gender Mainstreaming in der Stadtentwicklung und Checklisten für die Praxis publiziert (vgl. Bauer et al. 2005, 2007).

Exkurs

Feministische Kritik an der klassischen Stadt- und Regionalplanung

Im Zuge der Industrialisierung zu Beginn des 20. Jahrhundert verändert sich auch die Struktur der immer schneller wachsenden Städte. Nicht nur das urbane Wachstum, sondern auch der kommerziell-industrielle Typus der Stadt, die Veränderungen in der Arbeits- und Bevölkerungsstruktur sowie die Vielfalt und Uneinheitlichkeit der neuen Prozesse verlangen eine neue Herangehensweise empirischer stadtgeographischer Forschung. Vor allem die Gründung der Chicagoer Schule in den 1920er Jahren und die Herausbildung ihrer stadtsoziologischen Theorien als Folge der immensen Veränderungen in der Industriestadt Chicago ist eine Folge dieser Entwicklungen und beeinflusst die stadtsoziologischen Sichtweisen bis in die späten 1980er Jahre auch in Deutschland.

Die feministische Stadt- und Regionalplanung war eine Konsequenz der feministischen Kritik an der klassischen Stadtsoziologie, die bis in die 1970er Jahre großen Einfluss auf die Stadt- und Regionalplanung ausübte. Diese stadtsoziologische Tradition fand nicht nur innerhalb der feministischen Diskussion Kritik, sondern auch bei anderen Stadtsoziologen, die eine Übertragung der Stadtentwicklung Chicagos auf alle Städte Europas grundsätzlich anzweifelten (Hamm 1982, Frieling 1980). Die völlige Unsichtbarkeit von Frauen bedeutete das Ausblenden der Hälfte der Bevölkerung. Durch die Konzentration auf das Erwerbsverhalten der Stadtbevölkerung wurde der häusliche Arbeitsbereich nicht erfasst und es kam zum Vergessen frauenspezifischer (wie auch ethnischer und/oder altersspezifischer) Bedingungen innerhalb städtischer Kontexte.

Auch die Bezeichnung der Zonen durch Burgess als „Zone of Workingmen's Homes" (Arbeiterwohnviertel) zeigte nicht bloß die Vernachlässigung der weiblichen Hausarbeit, sondern die Ausblendung der „gesellschaftsstrukturierenden Elemente: das der Arbeitsteilung in Erwerbs- und Hauswirtschaft und das der Arbeitsteilung zwischen männlichem und weiblichem Geschlecht" (TERLINDEN 1990b:35). So führten die Konzentration auf lohnabhängige Erwerbszusammenhänge, die Ausblendung frauenspezifischer Umstände als Problem überhaupt und ein Androzentrismus in der Stadtsoziologie zur Marginalisierung der Frauen sowohl in Planung als auch in sozi-

> alpolitischer Hinsicht. Nur in Form von Nettoreproduktions- und Fruchtbarkeitsraten, Heiratsquoten und Anzahl der Kinder werden Frauen sichtbar (vgl. FRIEDRICHS 1985), ansonsten bleiben die Ansätze geschlechtsblind (TERLINDEN 1990).
>
> Der konsequente Einbezug städtischer Phänomene als Gegenstand der Sozialwissenschaften erfuhr im Zuge der ‚Neuen Stadtsoziologie' mit Castells (1977) und seiner Forderung eines politökonomischen Ansatzes und mit Saunders (1987), der für einen nicht räumlichen theoretischen Ansatz plädiert, große Veränderungen. Begriffe wie „Haushaltsarbeit" und „Soziologie der Konsumtion" traten innerhalb der Analysen auf, wurden jedoch nicht konsequent in die Theorien eingebunden. So liegt das Hauptinteresse auch weiterhin auf der Kapitalanhäufung und der wirtschaftlichen Organisation der Stadt und nicht auf der Analyse der Reproduktion von Arbeitskraft (TERLINDEN 1990a).

Der folgende Abschnitt 6.2. soll zeigen, dass eine frauenfreundliche Stadtplanung mit dem Ziel, frauenspezifische Probleme in die Analyse einzubinden, das Geschlechterverhältnis nicht ausreichend beleuchtet und somit nur zum Teil erfolgreich sein kann. Im Gegensatz dazu zielt eine gendersensible Stadtplanung auf die Analyse eines Gesamtbildes, um ganzheitliche Lösungen für scheinbar frauenspezifische Probleme wie zum Beispiel die Unsicherheit im öffentlichen Raum zu gewinnen.

6.2 Angst- und Sicherheitsdiskurse in städtischen Kontexten

Angstraum Studien belegen, dass Frauen und Mädchen vorwiegend in der privaten Sphäre Gewalt ausgesetzt sind (man schätzt, dass 70 bis 80% der Gewalttaten gegen Frauen im privaten Bereich geschehen) und sie zum überwiegenden Teil den Täter kennen (vgl. P. WETZELS und C. PFEIFFER 1995: 17). Trotzdem ist es der öffentliche Raum, der von Frauen als unsicher empfunden wird. Die Wahrnehmung dieses frauenspezifischen Problems wurde seit den 1980er Jahren unter dem Begriff des ‚Angstraums' auch stadtplanerisch betrachtet und führte seitdem zu verschiedenen Maßnahmen, die Sicherheit für Frauen zu erhöhen (K. SAILER 2004). Dazu gehören neben kleineren Projekten wie zum Beispiel Frauen-Nacht-Taxis auch größere baulich-gestalterische Veränderungen wie Umbau von unsicheren Orten, Beleuchtung dunkler Bereiche, Umgestaltung von Parkplätzen, S- sowie U-Bahnstationen. Trotz dieser Maßnahmen empfinden viele Frauen den öffentlichen Raum noch immer als unsicher. Wie kommt es dazu? Warum können Beleuchtung und bauliche Gestaltung das Sicherheitsgefühl der Frauen nicht erhöhen? Warum kann der abgesicherte Raum keine Sicherheit geben?

> Vor dem Hintergrund einer weitaus stärkeren Gefahr für Frauen im privaten Bereich und der Feststellung, dass die sogenannten „Angsträume" in der Regel keineswegs herausragende Tatorte sind (F. SCHREYÖGG 1998), zudem zum überwiegenden Teil Männer von „Viktimisierungen im öffentlichen Raum" betroffen sind (M. EISNER 1997: 206), scheinen die „Unsicherheitsgefühle bei Frauen im öffentlichen Raum (…) nicht in einem direkten Begründungszusammenhang mit der Problematik der ‚Gewalt gegen Frauen' [zu stehen], sondern es zeichnet sich ein paradoxes Verhältnis ab" (R. RUHNE 2004: 2, vgl. H. KOSKELA 1997).

Die tatsächliche Gefahrenlage bildet demnach nicht die Basis für Unsicherheitsgefühle und Angst. Im Gegenteil dazu scheint die Vorstellung bzw. die Bewertung von dem, was gefährlich ist und was nicht, ausschlaggebend zu sein. Diese Vorstellungen und Bewertungen entstehen aber im gesellschaftlichen, durchaus hierarchischen und interessengeleiteten Diskurs.

Um der Frage nachzugehen, warum es zu derartigen Fehleinschätzungen bezüglich des öffentlichen und privaten Raums kommt und das tatsächliche Gewaltpotential überschätzt bzw. weit weniger wahrgenommen wird, bietet Renate RUHNE einen überzeugenden Analyserahmen, in dem Unsicherheiten im öffentlichen Raum als Macht-Problematik aufgefasst werden. Da ein Forschungs- und Handlungsansatz, der Unsicherheit durch das Gewaltphänomen thematisiert, Angst nicht in seiner ganzen Komplexität erfassen kann und somit scheitern muss, setzt R. RUHNE (2002) auf einen Ansatz, der zunächst die Kategorien ‚Raum' und ‚Geschlecht' als soziale Konstruktion und zudem die Zweigeschlechtlichkeit als bipolare Machtbeziehung begreift. Das heißt, dass Raum und Geschlecht durch ihre soziale Konstruiertheit und ihr dynamisches und wechselseitiges Wirkungsgefüge sich in sozialen Prozessen immer wieder neu konstruieren und konstituieren. Erst durch soziale Prozesse (Handeln wie z.B. Sprechen) erlangt Raum ‚seine' Normen und symbolische Repräsentanz.

Für die geographische Geschlechterforschung ist dies eine gelungene Herangehensweise an Raum und Geschlecht in städtischen Kontexten, da grundsätzlich davon ausgegangen wird, dass beide Kategorien in sozialen Prozessen entstehen und sich gegenseitig konstituieren (siehe Kapitel 1). Vor dem Hintergrund, dass soziale Prozesse vergeschlechtlicht sind, kann auch Raum als vergeschlechtlicht analysiert werden. Unsicherheiten entstehen

Unsicherheit im öffentlichen Raum als Macht-Problematik

6. STADT – EIN GESCHLECHTSLOSER RAUM?

damit zum einen durch die individuelle Wahrnehmung einer Geschlechtsidentität (Frau sein), die in der Gesellschaft einer Gefahr ausgesetzt ist, und zum anderen durch gesellschaftliche Zuschreibungen, die darüber entscheiden, wer, wann, was tun kann. Noch bis in die frühen 1990er Jahre galt die Schuldzuweisung bei Vergewaltigungen den Frauen, die selbst daran Schuld seien, so spät (oder so sexy angezogen) noch unterwegs zu sein. Hier konnte die Frauenbewegung einiges erreichen. So ist Gewalt an Frauen und Kindern im privaten Bereich keine Familienangelegenheit mehr, sondern in vielen europäischen Ländern ein Offizialdelikt (das heißt, dass die Verfolgung eines Deliktes von Amts wegen ohne Antrag ziviler Personen erfolgt; in der Schweiz gilt dies seit 2004).

Soziale Zuschreibung von Geschlecht als Faktor von Unsicherheitsgefühlen

> Unsicherheiten und Angst sind kein räumliches und schon gar nicht ein natürlich weibliches Phänomen, sondern gesellschaftlich konstruiert. Die Unsicherheit von Frauen ist eine Folge der geschlechtsspezifischen Machtbeziehungen; eine Auswirkung der ungleichen Stellung von Frauen im öffentlichen Leben und verfestigt diese gleichzeitig. Die gefühlte Angst von Frauen unterstützt damit wiederum die machtvolle Beziehung zwischen Männern und Frauen im Prozess der Raumkonstruktion und -besetzung (R. RUHNE 2002). Dabei geht es auch um die Durchsetzung gesellschaftlicher Normen und normativer Räume, in denen auch Homosexuelle gefährdet sind.

Grenzen der baulichen Maßnahmen und von Videoüberwachung

Vor diesem Hintergrund musste festgestellt werden, dass sowohl baulichen als auch technischen Maßnahmen wie zum Beispiel Videoüberwachung als Instrumente zur Verbesserung des Sicherheitsgefühls im Raum Grenzen gesetzt sind.

Ebenso kann Hille KOSKELA (1999, vgl. auch F. R. KLAUSER 2006) in ihrer ausführlichen Arbeit zeigen, dass die Meinungen bezüglich Videoüberwachungen bei Frauen verschieden und widersprüchlich sind. Wir finden Zustimmung ebenso wie auch Misstrauen gegenüber der Technik bis hin zu voyeuristischen Assoziationen. Und Ruth BECKER (2004: 656) weist darauf hin, dass die Angstraumdebatte der staatlichen Kontrolle des öffentlichen Raumes einen Vorwand liefert.

Das Ausweisen von Freiräumen zum Schutz von Frauen, was im Zuge der Angstraumdebatte zum viel benutzten Schlagwort avancierte, muss unter diesen Aspekten als Eingrenzung statt als Befreiung gesehen werden. Freiräume werden zu vorgegebenen Pfaden innerhalb des öffentlichen männlichen Raums und Abweichungen davon potenzieren Gewalt. Dies zeigt, dass eine Angstraumdiskussion von den reell gefährlichen Räumen für Frauen (der Wohnung und dem Wohnumfeld) ablenkt und den „vorherrschenden Diskurs, Männergewalt sei eine gesellschaftlich geächtete Tat eines ‚Fremden', unterstütze" (R. BECKER 2004: 656). Dass man mit diesem öffentlichen Diskurs über Angsträume und den zugrunde liegenden, für Frauen in der Regel einschränkenden Geschlechterkonstrukten auch souverän und widersprüchlich umgehen kann, zeigen V. MEIER und K. KUTSCHINSKE (2000) in ihrem Artikel über Joggerinnen in den Münchner Auen.

Damit wird klar, dass der Stadtraum ein Teil einer größeren Debatte um Handlungsspielräume von Frauen innerhalb der Gesellschaft ist und die Diskussion vielseitig entlang der hierarchisierenden Geschlechterverhältnisse geführt werden muss, bei der auch die Ansprüche der Homosexuellen beachtet werden müssen. Wie kann unter diesen Gesichtspunkten eine gendersensible Stadt- und Regionalplanung aussehen?

Für eine Stadtplanung auf der Basis repräsentativer Situationsanalysen brauchte es eine universalistische Kategorie ‚Frau' mit spezifischen Belastungs- und Benachteiligungsanalysen auf Grund patriarchaler Gesellschafts- und Stadtstrukturen. Ohne diese wären jegliche statistische Daten hinfällig und der politischen Argumentation der Boden weggezogen. So entstehen Planungsstrategien mit dem Titel ‚frauenfreundlich', ‚frauengerecht' und ‚frauenspezifisch', um unterschiedliche Belastungen, Möglichkeiten und Zwänge von Frauen und Männern deutlich machen zu können. Aber gerade aus diesem Grund bleiben Situationsanalysen oft nur oberflächliche Betrachtungen eines komplexeren Systems und reproduzieren die geschlechtsspezifischen Strukturen, die sie eigentlich beseitigen wollen (vgl. R. BECKER 1997).

> Erst im Zuge einer stärkeren Debatte des Konstruktivismus wird der Raum nicht mehr als physische Existenz mit einem Material und einer Form begriffen, sondern steht für Repräsentationen und Bedeutungen, die über ihn wiederum ‚verkörpert' werden.

Konstruktivismus als Grundlage für eine gendersensible Stadt- und Raumplanung

Im Raum wird eine bestimmte gesellschaftliche Struktur und Symbolik manifest, weit über den rein funktionellen Aspekt hinaus. So wie über die Architektur von Schlössern und Burgen Macht und Stärke symbolisiert wurden, repräsentieren Räume und Plätze neben vielfältigen Machtstrukturen auch die des Geschlechterverhältnisses. Unter diesen Aspekten ist es das Ziel der gendersensiblen Stadtgeographie, die städtischen Räume als geschlechtsspezifisch konstruierte Felder von Lebenschancen und Lebenszwängen auf der einen Seite und als heterosexualisierte Räume auf der anderen Seite zu analysieren (siehe Kapitel 2).

Merkpunkte:

- Die feministische Diskussion um Öffentlichkeit und Privatheit arbeitet seit den späten 1970er Jahren die Defizite einer Trennung beider Sphären heraus und zeigt, wie Diskurse über die städtische männliche Öffentlichkeit und häusliche weibliche Privatheit das ungleiche Geschlechterverhältnis verfestigen und immer aufs Neue (re)produzieren.
- Eine gendersensible Stadtplanung zielt auf die Analyse eines Gesamtbildes, um ganzheitliche Lösungen für scheinbar frauenspezifische Probleme wie zum Beispiel die Unsicherheit im öffentlichen Raum zu erhalten. Denn Unsicherheiten und Angst sind kein räumliches und schon gar nicht ein natürlich weibliches Phänomen, sondern sind gesellschaftlich konstruiert. Die Unsicherheit von Frauen ist eine Folge der geschlechtsspezifischen Machtbeziehungen; eine Auswirkung der ungleichen Stellung von Frauen im öffentlichen Leben.
- Theoretische Zugänge wie der Konstruktivismus oder die Handlungstheorie ermöglichen es, den städtischen Raum nicht nur in seiner Materialität zu analysieren, sondern auch in seiner symbolischen und sozial konstruierten Dimension.

Literaturtipps:

BAUER, U., S. BOCK, H. WOHLTMANN, E. BERGMANN und B. ADAM, 2006, Städtebau für Frauen und Männer. Das Forschungsfeld „Gender Mainstreaming im Städtebau" im Experimentellen Wohnungs- und Städtebau. – In: Werkstatt: Praxis, Heft 44.

BÜHLER, E., 2009, Öffentliche Räume und soziale Vielfalt. Einführung zum Themenheft. – In: Geographica Helvetica, Jg. 64, Heft 1: 2–10.

BIERI, S., 2006a, Traumhäuser statt Traumprinzen. Inszenierte Geschlechterkulturen in der 80er Bewegung. Ein Fallbeispiel aus Bern. – In: M. RODENSTEIN, Hrsg., 2006, Das räumliche Arrangement der Geschlechter. Kulturelle Differenzen und Konflikte. – Berlin, S. 119–148.

KASPAR, H., BÜHLER, E., 2009: Planning, design and use of the public space Wahlenpark (Zurich, Switzerland): functional, visual and semiotic openness. – Geographica Helvetica. Jg. 64, Heft 1: 21–29.

LANDOLT, S., BACKHAUS N., 2009, Alkoholkonsum von Jugendlichen als Praxis der Raumaneignung am Beispiel der Stadt Zürich. – In: Geographica Helvetica. 64/3, 186–192.

RODENSTEIN, M., 2006, Das räumliche Arrangement der Geschlechter. Kulturelle Differenzen und Konflikte. – Berlin.

RUHNE, R., 2003, Raum Macht Geschlecht. Zur Soziologie eines Wirkungsgefüges am Beispiel von (Un)Sicherheiten im öffentlichen Raum. – Opladen.

SCHRÖDER, A. und B. ZIBELL, 2005, Auf den zweiten Blick. Städtebauliche Frauenprojekte im Vergleich. – Frankfurt am Main.

ZIBELL, B., 2009, Die Europäische Stadt im Wandel der Geschlechterverhältnisse. – In: R. Bornberg, K. HABERMANN-NIESSE und B. ZIBELL, Hrsg., 2009, Gestaltungsraum Europäische StadtRegion. – Frankfurt am Main, S. 197–221.

7 Nationalstaaten und Gender Regimes

Nationalstaaten schaffen mit ihrer Gesetzgebung, aber auch mit öffentlichend Diskursen die Rahmenbedingungen für das Zusammenleben der Menschen innerhalb der politischen Grenzen. Sie sind somit höchst wichtige räumliche Einheiten. Daher ist dieses Kapitel der Politischen Geographie von Nationalstaaten aus einer Geschlechterperspektive gewidmet. Eine kurze Einführung zeigt, dass die Bildung einer nationalen Identität als Gemeinschaftsgefühl durch einen solidarischen Gesellschaftsvertrag nicht geschlechtsneutral ist, sondern klar mit den Entwürfen von Männlichkeit und Weiblichkeit in Zusammenhang steht. Dabei wird deutlich, dass der moderne Staat die Geschlechtertrennung nicht nur hervorruft, um männliche Macht zu stärken, sondern diese auch benötigt. Denn die Reproduktion der Gesellschaft und des Mannes als Staatsmann oder Soldat ist eine grundlegende Bedingung eines derartigen Staatskonzeptes, wodurch die Frauen als Mütter zwar „die unabdingbare Voraussetzung des Staates und der Politik [sind] und doch gerade deshalb aus dessen Handlungsfeldern ausgeschlossen sind" (B. SCHAEFFER-HEGEL 1990: 5).

<small>Nationalstaaten schaffen bestimmte Gender Regimes</small>

Für diese Analyse wird sich der erste Abschnitt mit der feministischen Perspektive innerhalb der Politischen Geographie auseinandersetzen, bevor der zweite Abschnitt den Staat als Symbolsystem von Männlichkeit und Weiblichkeit darstellen wird. Im dritten Teil wird am Beispiel der DDR die Bedeutung staatlicher Gender Regimes für die Geschlechterbeziehungen im Alltag diskutiert, es werden aber gleichzeitig auch die Grenzen derartiger staatlicher Diskurse aufgezeigt.

7.1 Ein Blick auf Geschlecht in der Politischen Geographie

Die Themen der Politischen Geographie reichen von Geopolitik und Globalisierung, Nationalismus, Regionalismus, Territorialität und neuen sozialen Bewegungen über Bürgerrechte, Aufbau staatlicher Institutionen und Wahlgeographie bis hin zum globalen Handel; die Analysen lassen jedoch einen geschlechtersensiblen Blick oftmals vermissen. Die Definitionen von Politik, Staat, Demokratie und staatlicher Institution wurden lange Zeit als geschlechtsneutrale Begriffe nicht hinterfragt, obwohl auch schon die erste Frauenbewegung aufzeigte, dass diese Konzepte den Dualismus von öffentlich und privat ebenso aufnehmen wie sie genuin androzentrisch sind.

Exkurs

Frauenwahlrecht

Das Frauenwahlrecht ist die Folge eines langen Kampfes der Frauenbewegung, der nicht erst mit der Suffragettenbewegung (von engl./franz. suffrage: Wahl) in den USA und England und der ersten Frauenbewegung seit Mitte des 19. Jahrhunderts in Europa beginnt, sondern teilweise bis ins 17. Jahrhundert zurückreicht. Die erste Kämpferin für das Frauenwahlrecht ist Olympe de Gouges, die für ihre im Laufe der Französischen Revolution verfasste „Erklärung der Rechte der Frau und Bürgerin" mit dem Richterspruch „ein Staatsmann wollte sie sein und das Gesetz hat die Verschwörerin dafür bestraft, dass sie die Tugenden vergaß, die ihrem Geschlecht geziemen" (zit. in B. GROULT 1986:59) geköpft wird.

Neuseeland war 1893 der erste moderne Staat, in dem Frauen das Bürgerrecht erkämpft hatten, das Wahlrecht erhielten sie jedoch erst 1919. Innerhalb der Vereinigten Staaten wird das Frauenwahlrecht erstmals 1869 in Wyoming eingeführt, 1902 folgt Australien, 1906 Finnland als erstes europäisches Land. In Deutschland erlangen Frauen am 30. November 1918 mit der „Verordnung über die Wahlen zur verfassungsgebenden deutschen Nationalversammlung (Reichswahlgesetz)" das aktive und passive Wahlrecht. Seit dem 12. November 1918 besteht auch in Österreich das allgemeine Wahlrecht für Frauen. US-Frauen erhielten 1920 mit der Verabschiedung des 19. Verfassungszusatzes das vollständige Wahlrecht. Großbritannien kam am 2. Juli 1928 hinzu. In der Türkei haben die Frauen seit 1934 das Recht zu wählen. In Frankreich erhalten die Frauen 1944 nach der Befreiung von der deutschen Besatzung das Wahlrecht, 1946 die Belgierinnen und Italienerinnen. Die Schweizerinnen mussten bis 1971 warten, im Kanton Appenzell Innerrhoden dauerte es sogar bis 1990, bis das Wahlrecht durch Bundesdekret erzwungen wurde. Liechtenstein gewährt den Frauen seit 1984 das volle Wahlrecht.

Eine feministische Perspektive in der Politischen Geographie

Eine feministische Perspektive in der Politischen Geographie bedeutet nicht nur die Betrachtung der Themengebiete der Politischen Geographie mit einer gendersensiblen Brille, sondern sie entwirft ein völlig neues Konzept von dem, was als politisch gilt (vgl. L.A. STAEHELI et al. 2004). Zunächst kritisiert die feministische Perspektive die scharfe Trennung von politischöffentlichem und unpolitisch-privatem Leben. Feministinnen kritisieren, dass die Ideen von Politik, Staat und staatlichen Institutionen dieser Trennung nicht nur entsprechen und den Ausschluss von Frauen aus dem öffentlichen Leben begründen, sondern diesen auch weitgehend legitimieren (vgl. S. BENHABIB 1998). In diesem Sinne gilt als politisch, was öffentlich ist, womit der gesamte private Bereich ausgeschlossen bleibt.

> E. KOFMAN und L. PEAKE (1990) zeigen Politik als eine Aktivität, die für die private Sphäre eine ebenso große Relevanz hat wie für die öffentliche Sphäre. Denn Politik ist das zentrale Instrument, welches die Verteilung von Ressourcen, den Aufbau von Institutionen sowie Zugangsrechte und Zugangschancen regelt und damit ganz klar auf die private Sphäre, deren Tätigkeitsbereiche, deren normative Besetzung und Bewertung Einfluss ausübt.

Eine der grundlegenden Thesen der feministischen Politischen Geographie ist die Annahme, dass Politik weit über die Symbolik des ‚Vaterlandes' oder des ‚Vater Staates' hinaus männlich codiert ist, womit der Zugang von Frauen in die Politik behindert wird, frauenspezifische Themen bis heute vernachlässigt werden und somit die politische Öffentlichkeit als Repräsentationsraum für Frauen begrenzt ist. In allen Demokratietheorien werden Frauen ausgegrenzt; sei es, weil Eigentum und finanzielle Unabhängigkeit als Kriterium für demokratische Teilhabe (John LOCKE) gelten oder Bildung und Fähigkeit zur Rationalität (Jean-Jacques ROUSSEAU) als Kriterium für politische Rechte herangezogen werden. „In aller Regel lassen sich historische Entwürfe des idealen Staatsbürgers als die eines männlichen Bürgers lesen" (S. LANG 2004: 65). Wenn überhaupt, dann erfolgt die Repräsentation der Frau über das Familienoberhaupt, dem sie entweder als Tochter untergeordnet ist oder dem sie sich durch den Ehevertrag unterwirft. Erst im Zuge der ersten Frauenbewegung und ihrer Forderung nach besserer erb- und güterrechtlicher Stellung sowie dem Wahlrecht für Frauen konnte gezeigt werden, dass Frauen nicht nur politisch ausgeschlossen werden, sondern dass auch die repräsentativen Institutionen des Staats männlich geprägt sind.

Der Staat schafft gesetzliche Rahmenbedingungen, die Frauen ausgrenzen

In diesem Sinne fordern Politische Geograph_innen, dass Geschlecht nicht nur als deskriptive Kategorie und somit als individuelles Merkmal, sondern konsequent als Analysemerkmal betrachtet wird und sich infolgedessen die Politische Geographie einer kritischen Gesellschaftstheorie öffnet, die auch gesellschaftliche Strukturzusammenhänge in den Blick nimmt. Mehr als die Sichtbarmachung und Thematisierung so genannter frauenspezifischer Benachteiligungen kann die Politische Geographie patriarchale Macht- und Herrschaftsstrukturen beleuchten und diese Strukturen als

Geschlecht als Analysekategorie in der Politischen Geographie

Abbildung 14: Züricher Abstimmungsplakat von 1920 gegen das Wahlrecht der Frau

durch Handeln konstruiert aufdecken. Sie kann zeigen, dass „Männlichkeit und Weiblichkeit (…) zu Symbolkomplexen werden, die die individuelle, interpersonelle und gesellschaftliche Sinnhaftigkeit der Welt regeln, indem sie unterschiedliche Bedeutungen, Orte, Zeitsysteme und Ressourcen zuteilen" (B. SAUER 2004: 8) und damit auch die Geographien von Frauen und Männern beeinflussen bzw. bestimmen. Da politisches Handeln in den gesellschaftlichen Institutionen wie Arbeitsmarkt und/oder Familie ganz klare Aufgabengebiete für Frauen und Männer schafft und damit als „Platzanweiser" (B. SAUER 2004: 8) fungiert, müssen Staat und Nation geschlechtsspezifisch beleuchtet werden, um diese Vorstellungen aufzubrechen.

7.2 Staat und Nation als Symbolsysteme von Männlichkeit und Weiblichkeit

Während die institutionalisierten Kategorien wie ‚Ethnie' als Zugangs- und Ausgrenzungsmerkmal des Nationalstaats und ‚Klasse' als hierarchisierendes Element im Sozialstaat in den letzten 50 Jahren sowohl historisch als auch normativ thematisiert wurden, wird die Kategorie ‚Geschlecht' dethematisiert und ignoriert, obwohl die jeweiligen Gender Regimes den Nationalstaat und den Sozialstaat ebenso grundlegend strukturieren. Politik ist ein Symbolsystem, Symbolsysteme haben Bedeutungen und diese Bedeutungen sind von Geschlechterbildern durchdrungen. In der „politischen Kultur als Denksystem und als institutionalisierte Symbolwelt wird die geschlechtliche Vermessung des politischen Raums verhandelt" (B. SAUER 2004: 12). Somit wird der Begriff ‚Nation' in zweierlei Hinsicht vergeschlechtlicht: Er beinhaltet einerseits vergeschlechtlichte Subjekte und andererseits vergeschlechtlichte Normen und Regelsysteme für die Stellung und Aufgabengebiete von Frau und Mann in der Gesellschaft.

In diesem Sinne entlarvt Eva KREISKY (1992: 53ff) den „Staat als Männerbund", verweist auf die eingeschriebene Männlichkeit in staatlichen Institutionen und beschreibt den Staat ebenso wie dessen Politik als eine Interessenvertretung von Männern. Sie unterstützt damit die Kritik von Carol PATEMAN (1994), die zeigt, dass dem „Konzept des Gesellschaftsvertrages ein verdecktes Konzept des Geschlechtervertrages zu Grunde liegt (…). Die moderne gesellschaftslegitimierende bürgerliche Vertragsidee basiert auf geschlechtsspezifischen, androzentrischen Ausgrenzungen und Ausschließungen" (vgl. B. SAUER 1998: 19, 2001: 123f). So schreibt Jean-Jacques ROUSSEAU in seinem Buch „Vom Gesellschaftsvertrag oder Die Grundsätze des Staatsrechts" (2006 (1758)), dass die Familie die erste und einzig natürliche Form gesellschaftlicher Vereinigung ist. Alle weiteren Vereinigungen entstünden aus der Notwendigkeit heraus, dass Menschen

Der Staat als Männerbund

> unfähig sind, neue Kräfte hervorzubringen, sondern lediglich die einmal vorhandenen vereinigen [können] und zu lenken vermögen, ... Eine solche Summe von Kräften kann nur durch das Zusammenwirken mehrerer entstehen. Da jedoch die Stärke und die Freiheit jedes Menschen die Hauptwerkzeuge seiner Erhaltung sind, wie kann er sie hergeben, ohne sich Schaden zu tun und die Sorgfalt zu versäumen, die er sich schuldig ist? Diese Schwierigkeit lässt sich [nur mit dem] (...) Gesellschaftsvertrag [lösen]. Jeder von uns stellt gemeinschaftlich seine Person und seine ganze Kraft unter die oberste Leitung des allgemeinen Willens, und wir nehmen jedes Mitglied als untrennbaren Teil des Ganzen auf.
>
> (J.-J. Rousseau 2006 (1758))

Mit dem Begriff des ‚Männerbundes' greift Eva Kreisky auf den Terminus zurück, der 1902 von dem Ethnologen Heinrich Schurtz (1902: 14–16) geprägt wurde und sich auf eine Schwurgemeinschaft von Männern mit gemeinsamen Zielen bezieht. In diesem Sinne sollen Mitglieder des Bundes wichtige Funktionen innerhalb der Elite ausfüllen und somit zum Erhalt der Gesellschaft beitragen, denn sie bringen einen ‚natürlichen' Vorteil mit: Männer neigen tendenziell zu „Geselligkeitsverbänden". Frauen weisen nach Schurtz jedoch eine „Schwäche" für gesellschaftliche Neigung auf (ebd.: 17f, 58f zit. in E. Kreisky 1992: 56). Damit gewinnt das Bild des Staatsmannes ein zentrales Attribut hinzu, das Frauen nicht besitzen: die Fähigkeit zu Männerfreundschaften.

Derartige Vorstellungen von der Gemeinschaft, die auf einen gesellschaftlichen „Urvertrag" zurückzuführen sind, prägen zum Teil noch bis heute die modernen Staatstheorien (vgl. G. Schaal und A. Brodocz 2009). Damit ist Männlichkeit nicht nur gesellschaftlich konstruiert, sondern sie konstruiert auch selbst gesellschaftliche Strukturen. Berufspolitik ist vor diesem Hintergrund ein Abbild von Idealen von „Männlichkeitswerten und -vorstellungen und nützt den Männern in doppelter Weise, weil sie ihre politischen Karrieren befördert und zudem Geborgenheit in den entfremdeten Strukturen (...) schafft" (E. Kreisky 1992: 57).

Männerbünde sind Wertegemeinschaften

Dabei wird der Bund nicht allein durch rationale Entscheidungen gebildet; ganz entscheidend halten emotionale, affektive und expressive Verbindungen die Gemeinschaft am Leben. Männerbünde sind immer Wertegemeinschaften, die durch die Solidarität und Affinität der Mitglieder zusammengehalten werden. Derartig aufgeladene Beziehungen brauchen ideale Vorstellungen, die sie in Form des ‚Männerhelden' (Führer), des ‚Bruders', ‚Freund', ‚Kameraden' usw. vorfinden (E. Kreisky 1992: 58) und wie man dies auch heute noch in vielen rechten Gruppierungen und Parteien pflegt. Bilder wie Treue, Ehre, Gehorsam und auch Unterwerfung folgen diesen Idealen, füllen sie auf und runden das Bild des Staatsmannes ab. Der Mann als Staatsmann innerhalb klassischer Parteien bildet in diesem Sinne einen Gegenentwurf gegen die ehrenamtlich tätige Frau. Denn vor allem Frauen füllen in Nichtregierungsorganisationen und/oder Neuen Sozialen Bewegungen vielfältige Funktionen aus (vgl. D. WASTL-WALTER 2001).

Zudem müssen sich Bünde jeder Art nach außen abgrenzen; einige erreichen dies durch geheime Rituale/Sprache (Priestergruppen/Kriegergemeinschaften/Burschenschaften), andere durch politische Feindbilder (Kommunismus). Allen ist die Abgrenzung gegenüber der ‚Weiblichkeit' gemein. Sie alle unterliegen einem Gründungsmythos, der sich über die „wirkungsvolle Irrealität" (C. CASTORIADIS 1984 zit. in C. BRUNS und C. LENZ 2003: 12) der Gemeinschaftsidee verkörpert. Auch für B. HOLLAND-CUNZ (2004: 468) ist der Staat „Apparat, Macht, Herrschaftsverhältnis, Institution, Netzwerk, zivilgesellschaftlicher Entwurf, Diskurs und Ergebnis sozialer Praktiken zugleich", der zusammengehalten wird durch „sachliche Männlichkeit".

Am deutlichsten wird diese Gemeinschaftsidee wohl am Beispiel des Militärs. Obwohl es sich in vielen Ländern den Frauen geöffnet hat (z.B. in Deutschland 2000, Österreich 1998, Schweiz 2003) und damit das Klischee der ‚friedfertigen Frau' zumindest in Frage stellt, bildet es bis heute eine Männerdomäne und in keiner anderen staatlichen Institution kommen die Ideale von Kameradschaft, Treue, Ehre und Unterordnung als männliche Ideale so stark zum Tragen wie im Militär. Hinzu kommt, dass das Militär eine fundamentale Bedeutung für die Nationenbildung seit dem 19. Jahrhundert besessen hat und somit die Bilder von Männlichkeit als Grundideale in Staat, Nation und Demokratie eingebunden werden. Nahezu alle heute bestehenden (National)Staaten sind Produkte militärischer Auseinandersetzungen. Krieg als ausgeprägte Männerdomäne bildet damit die Grundlage der modernen Staatenstruktur, welche in ihren Institutionen bis heute die männliche Macht widerspiegelt. Dass Krieg als Aufgabengebiet des Mannes das zentrale Instrument der Eroberung und Sicherung von Territorien und später der Staatenbildung war, hat wiederum Rückwirkungen auf das Männerbild seit der Staatenentstehung im 19. Jahrhundert. Denn seit Armeen einen entscheidenden Teil in der Bildung von Staatsapparaten einnehmen, wird auch die militärische Leistung zu einem wesentlichen Aspekt in der Konstruktion von Männlichkeit (vgl. I. HORN 1988).

Militär als Männerbund

7. NATIONALSTAATEN UND GENDER REGIMES

> Obwohl Staatlichkeit, Nationalität und Militarismus eng mit Männlichkeitsbildern verknüpft sind, bedeutet dies nicht, dass die Nation nicht auch Weiblichkeitsbilder entwirft. Die Entstehung der modernen Männlichkeit kann niemals losgelöst von der Entstehung moderner Weiblichkeit betrachtet werden.

Frauenfiguren als nationale Symbole

Auch Frauen(bilder) werden im Zuge der Staatenentstehung zu nationalen Symbolen. Jedoch symbolisieren Weiblichkeitsbilder im Gegensatz zu Männlichkeitsbildern nicht Stärke und Mut, Kraft und Siegeswille, sondern eher als mütterlich verstandene Eigenschaften. Germania, Britannia, Helvetia und Marianne verkörpern die Tradition und Geschichte der Nation, Unschuld und Keuschheit (G.L. MOSSE 1996: 12f); vor allem aber fungieren Frauen als ‚Mutter der Nation' und stellen damit eine wichtige Ressource zur Bildung nationaler Identität dar. Während die Männer kämpfen, schenken die Frauen dem Staat ihre Söhne. Damit wird die Nation zum einen feminisiert, zum anderen durch die Darstellung des Landes über den weiblichen Körper sexualisiert.

Symbolik von Männlichkeit und Weiblichkeit

Diese Symbolik von Männlichkeit und Weiblichkeit durchdringt nicht nur den modernen Staat, sondern spielt für die Durchsetzung sicherheitspolitischer Strategien in Kriegs- sowie in Friedenszeiten eine bedeutende Rolle. Denn Entwürfe von Männlichkeit und Weiblichkeit wirken nicht allein nach innen, sondern dienen auch nach außen als Legitimation des Kampfes gegen Feinde. Die Feinde sind innerhalb nationaler Diskurse die ‚anderen', die „in den nationalen Raum eindringen, ‚unsere' Frauen entführen, damit ‚unsere' Identität stehlen und ‚unsere' Kultur zersetzen" (N. BURGERMEISTER 2006: 14). Dass der zugeschriebene Objektstatus der Frau in diesen Zusammenhängen eine zentrale Rolle spielt, wird Abschnitt 7.3. zeigen.

Abbildung 15: Helvetia auf Münze

7. NATIONALSTAATEN UND GENDER REGIMES

Abbildung 16: Helvetia auf Reisen, Basel

Abbildung 17: Germania

Exkurs

Zur Bedeutung von Geschlecht im Nahostkonflikt

Obwohl der Nahostkonflikt gegenwärtig zu einem der meist thematisierten Konflikte gehört, findet ein systematischer Einbezug der Geschlechterperspektive nach wie vor kaum statt. Dabei lässt sich gerade am Beispiel des Nahostkonflikts zeigen, welche Bedeutung Geschlecht, Sexualität und damit verknüpft spezifische Männlichkeits- und Weiblichkeitskonzeptionen in nationalen Diskursen und bewaffneten Konflikten zukommt. Sowohl in der israelischen wie auch der palästinensischen Gesellschaft ist es der männliche Kämpfer, der heroisch das mit weiblichen Attributen wie Mütterlichkeit und Jungfräulichkeit versehene Heimatland verteidigt. Trotz der

Präsenz von Soldatinnen in der israelischen Armee und der Beteiligung von Palästinenserinnen an der Intifada sind Frauen in beiden Gesellschaften hauptsächlich in ihrer reproduktiven Rolle ins nationale Kollektiv eingebunden.

Besonders deutlich wird dies im politischen Programm der nationalistisch-islamistisch agierenden Hamas, die Anfangs 2006 die palästinensischen Parlamentswahlen gewann und seit Juni 2007 die alleinige Kontrolle über den Gazastreifen ausübt. Die Pflichten von Männern und Frauen sind dort klar definiert: Während die Männer heldenhaft in den Djihad ziehen, sorgen die Frauen für den Nachschub an Kämpfern; „they manufacture men" wie es im Artikel 17 der 1988 erstellten „Hamas-Charta" steht. Frauen wie Mariam Farhat, die 2006 für die Hamas ins Parlament gewählt wurde, gelten in Palästina als „Mütter des Kampfes": Bereits drei ihrer Söhne sind den „Märtyrertod" gestorben. Die 72 Jungfrauen, welche die „Selbstmordattentäter" im Paradies erwarten sollen, sind ein Beispiel für die Bedeutung, die sexuell aufgeladene Symbolik im gegenwärtigen Märtyrerkult in der palästinensischen Öffentlichkeit hat. Dass es neben Homosexuellen gerade Frauen waren, die während der ersten Intifada und mit wachsendem Einfluss der Islamisten verfolgt und teilweise gar ermordet wurden, weil ihr Verhalten nicht den von den Hamas auferlegten Normen entsprach, ist kein Zufall (vgl. SHEHADA 2002, ABDO 1994). Die Frauen sind auch in Palästina nicht nur diejenigen, die das Kollektiv biologisch, ideologisch und kulturell reproduzieren; als Repräsentantinnen nationaler Reinheit und Tugend gelten sie als leicht zu erobernde Objekte für den Feind und müssen besonders kontrolliert werden. So wird den Zionisten in der sich explizit auf antisemitische Verschwörungstheorien berufenden Hamas-Charta nicht nur die Schuld an der Französischen- und an der Oktoberrevolution sowie an beiden Weltkriegen zugeschoben – über die Kontrolle von Medien, Kultur und Lehrplänen würden sie zudem die muslimischen Frauen zu beeinflussen trachten, um sie vom Islam zu distanzieren und so den Krieg zu gewinnen (Artikel 17).

Die auch bei säkulareren Nationalisten wie der PLO feststellbare Glorifizierung der weiblichen Fruchtbarkeit als wichtigste nationale Ressource und das Ermutigen der Frauen zum Gebären von möglichst vielen Kindern (SHEHADA 2002) ist aber nicht nur in Palästina expliziter Bestandteil nationaler Diskurse: Trotz zionistischer Gleichheitsideologie und einer ungleich selbstverständlicheren Präsenz von Frauen im öffentlichen Leben gilt Mutterschaft auch in der israelischen Gesellschaft als erste nationale Pflicht für jüdische Frauen – nicht nur, um Söhne für die Verteidigung der Nation zu gebären, sondern auch, um das demographische Wettrennen mit der palästinensischen Bevölkerung zu gewinnen. Männlich konnotierte Werte wie Verteidigungsbereitschaft und militärische Potenz spielen bis heute eine zentrale Rolle in der israelischen Gesellschaft.

Dass „die Interessen der Nation" Anliegen von Frauen vorausgehen, ist eine Erfahrung, die sowohl Israelinnen als auch Palästinenserinnen machen müssen. Während in Israel Anliegen von Frauen wiederholt mit dem Verweis auf den Vorrang der nationalen Sicherheit abgewehrt werden (vgl. KLEIN 1997:348), würde, so die palästinensische Sozialwissenschaftlerin Nahda SHEHADA (2002), von den Islamisten jeder Versuch, die Situation von Frauen zu verbessern, als westliche Verschwörung gegen den Islam wahrgenommen. Dass es gerade von Seiten palästinensischer und israelischer Frauen immer wieder Versuche gibt, sich gemeinsam für eine gewaltfreie Lösung des Nahostkonflikts einzusetzen, ist nicht zuletzt auf die Überzeugung zurückzuführen, dass sich ein auch geschlechteregalitäreres Zusammenleben nur unter der Voraussetzung einer Demilitarisierung beider Gesellschaften realisieren lässt.

Nicole Burgermeister

7.3 Gender Regimes in Umbruchphasen

Die bisherigen Ausführungen konnten zeigen, dass Geschlechterarrangements gesellschaftlich geprägt sind und so den individuellen Handlungen einen bestimmten Spielraum setzen. Jedoch können diese nicht als starr und unveränderbar verstanden werden. Sozial konstruiert unterliegen Geschlechterarrangements Veränderungen, die politisch und gesellschaftlich initiiert werden und wiederum auf sie zurück wirken. Um Veränderungen von Geschlechterarrangements und deren Komplexität zu analysieren, hat sich in den letzten 20 Jahren vor allem in der Wohlfahrtsstaatsforschung ein Konzept bewährt, welches durch Einbezug politischer, zivilgesellschaftlicher und kultureller Dimensionen die Rahmenbedingungen individueller Geschlechterbeziehungen erforscht: desjenigen der staatlichen Gender Regimes.

Staat reguliert Gender Regimes

Gender Regimes dienen als theoretisches Konzept der Analyse komplexer Geschlechterarrangements und eignen sich insbesondere für die Analyse der staatlichen Regulierung von Beschäftigung auf dem Arbeitsmarkt. Als Kritik an den „welfare regimes" von Gøsta ESPING-ANDERSEN (1990)[1] innerhalb der gendersensiblen Wohlfahrtsstaatsforschung entstanden, konzentrierten sich deren erste Ansätze vor allem auf das wohlfahrtsstaatliche Regulieren im Hinblick auf Erwerbsbeteiligung und soziale Absicherung von Frauen. Diese ersten Konzepte (J. LEWIS 1992, I. OSTNER und J. LEWIS 1995) gruppieren die Staaten an Hand der Erwerbsbeteiligung von Frauen und besonders Müttern – also am Grad ihrer Kommodifizierung. Somit entstehen Staatentypologien wie starke, moderate oder schwache Ernährermodelle, die eine quer zu ESPING-ANDERSEN liegende Anordnung aufweisen. Komplexere Konzepte (A.S. ORLOFF 1993, D. SAINSBURY 1994, 1997, 1999, R. CROMPTON 1998) erweitern diesen Ansatz und binden zudem Zugangs(un)möglichkeiten von Frauen zum Arbeitsmarkt und die Bedingungen für eine autonome Lebensführung (Unabhängigkeit von der Versorgerehe und dem Erwerbszwang usw.) besonders für Mütter in ihre Überlegungen mit ein (S. BETZELT 2007: 8). Jenseits dieser Überlegungen zu Staatentypologien konzentrieren sich Arbeiten mit Bezug zu Nancy FRASER stärker auf die Betreuungsarbeit für abhängige Angehörige. Sie kritisieren die starke Erwerbszentriertheit der ersten Konzepte und fordern eine bessere Anerkennung von Betreuungsarbeit. Die care-Debatte (siehe Kapitel 5.2.) steht im Kontext der Forderungen nach sozioökonomischer Umverteilung, kultureller Anerkennung lohnunabhängiger Arbeit und der Ablehnung des Androzentrismus und damit der Orientierung an der männlichen Vollerwerbszeit ohne care-Verpflichtungen (S. BETZELT 2007: 9–11).

Mit dem postindustriellen Wandel und stärker werdenden neoliberalen Entwicklungen Ende der 1990er Jahre in den westlichen (Post)Industrieländern erfährt auch die Debatte um Gender Regimes weitere theoretische und empirische Differenzierungen durch den Einbezug politischer, zivilgesellschaftlicher und supranationaler Akteure (vgl. M. DALY und K. RAKE 2003, S. WALBY 2007, P. HALL und D. SOSKICE 2001, G. PASCALL und J. LEWIS 2004) und eine komplexere theoretische Fundierung. Nach H. MACRAE (2006: 524 zit. in S. BETZELT 2007: 11ff) sind Gender Regimes ein Set von Normen, Werten, Politiken, Prinzipien und Gesetzen, die Genderarrangements gestalten. Sie sind soziokulturell konstruiert, werden durch vielseitige politische Belange gestützt und durch Akteure innerhalb alltäglichen Handelns aufrechterhalten.

---

1 Nach ESPING-ANDERSEN bemisst sich die Qualität von Wohlfahrtsstaaten am Grad der Dekommodifizierung, das heißt inwieweit der Wohlfahrtsstaat den Erwerbszwang durch Rechte auf sozialstaatliche Leistungen mindert. ESPING-ANDERSEN analysiert das Verhältnis von Staat, Markt und Familie bei der Wohlfahrtsproduktion und rangiert an Hand dessen die OECD-Staaten. Die durch den Wohlfahrtsstaat (re)produzierten Muster geschlechtsspezifischer Ungleichheit finden in diesem Konzept keine Beachtung.

> Gender Regimes können sowohl normativ-kulturell als auch politisch-institutionell verstanden werden, was analytisch hilfreich sein kann, denn Gender Regimes (soziale Praxis) und Gender Policy Regimes (politische Regulierung) können voneinander abweichen.

Für die Gender Geographien kann das Konzept der Gender Regimes für die Analyse der Geschlechterarrangements im öffentlichen (z.B. Arbeitsmarkt) und privaten Raum (z.B. Betreuungsarbeit) unter Einbezug sowohl soziokultureller, als auch politisch-institutioneller Regulierungen hilfreich sein, um gender-relevante Länderunterschiede deutlich machen zu können. Erst durch den politökonomischen Vergleich werden Gender Regimes in ihrer Mächtigkeit und ihren Einflussmöglichkeiten sichtbar. Mit Bezug zu einer umfangreichen Definition von Gender Regimes, wie sie H. MacRae vorgelegt hat, können neben der Untersuchung der soziokulturellen und institutionellen Ebene auch deren Auswirkungen auf die Akteur_innen in den Blick genommen werden. Eine wirkmächtige Folge von Effekten der Geschlechterimplikationen sind Geschlechterstereotype, die wiederum ihre Folgen in einer segregierten Alltagswelt hinsichtlich öffentlicher und privater Räume zeigen. Dabei ist nicht nur die Außenwahrnehmung durch andere, sondern auch die vergeschlechtlichte Selbstwahrnehmung und -attribution der Akteur_innen interessant, die die Geschlechtersegregation bestätigten und legitimierten. In Bezug auf Umbruchssituationen stellt sich nun die Frage, wie Subjekte bisherige Geschlechterarrangements verwerfen, neu entfalten oder modifizieren.

Ein vor allem durch politische Akteure gesteuertes und seit 1989 im Umbruch begriffenes Gender Regime stellen die Geschlechterarrangements der (ehemaligen) Deutschen Demokratischen Republik (DDR) dar. Die Geschlechterarrangements der DDR sind vor allem eine Folge politischer Leitbilder und Wertvorstellungen, die das Verhältnis von Familie und Beruf bis 1989 bestimmten und bis heute maßgeblich beeinflussen. Die Reflektion der Gender Regimes der DDR kann somit nicht als historisches Zeitbild interpretiert, sondern als Analysevorbedingung aktueller postsozialistischer Transformationsforschung verstanden werden.

Das Gender Regime der DDR

Während sich die Wohlfahrtsstaatsforschung bis Ende der 1990er Jahre fast ausschließlich auf die Analyse westlicher Industrienationen beschränkt hat, entstehen zwar nur zögerlich vergleichende Analysen, die postsozialistische und -kommunistische Staaten einbeziehen, jedoch mehren sich analytische und empirische Studien zu Gender Regimes und deren Wandel in Transformationsstaaten – so auch über die Deutsche Demokratische Republik. Während schon Anfang der 1990er Jahre Soziolog_innen, Historiker_innen und Geograph_innen die Gender Regimes der DDR reflektierten und sie auf das politisch-ideologische Staatssystem zurückführten, betonen aktuelle Arbeiten die Folgen und Auswirkungen dieser Gender Regimes auf heutige Geschlechterarrangements in postsozialistischen und -kommunistischen Staaten.

<small>Gender Regimes sind eng mit politischen Interessen verknüpft</small>

Die folgenden Ausführungen werden zunächst die Gender Regimes der DDR und deren enge Verknüpfung mit den politischen Interessen widerspiegeln und damit ein Beispiel für politisch motivierte Gender Regimes und deren handlungsrelevante Bedeutung für die gesellschaftlichen Subjekte darstellen. Die Wirkungsmächtigkeit von Gender Regimes wird daraufhin in der Analyse der Umbruchssituationen deutlich. Einig sind sich die Wissenschaftler_innen darin, dass Transformationen zu Irritationen innerhalb gesellschaftlicher Praktiken führen und somit auch die Gender Regimes einem Wandel unterliegen. Ob Wandel und Umbruch der Geschlechter(un)gleichheit zum Vor- oder Nachteil gereichen, steht im Mittelpunkt der aktuellen Transformationsforschung.

Die politischen Leitbilder der ehemaligen DDR gingen im Allgemeinen auf die Klassiker der marxistisch-leninistischen Philosophie MARX, ENGELS, LENIN und BEBEL zurück. Ihr zentraler Ansatzpunkt bestand vor allem darin,

---

1037

GESETZBLATT

der
Deutschen Demokratischen Republik

1950	Berlin, den 1. Oktober 1950	Nr. 111
Tag	Inhalt	Seite
27. .9.50	Gesetz über den Mutter- und Kinderschutz und die Rechte der Frau ...	1037
27. .9.50	Gesetz zur Änderung gesetzlicher Bestimmungen über die Verleihung von Preisen, Titeln und Ehrenbezeichnungen ....…...	1041
28. .9.50	Verordnung über die Bewirtschaftung von Kühlflächen	1042
26. .9.50	Erste Durchführungsbestimmung zur Verordnung über die zusätzliche Altersversorgung der technischen Intelligenz in den volkseigenen und ihnen gleichgestellten Betrieben ....……	1043

**Gesetz
über den Mutter- und Kinderschutz und die Rechte der Frau.
Vom 27. September 1950**

Die Verfassung der Deutschen Demokratischen Republik hat die volle Gleichberechtigung von Mann und Frau festgelegt und alle Gesetze aufgehoben, die die Frau gegenüber dem Mann benachteiligen. Im Zuge des Aufbaues der Deutschen Demokratischen Republik hat sich die Lage der Frau im gesellschaftlichen Leben von Grund auf geändert. Nunmehr sind für die Frau die Voraussetzungen gegeben, sich als bewußte Staatsbürgerin im praktischen Leben zum Wohle des ganzen Volkes zu be-

Abbildung 18: Gesetzblatt der DDR. Haus der Frauengeschichte Hdfg

dass die Befreiung der Arbeiterklasse nur durch die Beseitigung des Privateigentums erfolgen kann. Indem MARX davon ausging, dass Privateigentum zu entfremdeter Arbeit führt und dass „der Arbeiter (…) umso ärmer [wird], je mehr Reichtum er produziert" (K. MARX 1844: 511) und gleichzeitig „die Herrschaft dessen [erzeugt], der nicht produziert" (K. MARX 1844: 519), wird der Arbeiter zum Unterdrückten im Produktionsprozess. Nur die „Emanzipation der Gesellschaft vom Privateigentum" (K. MARX 1844: 521) wird den Menschen frei machen und alle Klassengegensätze aufheben.

Diese Schlussfolgerung wurde ebenfalls auf die Stellung der Frau bezogen. Ihre Diskriminierung als Folge des Privateigentums an Produktionsmitteln wurde mit dessen Aufhebung grundlegend geändert. Zudem war die Einbeziehung der Frau in den Produktionsprozess und die Entlastung ihrer häuslichen und familiären Verpflichtungen eine wichtige Voraussetzung für ihre Emanzipation (W.I.U. LENIN 1961: 401, F. ENGELS 1961: 341), denn nur dadurch war es ihr möglich, wirtschaftlich und sozial eigenständig und somit unabhängig von einem Mann zu leben (C. ZETKIN 1957: 6).

> Mit der Veränderung der Eigentumsverhältnisse innerhalb der sozialistischen Gesellschaftsordnung vom Privateigentum zum Gemeineigentum und der Teilnahme der Frauen am Arbeitsprozess sahen die Klassiker der marxistisch-leninistischen Philosophie die Emanzipation der Frau und die Gleichberechtigung zum Mann als abgeschlossen. Von diesen Grundpositionen aus konzipierte die SED (Sozialistische Einheitspartei Deutschlands) ihre Frauen- und Familienpolitik (K. HILDEBRANDT 1994: 14, G. BÜHLER 1997: 9ff).

Das erste Leitbild war die Integration der Frauen in den Arbeitsprozess erstens durch das Prinzip des gleichen Lohnes für gleiche Arbeit unabhängig von Alter und Geschlecht (Befehl Nr. 253 vom 17.08.1946 der SMAD, seit 1949 Artikel 7 Paragraph 1 des Grundgesetzes) und zweitens kamen 1950 mutterschutzrechtliche Regelungen bezüglich Kinderbetreuung, berufliche Förderung von Frauen und Gesetze zu den Rechten der Frau hinzu. Trotz dieser Maßnahmen betrug der Frauenerwerbsanteil 1950 nur rund 40%, denn das traditionelle Rollenverhalten, welches die Frau als Mutter und Hausfrau und den Mann als Ernährer der Familie sah, wurde durch die alleinige Konzentration der SED auf die Veränderung der Eigentumsverhältnisse zur Beseitigung sozialer Benachteiligung nicht korrigiert, sondern weiterhin verankert (K. HILDEBRANDT 1994: 16–19). Dies gründete darin, dass die Bewertungsmuster von Arbeit – Industriearbeit gleich produktiver und somit bezahlter und Hausarbeit gleich unproduktiver und

Erstes Leitbild der Integration der Frauen in den Arbeitsprozess

unbezahlt – in die Familienpolitik der SED mit übernommen wurden (I. DÖLLING 1993: 26). Die Folge war schlechtere Bezahlung auf Grund geringerer Schulbildung und Qualifikation von Frauen sowie ihre Doppelbelastung in Beruf und Familie.

1963 wurde auf dem VI. Parteitag der SED ein neues Leitbild der Familienpolitik auf der Basis von Weiterbildung und Qualifizierung der Frauen konzipiert (K. HILDEBRANDT 1994: 22). Im Mittelpunkt dieses zweiten Leitbildes stand die Frau mit Hochschul- und Facharbeiterabschluss, jedoch wurden auch hier die vielfältigen Belastungen von Frauen nicht reflektiert, die Doppelbelastung blieb bestehen und es kam nicht zur Verbesserung der beruflichen Chancen von Frauen.[2] Ab den 1970er Jahren rückte das dritte Leitbild, die Vereinbarkeit von Familie und Beruf, ins Zentrum der Politik (K. HILDEBRANDT 1994: 23–25). Mit hohem finanziellem Aufwand förderte die Politik ab den 70er Jahren die Familien[3].

> Es kann festgehalten werden, dass allen drei Leitbildern die Zeichnungen der Negativbilder der Hausfrau gemein waren. Ein besonderes Merkmal der DDR-Sozialisation kam hier zum Tragen: Das Verständnis, dass (Lohn)Arbeit die Pflicht eines jeden ist und jedes Mitglied der Gesellschaft diesen Beitrag zum Funktionieren der Gemeinschaft leisten muss. Die berufstätige Mutter wurde zentrales Ziel der Familienpolitik (I. DÖLLING und I. DIETZSCH 1996: 12).

Männer- und Frauenbild in der DDR

Was bedeuten diese Aussagen für das Männer- und Frauenbild in der DDR? Welche Folgen hatten die oben genannten Leitbilder und deren Maßnahmen bezüglich der Vorstellungen über Männlichkeit und Weiblichkeit und damit auf das Gender Regime der DDR?

---

2   Zwar wurden fortschrittliche Regelungen getroffen, aber die Gleichberechtigung wird nicht konsequent durchgehalten. So zeigten sich starke Benachteiligungen für Männer beim Namens- und Sorgerecht für Kinder, da diese nach einer Scheidung fast ausschließlich der Mutter zugesprochen wurden. Auch könnten nur Frauen den sogenannten Haushaltstag beantragen, obwohl die Familienpolitik eine gleiche Verantwortung von Mann und Frau bezüglich der häuslichen Pflichten anstrebten.
3   Ein stetig wachsendes Angebot von Krippen-, Kindergarten- und Hortplätzen, die Erweiterung des Mutterschutzes, Geburtenbeihilfe, zinsloser Ehekredit (Sozialpolitisches Programm 1972), bezahltes Babyjahr vom zweiten Kind an und Verlängerung des Schwangerschafts- und Wochenurlaubs von 20 auf 26 Wochen (ab 1976) waren die Folge. Auf Grund der stagnierenden Geburtenrate wurde die Drei-Kind-Ehe propagiert. Ab dem dritten Kind gab es eine Erhöhung des Kindergeldes auf 100 Mark im Monat (ab 1981) und weitere Verbesserungen zu den Arbeits- und Lebensbedingungen für Familien mit Kindern folgten ab 1984 (K. HILDEBRANDT 1994: 27).

7. NATIONALSTAATEN UND GENDER REGIMES

Nach Ulrich BECK (1991: 43ff) sind die bezahlte Erwerbsarbeit von Frauen und der Zugang zu höheren schulischen und beruflichen Qualifikationen eine wichtige Stufe der Moderne. S. HRADIL (1992: 29) sieht darin einen Grund, der DDR bezüglich der Geschlechtergleichstellung einen Modernisierungsvorsprung gegenüber der BRD zuzusprechen. Auch die fast flächendeckende Kinderbetreuung[4] durch staatliche Einrichtungen gab den Frauen die Möglichkeit, individuelle Entscheidungen im Lebensalltag zu treffen. Auf Grund einer gewissen Sicherheit des Arbeitsplatzes konnte sie individuell über ihren Lebensplan bestimmen. Die Voraussetzungen zur Überwindung traditioneller Verortungen von Frauen auf die private häusliche Sphäre und die Verortung von Männern auf die öffentliche Sphäre waren somit gegeben (I. DÖLLING 1995: 27f), jedoch konnten sie real nicht wirksam werden.

Die Definition von Gleichberechtigung sowohl bei den Klassikern als auch später in der SED muss kritisch beleuchtet werden. Der Maßstab der Gleichberechtigung ist männlich orientiert, dies zeigen Aussprüche wie „unsere Muttis arbeiten wie ein Mann" und „jede Frau steht ihren Mann" (I. DÖLLING 1993: 31 zit. in G. BÜHLER 1997: 33). In diesem Zusammenhang bedeutete Gleichberechtigung, „die Frauen an das männliche Erwerbsverhalten heranzuführen. Die männliche Berufsbiographie lieferte den normativen Maßstab für Frauenförderkonzepte" (S. DIEMER 1994: 116 zit. in G. BÜHLER 1997: 33). Zum zweiten beinhalteten alle Konzepte die Ausgrenzung der Männer aus allen familienpolitischen Maßnahmen. Wenn es um die Verbesserung der Lebensverhältnisse der Familien ging, waren diese untrennbar mit Frauen verbunden. Männern wurde ein Interesse an der Familie somit nicht unterstellt beziehungsweise nicht zugestanden. Familienpolitik war keine Politik für die Familie, sondern für Frauen.

Kontextgebundene Definition von Gleichberechtigung

> Diese sozialpolitischen Maßnahmen sind ein Indiz dafür, dass auch unter marxistisch-leninistischen Idealen die Mutterschaft als eine natürliche Funktion der Frau und die Mutterrolle als weibliche Aufgabe angesehen wurde. Zwar war der Kinderwunsch trotz beruflicher Orientierung möglich, aber auch weiterhin wurde das Klischee vertreten, dass die Hauptverantwortung in der Kindeserziehung die Mutter trägt.

---

4   Schon in den 1980er Jahren steht ein nahezu flächendeckendes Angebot an Kinderbetreuungseinrichtungen zur Verfügung. 1989 liegen die amtlichen Betreuungsquoten für Krippen bei ca. 80%, für Kindergärten bei etwa 95% und für Schulhorte für Grundschüler bei gut 80%. Im Bedarfsfall (Weiterbildungsmaßnahmen) kann eine Betreuung auch samstags erfolgen. Schulhorte sind auch in den Ferien ganztägig geöffnet.

7. NATIONALSTAATEN UND GENDER REGIMES

Abbildung 19: Plakat „Gesunde Familie – glückliche Zukunft"

Nur die Frauen und Mütter konnten einen Nutzen aus den verschiedenen Fördermaßnahmen ziehen. Der Vater und die Vaterrolle sowie der Mann und die Männerrolle blieben in familienpolitischer Sicht unbeachtet. Damit wurden das Bild des Mannes als Ernährer der Familie und das der Frau als Mutter weiter verankert. Weder konnten die traditionellen Rollenbilder von Männlichkeit und Weiblichkeit verändert werden, noch eine Entlastung der Frauen bezüglich ihrer Mutterrolle und der Männer bezüglich der Rolle des Familienernährers erreicht werden.

Daneben ließen sich die ideologischen Zielsetzungen von MARX, ENGELS, Bebel und LENIN mit den ökonomischen Aufgaben der DDR verbinden. Die Befreiung der Frau durch die Integration in den Arbeitsprozess deckte sich durch die Tatsache eines stetigen Arbeitskräftemangels mit dem Interesse der Partei. Damit war die Familienpolitik der DDR vor allem eine Arbeitspolitik (G. BÜHLER 1997: 33). Das dadurch wiedergegebene Frauenbild zeichnete sich durch männliches Arbeitsvermögen aus. Die Frau wurde wie ein Objekt betrachtet, das „geändert, qualifiziert und neu platziert" (S. DIEMER 1994: 117 zit. in G. BÜHLER 1997: 33) werden muss. Das Männlichkeitsbild wurde nicht reflektiert und als Vorbild für Frauen dargestellt, an das sie sich so gut wie möglich annähern mussten, um gleichberechtigt zu sein.

Im Zuge des stetigen Arbeitskräftemangels in der DDR wurde noch ein anderes Problem deutlich: Der niedrige Geburtenstand, der eine verstärkte Familienförderung nach sich zog. Somit war die Familienpolitik der SED neben einer Arbeitspolitik auch eine Bevölkerungspolitik, die politische und auch wirtschaftliche Interessen erfüllen sollte. Die Intention war somit eine zutiefst konservative und letztlich auf geschlechtsspezifische Rollenzuweisungen gezielte Politik. Heike TRAPPE (1995: 85) bezeichnet diese Gender Regimes als „patriarchalische Gleichberechtigungspolitik", die ein „strukturierendes Moment der Arbeitsteilung zwischen Männern und Frauen [war] und das Ungleichheitsgefälle zwischen den Geschlechtern" beibehielt (H.M. NICKEL 1993: 234). Die durchgeführten Maßnahmen können nicht als Gleichberechtigungs-, sondern müssen als Stabilisierungsmaßnahmen für das politische System interpretiert werden.

Bevölkerungs- und Familienpolitik als Frauenpolitik

Folgen dieser traditionellen Rollenverteilung zeigten sich in einer differenzierten Betrachtung der Erwerbsquoten und des Arbeitsmarktes. Diese wiesen auf einen wesentlich höheren weiblichen Anteil von Teilzeitbeschäftigten hin und auf eine weniger kontinuierliche Erwerbsbeteiligung von Frauen sowie auf eine starke geschlechtsspezifische Arbeitsteilung.

H. TRAPPE und R. ROSENFELD (2001: 154) können in ihrer Studie zur Segregation des Arbeitsmarktes der DDR im Vergleich zur BRD hinsichtlich der Geschlechtersegregation mehr Gemeinsamkeiten als Unterschiede zwischen den beiden deutschen Staaten feststellen.

Die Hauptgemeinsamkeit liegt darin, dass sich in beiden deutschen Staaten deutliche Männer- und Frauendomänen herausbildeten. Das Niveau der geschlechtsspezifischen Arbeitsteilung war in der DDR sogar höher als in der BRD. In bestimmten Berufstätigkeitskategorien waren entweder Frauen (Verwaltungs-, Angestellten- und Verkaufstätigkeiten) oder Männer (Produktion, z.B. in der Schwerindustrie) sechsmal überrepräsentiert, während sich für die Bundesrepublik ‚nur' eine fünfmal stärkere Häufung ergab. Hinzu kommt, dass mehr als 15% aller beruflichen Tätigkeiten reine Frauentätigkeiten mit einem Männeranteil von weniger als 10% waren.

Geschlechtsspezifische Arbeitsteilung in der DDR höher als in der BRD

7. NATIONALSTAATEN UND GENDER REGIMES

Trotz der dringenden Notwendigkeit, Frauen in den Produktionsprozess einzubinden (nach dem Zweiten Weltkrieg auf Grund des Männermangels und später auf Grund stagnierender Geburtenraten und langsamer technologischer Entwicklung), konnten sich diese Frauen bis 1989 der Rolle als Helferinnen nicht entledigen, ihr Einfluss in höheren Positionen und ihre öffentliche Anerkennung blieb bis 1989 gering. Nach Einführung der marktwirtschaftlichen Produktionsweise ab 1989 waren es vor allem Frauen, die als Erste ihren Arbeitsplatz verloren. In Zeiten wirtschaftlicher und politischer Umbruchsphasen und hoher Arbeitslosenquoten scheint die Integration der Frauen in den Erwerbsprozess nicht oberstes Ziel politischer Aktion; Frauen werden angehalten, sich wieder ihren ‚natürlichen' Pflichten zu widmen und in die private Sphäre verdrängt (S. STOLT 1999).

Keine Beseitigung der Ungleichheiten qua Geschlecht

Dies zeigt, dass das Geschlechterarrangement der DDR zwar zu einem Abflachen von Geschlecht als Differenzierungskategorie geführt hat, aber nicht zur Beseitigung von Ungleichheiten qua Geschlecht. Das Gender Regime der DDR zeichnet sich durch die Doppelbelastung der Frauen, stark segregierte Erwerbsbiographien, patriarchale Bevormundung durch ‚Vater Staat' und die vollständige Konzentration familienpolitischer Maßnahmen ausschließlich auf Frauen aus und degradierte sie zu Objekten der Wirtschafts- und Bevölkerungspolitik – nicht zu gleichberechtigten Partnerinnen innerhalb des Geschlechtervertrages.

Seit dem Mauerfall im November 1989 und der ein Jahr darauf folgenden Wiedervereinigung beider deutscher Staaten erleben die Neuen Bundesländer einen Transformationsprozess, der alle Bereiche alltäglichen Lebens berührt. Während der Sozialstaat auf Grund der Ökonomisierung des Sozialen als politischer Raum, in den Akteure Ungleichheitsdiskussionen einbringen konnten, an Bedeutung verliert, legitimiert die Betonung einer Genusgruppe ‚Frau' innerhalb einer immer stärker pluralistischen und individualistischen Gesellschaft immer weniger die Durchsetzung politischer Optionen wie zum Beispiel Gesetze zur Beseitigung geschlechtsspezifischer Ungleichheit. Gleichzeitig führt die Erosion des Normalarbeitsverhältnisses zur Flexibilisierung des Arbeitsverhältnisses und der Arbeitszeiten mit all ihren Effekten der Dominanz einer Erwerbs-Arbeitswelt und den damit folgenden Anforderungen an das Zeitmanagement einer postmodernen Familie, die statt mehr eher weniger Entwicklungsräume für Frauen ermöglicht, da das moderne Geschlechterverhältnis mit einer Trennung von Produktion und Reproduktion auch weiterhin unangetastet bleibt.

Geschlechterarrangements und Gender Regimes 1989 modifiziert

Irene DÖLLING geht in ihren Studien auf der Basis dieser grundlegenden Veränderungen in ehemaligen sozialistischen Gesellschaften der Frage nach, ob, beziehungsweise wie sich die Geschlechterarrangements ostdeutscher Männer und Frauen und die Gender Regimes auf Grund des Transformationsprozesses seit 1989 modifizieren werden. Als grundsätzliche Ausgangssituation zukünftiger Modifikationen hält DÖLLING (2005: 16ff) gegensätzliche, sich widersprechende Alltagswirklichkeiten fest. Sie konstatiert zum einen, dass ostdeutsche Frauen und Männer ein höheres Maß an Selbständigkeit und Selbstbewusstsein sowie einen größeren Willen zu ökonomischer Unabhängigkeit aufweisen. Auf der anderen Seite existiert ein unreflektiertes Akzeptieren weiblicher Verantwortlichkeit für Betreuungs- beziehungsweise Familienarbeit sowie eine geringe Sensibilisierung für Ungleichheiten auf Grund von Geschlecht. Diese antagonistischen Elemente ostdeutscher Geschlechterarrangements sind nicht unbedingt überraschend – standen doch weibliche Erwerbsarbeit im Mittelpunkt sozialistischer Familienpolitik und wurde jede Diskussion zu tiefgreifenderen Ungleichheitsdebatten innerhalb der sozialistischen Gesellschaft schon zu Beginn durch die dominante Staatsmacht im Keim erstickt.

Die Literatur weist auf Grund dieses ambivalenten biographischen Gepäcks ostdeutscher Frauen unterschiedliche Prognosen für die Geschlechterarrangements in den Neuen Bundesländern auf. Zum einen wird den Neuen Bundesländern auf Grund der neoliberalen Orientierung und der besonders prekären Situation des (ostdeutschen) Arbeitsmarktes einen Rückschlag hinsichtlich der Gleichberechtigung zwischen ostdeutschen Männern und Frauen prognostiziert. Zum anderen bewerten Wissenschaftler_innen das ambivalente biographische Gepäck ostdeutscher Frauen als positiv und vorteilhaft – passt doch der Wunsch nach voller Erwerbstätigkeit einerseits zum neoliberalen Arbeitsmarktmodell, oder konträr dazu könnte die Forderung ostdeutscher Männer und Frauen nach Vereinbarkeit von Familie und Beruf durch den Staat vielleicht auch den zunehmenden Abbau sozialstaatlicher Leistungen bremsen. Weiterhin könnte die Flexibilisierung der Arbeitszeiten zu einer Verbesserung der Vereinbarkeit von Beruf und Familie führen, jedoch nur, wenn sich nicht allein Individuen, sondern auch Organisationen flexibel zeigen. Die geringe Sensibilisierung gegenüber Ungleichheiten qua Geschlecht und die Selbstverständlichkeit weiblicher Erwerbstätigkeit trotz Mutterschaft in den Neuen Bundesländern könnte weibliche Berufsaufstiege leichter gestalten als in den Alten Bundesländern.

Damit wird deutlich, dass die Analysen der Geschlechterarrangements in den Neuen Bundesländern nicht nur eine historische Aufarbeitung des DDR-Regimes bilden, sondern eine Plattform darstellen, die Ursachen und Folgen von Gender Regimes zu analysieren und Elemente der Modifikation, Anpassung oder auch Beständigkeit zu begreifen. Die oftmals ambivalenten Aussagen und Prognosen werden auch in zukünftigen Arbeiten den Mittelpunkt der Untersuchungen darstellen. Insgesamt kann festgehalten werden, dass das Konzept der Gender Regimes noch längst nicht an seine Grenzen gestoßen ist und auch weiterhin gute Dienste bei der Analyse mehrdimensionaler, überschneidender und ambivalenter Entwicklungen hinsichtlich der Gender Regimes in unterschiedlichen politischen Systemen leisten kann. Dabei muss betont werden, dass politische Regulierungen – sensibel eingesetzt – die Ökonomisierung des Alltags unterbrechen und zur Geschlechtergleichheit wichtige Impulse geben können.

Merkpunkte:

- Feministische politische Geographie entwirft ein neues Konzept von Öffentlichkeit und Privatheit und bringt neue Themen in die Diskussion ein.
- Männerdominierte Nationalstaaten entwickelten eine spezifische Symbolik von Männlichkeit und Weiblichkeit.
- Als Kritik an den Wohlfahrtstaatsregimes innerhalb der gendersensiblen Wohlfahrtstaatsforschung entstanden, bilden Gender Regimes ein theoretisches Konzept zur Analyse der Geschlechterverhältnisse innerhalb von gesellschaftlichen Organisationen (Institutionen, Staaten).
- Als Gender Regime bezeichnet man ein Set von Normen, Werten, Politiken, Prinzipien und Gesetzen, die Geschlechterarrangements gestalten.
- Die Analyse der Gender Regimes der DDR zeigt die dominante politische Regulierung der Geschlechterverhältnisse von 1949–1989, die oftmals ambivalenten Effekte der staatlichen Bevormundung und deren bis heute starke Beeinflussung alltäglicher Praktiken. Die Einsicht in diese Gender Regimes ist somit eine Vorbedingung, aktuelle Entwicklungen zu verstehen und zukünftige Prognosen zu erstellen.

Literaturtipps:

DÖLLING, I., 1993, Gespaltenes Bewusstsein. Frauen- und Männerbilder in der DDR. – In: G. HELWIG und H.M. NICKEL, Hrsg., 1993, Frauen in Deutschland 1945–1992. – Berlin, S. 23–52.

KREISKY, E., 1992, Der Staat als „Männerbund". Der Versuch einer feministischen Staatssicht. – In: E. BIESTER, Hrsg., 1992, Staat aus feministischer Sicht. – Berlin, S. 53–62.

SAUER, B., 2001, Vom Nationalstaat zum Europäischen Reich? Staat und Geschlecht in der Europäischen Union. – In: Feministische Studien, 1, S. 8–20.

STAEHELI, L. A., E. KOFMAN und L. PEAKE, Hrsg., 2004, Mapping Women, Making Politics. Feminist Perspective on Political Geography – New York.

8 Geschlechterkonstruktionen in Sicherheitsdiskursen

Die politische Theorie behält dem Staat das Gewaltmonopol vor – in der Praxis gibt es aber weltweit überall gewalttätige Übergriffe durch nichtstaatliche Akteure. Dies wirft einerseits die Frage auf, wie vom Staat selbst Gewalt und Gewaltbereitschaft zur legitimen Verteidigung sowie Schutz und Schutzbedürftigkeit entlang der Geschlechteridentitäten konstruiert werden, wie auch andererseits die Frage nach Sicherheit auf der staatlichen und individuellen Ebene.

Daher geht es hier im ersten Teil um Geschlechterkonzepte in Kriegs- und Friedenszeiten und im zweiten Teil des Kapitels um Militarismus und neue geschlechtsspezifische Sicherheitskonzepte nach dem Ende des Kalten Krieges in einer Zeit der globalisierten deterritorialisierten Bedrohung. In der Geographie hat S. DALBY vor 15 Jahren (1994) erstmals eine feministische Perspektive auf Sicherheit gerichtet. J. HYNDMAN greift diese zehn Jahre später (2004) wieder auf. Insgesamt gibt es aber zu Geschlechterkonstruktionen in Sicherheitsdiskursen nur wenig Literatur in der Geographie, daher finden sich hier auch viele Verweise auf Texte der Feministischen Internationalen Beziehungen.

8.1 Konstruktionen von Männlichkeit und Weiblichkeit in Kriegs- und Friedenszeiten

Obwohl sich die Politische Geographie im Zuge aktueller globaler Bedingungen, Veränderungen und offener Fragen wie zum Beispiel über lokale, regionale, nationale und internationale Konflikte, um ökologische Ressourcen sowie territoriale Kontrolle und Grenzen oder über Regionalismus und Globalisierung zu einem vielseitigen Forschungsgebiet entwickelt hat, wird ein geschlechtsspezifischer Blickwinkel oft vermisst.

> Indem die Feministische Politische Geographie einen Perspektivenwechsel vollzieht und den Blick von der nationalstaatlichen, öffentlichen Ebene auf das private Individuum lenkt, kann sie zeigen, dass die nationale Sicherheit im Sinne unversehrter Staatengrenzen nicht gleichzeitig mit der Sicherheit der Bevölkerung identisch ist.

8. GESCHLECHTERKONSTRUKTIONEN IN SICHERHEITSDISKURSEN

Feministische Politische Geographie bringt neue Perspektiven

Feministische Politische Geographie bringt neue Perspektiven – sie zeigt, dass Krieg als etwas Öffentliches, als vom individuellen Menschen Abgehobenes diskutiert wird und damit sexualisierte oder auch ethnisierte Gewalt privatisiert wird. Zum einen werden dadurch vielfältige Formen von gewalttätigen Auseinandersetzungen in offiziellen Friedenszeiten wie häusliche Gewalt gegen Frauen oder rassistische Übergriffe nicht als Sicherheits- und Demokratieproblem des Staats erfasst (C. HARDERS 2004: 462). Zum Zweiten verhindert die scharfe Trennung zwischen Zivilleben und Militär eine konsequente Reflexion der Formen und Motive von Gewalt in Kriegszeiten.

> Die Feministische Politische Geographie macht es sich zur Aufgabe, die Geographien der Macht unter Einbezug der globalen Transformation bezüglich aller Formen von Krieg und Gewalt zu überdenken.

Damit gelingt nicht allein eine Auseinandersetzung mit lokalen und globalen Konflikten, sondern ebenfalls eine Betrachtung der Folgen für die Zivilbevölkerung und eine Analyse der Zusammenhänge zwischen Geschlechtsbildern, Krieg und Gewalt über die Betrachtung der Frau als Opfer und des Mannes als Täter hinaus.

Männlichkeit und Weiblichkeit als antagonistische Entwürfe

Die Geschlechterforschung kann zeigen, dass es nicht eine allgemeingültige Männlichkeit und Weiblichkeit gibt, sondern dass das, was als männlich und weiblich gedacht wird, gesellschaftlich diskursiv konstruiert ist und sich somit vielfach verändert hat. Jedoch erfolgen die Entwürfe von Männlichkeit und Weiblichkeit oftmals antagonistisch und in gegenseitiger Ausschließung und beinhalten im Allgemeinen das Bild des mutigen, kampfbereiten Soldaten und entscheidungsfähigen Staatsmannes sowie der tröstenden „Kriegermutter" und „schönen Seele" (J.B. ELSHTAIN 1987: 4f zit. in C. HARDERS 2004: 462, vgl. auch G. MORDT 2002). Entlang dieser Konstruktionen kommt es durch Zuweisung zu Geschlechtsstereotypen, denen Neigungen und Fähigkeiten nicht nur zugeschrieben, sondern die auch biologisch argumentiert werden.

Männliche Identität wird beim Militär gelernt

Die Geschlechterkonstruktion der Männlichkeit wird eindrücklich von Tordis BATSCHNEIDER (1994) wie folgt beschrieben: Mit Beginn des Militärdienstes werden junge Rekruten zunächst dazu gezwungen, die typisch weibliche Rolle anzunehmen, die im hierarchischen System des Militärs vor allem durch Demütigungen charakterisiert ist. Diese Demütigungen, die zum großen Teil durch sexistisches Vokabular hervorgerufen werden, führen zu Unsicherheiten in der Geschlechtsidentität, die nur durch die Ausprägung einer soldatischen Männlichkeit überwunden werden kann. Für die Ausprägung dieses „soldatischen Ichs" (K. THEWELEIT 1987) werden dem Rekruten die klassischen Merkmale von Männlichkeit wie Mut, Härte,

Brutalität und Durchhaltevermögen angeboten, deren Annahme nur mit dem Ablegen alles Weiblichen wie Schwäche, Schutzbedürftigkeit, Zärtlichkeit, Empathie usw. einhergehen kann. Ein jüngeres Beispiel, wie der aktuelle Krieg gegen den Terror Männlichkeitsbilder reproduziert, findet sich in M. HANNAH (2005).

Vor dem Hintergrund, dass sich mit der Errichtung von Massenarmeen und der Einführung der Wehrpflicht die Anzahl der jungen Männer drastisch erhöhte, die eine solche militärische Sozialisationserfahrung machen, muss die Ausbildung junger Männer zu ‚richtigen' Männern auch hinsichtlich der Geschlechtskonstruktion auf ziviler Ebene beleuchtet werden. Ab dem 18. Jahrhundert wird das Militär zur wichtigsten Disziplinierungsinstitution, in der der Körper des Mannes und dessen Überlegenheit zum Symbol für Staat und Nation werden. Ziel der militärischen Ausbildung ist im Gegensatz zur Schule die absolute Unterordnung der Person und die Angleichung des Körpers und der Psyche an ein männliches Ideal, welches vor allem durch die Angst zu ‚verweiblichen' charakterisiert ist. Somit ordnen die Herausbildung des Nationalstaats und der Aufbau der Armee das Geschlechterverhältnis auch im Alltag und definieren klare Grenzen zwischen Weiblichkeit und Männlichkeit. Carol COHN untersucht die männliche Sprache in strategischen Diskursen und legt dar, wie sich Geschlechterdiskurse und Diskurse um nationale Sicherheit gegenseitig konstituieren, und wie auf diese Weise Eigenschaften, welche als eher weiblich bezeichnet werden, im Sicherheitsdiskurs kanalisiert, unterdrückt und ausgeschaltet werden (vgl. C. COHN 1990).

> Nationalstaat braucht männlichen Idealtyp

> Staatliche Konzepte von Männlichkeit und Weiblichkeit legitimieren Militär und letztlich auch Krieg.

Diese Gegenüberstellung dient jedoch nicht nur zur Legitimation unterschiedlicher Rollen in kriegerischen Zeiten, sondern vor allem der Legitimation von Krieg an sich. Zum einen benötigt der Krieg eine gewalttätige unerschrockene Männlichkeit, die nur zu konstruieren ist, wenn die komplementäre Vorstellung der schutzlosen Weiblichkeit existiert. Zum zweiten begründet die Definition der Frau als schutzlose Akteurin, die in Kriegszeiten zum Opfer wird, und des Mannes als gewaltbereiter potentieller Täter den Schutz von Frauen und Kindern als wichtigstes Motiv des Kampfes gegen einen Angreifer. Trotz der Widersprüche in den Geschlechtsstereotypen – die Abwertung des Weiblichen einerseits und die Hochstilisierung der Frau als Mutter, Schwester, Frau und Tochter andererseits sowie die Ausprägung brutaler Männlichkeit gegenüber dem beschützenden Helden – bringt die dualistische Geschlechtsordnung Vorteile für den Krieg, denn sie organisiert die Rollenzuweisung, legitimiert den Krieg und gibt Soldaten ein Motiv zum Kämpfen (B. WEISSHAUPT 1995: 5ff).

> Krieg basiert auf einer dualistischen Geschlechterordnung

8. GESCHLECHTERKONSTRUKTIONEN IN SICHERHEITSDISKURSEN

Sicherheitspolitik basiert auf dem männlichen Beschützermodell

I.M. Young argumentiert in ihrem Artikel „The Logic of Masculinist Protection: Reflections on the Current Security State" (2003), dass eine Sicherheitslogik, welche Angst als Argument für Sicherheitspolitik benutzt, nicht nur dazu führt, dass das Hobbes'sche Sicherheitsmodell des guten Nationalstaates, der sich gegen das Böse in der Welt schützt, wieder prosperiert. Es revitalisiert außerdem das Beschützermodell, in welchem der galante Mann die schwache Frau vor den Gefahren der Welt beschützt. Damit einhergehend reproduziert und bekräftigt diese Lesart neben einer hierarchischen nicht-egalitären Beziehung zwischen dem Staat und seinen Bürgerinnen und Bürgern auch Geschlechterhierarchien.

Gewalt als Ausdruck von Männlichkeit

Für Männer und Frauen entstehen dadurch nur Nachteile. Durch die Institutionalisierung der allgemeinen Wehrpflicht im Zuge der Herausbildung der bürgerlichen Nationalstaaten im späten 18. und 19. Jahrhundert und die damit einhergehende Konskription von Söldnern und Rekruten verlieren Männer im Zuge des Wandels vom Bürger zum Soldat den Status der Zivilperson und werden als Mittel zum Zweck im Kampf um die Sicherheit der (Zivil)Bevölkerung ausgebeutet. Weiterhin konstruiert die Verknüpfung von Männlichkeit und Gewalt die Gewaltanwendung als männliche Tugend, die Vaterlandspflicht wird zum Ehrendienst und Gewalt ist gleichzeitig Ausdruck von Männlichkeit als auch dessen Bestätigung (C. Eifler 2004: 26).

Krieg als Handlungsoption

Denn auch wenn der Angriffskrieg mittlerweile völkerrechtlich verboten ist, besitzt der Krieg als Handlungsmöglichkeit bis heute eine gesellschaftliche Akzeptanz wie auch die Aufrüstung als Mittel zur Kriegsverhütung zum großen Teil nicht kritisiert wird. „Vorbereitungen auf den Krieg sind integraler Bestandteil unserer Gesellschaft, der Weltgesellschaft insgesamt" (U. Wasmuth 2002: 89).

Frauen sind Kriegsopfer

Frauen sind neben Kindern die Hauptzivilopfer von Kriegen. Sie stellen die meisten zivilen Kriegstoten dar, machen den Großteil der Kriegsflüchtlinge aus und sind durch Vergewaltigungen von physischer und psychischer Gewalt betroffen. Erst durch die Konstruktion der Frau als ‚zu Beschützende' können Vergewaltigungen neben der Befriedigung von Mann und Männlichkeit auch als inoffizielle Strategie der Kriegsführung dienen. Denn die Erniedrigung der Frau dient der Erniedrigung des männlichen Gegners, dessen „Beschützergebot" dadurch verletzt und dessen „Niederlage auf symbolischer und praktischer Ebene gefestigt" wird (C. Harders und B. Roß 2002: 21 zit. in K. Hagemann 2005: 35).

Die Massenvergewaltigungen in Bosnien Herzegowina wurden von T. Mayer (2000) aus geographischer Perspektive analysiert. Sie folgten gemäß Mayer einer bestimmten Strategie, wobei Frauen immer zuerst im Privaten und dann in der Öffentlichkeit und in Camps vergewaltigt wurden. Die Bewegung vom Privaten in die Öffentlichkeit trug die Verbrechen auf eine höhere Skala und gab den Vergewaltigern mehr Macht über ihre Opfer und ihren Taten mehr politisches Gewicht.

Hinter diesem Bild der schutzbedürftigen Frau darf jedoch die Frau auch als Trägerin einer Kriegskultur nicht verschwinden. Denn ebenso wie eine soldatische Männlichkeit und zu beschützende Weiblichkeit unabdingbar für die gesellschaftliche und politische Legitimation des Krieges ist, spielt das Bild der Kriegermutter und Soldatin eine ebenso große Rolle. In diesem Sinne fragen Wissenschaftler_innen auch nach dem „weiblichen Gesicht des Krieges" und identifizieren den Krieg als eine von „Männern und Frauen getragene soziale Wirklichkeit" (U. WASMUTH 2002: 87), in der beide gleichzeitig Täter und Opfer sind. Hier hat C. ENLOE Ende der 1980er Jahre den bahnbrechenden Beitrag geleistet, als sie zeigt, wie die verschiedenen Skalen der Weltpolitik miteinander verbunden sind und inwiefern eben auch Frauen die kriegerische Gesellschaft mittragen.

Männer und Frauen sind gleichzeitig Täter und Opfer

> Männer und Frauen sind gleichzeitig Täter und Opfer im Krieg.

In ihrem Buch „Bananas, Beaches and Bases. Making Feminist Sense of International Politics" thematisiert C. ENLOE (2001) die Frage: Wo sind die Frauen? Sie analysiert wie und wo Frauen die internationale Politik mittragen, prägen oder herausfordern. Mit ihrer Arbeit macht ENLOE es in Zukunft unmöglich, Frauen ausschließlich in ihrer stigmatisierten Opferrolle zu sehen. C. HARDERS (2004) geht noch einen Schritt weiter und fordert in der Sicherheitsforschung die Akteurinnenperspektive einzunehmen, indem sie die geschlechterdifferenzierenden Zuschreibungen in der internationalen Politik zur Sprache bringt. Sie legt dar, dass Frauen und Männern in der internationalen Politik klare Rollen zugeschrieben werden: Der Mann beschützt das Opfer, die friedfertige Mutter, die Frau. C. COCKBURN und M. HUBIC denken diesen Prozess der Zuschreibung noch einen Schritt weiter. Sie argumentieren, dass der nationalistische Diskurs darauf abzielt, „(…) eine dominante, hyperaktive und kampfbereite Männlichkeit und eine domestizierte, passive und verwundbare Weiblichkeit ins Leben zu rufen." (C. COCKBURN und M. HUBIC 2002: 203).

Auch die internationale Politik basiert auf klaren Geschlechterrollen

> In vielen nationalstaatlichen Diskursen erfolgt nicht nur eine ganz bestimmte Zuschreibung zu Bildern und Rollen von Weiblichkeit und Männlichkeit, sondern diese sind darüber hinaus konstitutiv für Nationalismus und Militarismus überhaupt. Dass Frauen Kriege auch mittragen, dass sie als Soldatinnen an Kriegen teilnehmen, ist selten Bestandteil dieser Diskurse, welche die Kriege als solche erst legitimieren.

8. GESCHLECHTERKONSTRUKTIONEN IN SICHERHEITSDISKURSEN

Frauen tragen Kriege mit

Auch wenn sich die einschlägige Literatur im weitesten Sinne darüber einig ist, dass vordergründig Männer Kriege vorbereiten und durchführen, zeigen einige Arbeiten, dass es auch Frauen sind, die die Kriegseuphorie ihrer Männer unterstützen, an der Reproduktion von Feindbildern und an der Aufrechterhaltung des Dualismus von weiblich-friedfertig und männlich-kriegerisch beteiligt sind (U. WASMUTH 1992, E. KRIPPENDORFF 1988, C. THÜRMER-ROHR 1990). Erst ein Weiblichkeitsbild, das Frauen als passiv und schwach sieht, ermöglicht es, dass Frauen unbehelligt als Vermittlerinnen geheimer Botschaften oder als Trägerinnen von Bomben eingesetzt werden. Frauen nehmen im Zuge des Krieges von der klassischen Versorgerrolle bis hin zur aktiven Unterstützerin (z.B. Aufseherinnen in Konzentrationslagern) und Kämpferin verschiedene Tätigkeiten und Rollen ein (C. HARDERS 2004).

Frauenbild ermöglicht spezielle Rollen

Obwohl die Konstruktion von Männlichkeit und Weiblichkeit auf theoretischer Ebene vielseitig beleuchtet und deren Potential zur Instrumentalisierung deutlich gezeigt werden kann, wird dieses Kapitel zeigen, dass vor allem Frauen innerhalb von Friedensaktivitäten diese soziale Konstruktion von Weiblichkeit nutzen, um als friedliche Akteurinnen wahrgenommen und einsatzfähig zu werden. In der Praxis von Frauengruppen in Konfliktregionen und der internationalen Friedensbewegung bietet das mütterliche Weiblichkeitsbild Vorteile für das *empowerment* der Frauen. Auf Grund geschlechtsspezifischer Rollenbilder können sie sich nicht selten relativ frei in Konfliktsituationen bewegen, aktiv werden und zielgerichtet eingreifen[1].

Jedoch muss auch festgestellt werden, dass trotz der Charta der Vereinten Nationen von 1945 (Kapitel VI, Artikel 33), nach der die Staaten dazu verpflichtet sind, sich vor dem Einsatz von militärischer Gewalt um eine friedliche Beilegung des Konfliktes zu bemühen, und obwohl die Instrumentarien der friedlichen Streitbeilegung seit den 1990er Jahren ausgebaut werden, die abschreckungsorientierten militärischen Strategien gegenüber den friedlichen Konfliktlösungen im Vordergrund stehen. Letztere sind aber genau die Arbeitsfelder der zivilen Friedens- und Konfliktforschung, welche vordergründig durch Frauen erfüllt werden und durch deren Nichtwahrnehmung bzw. Ablehnung Frauen-Leben und das Potential von Frauen-Tätigkeiten unentdeckt bleiben.

> Amnesty International berichtet, dass Gewalt gegen Frauen und Mädchen das weltweit verbreitetste, alltäglichste und gleichzeitig am wenigsten wahrgenommene Menschenrechtsproblem darstellt.

---

1 Beispiele sind: IEPADES (Arbeitsgruppe zum Thema Sicherheit) in Guatemala; Liberians Women's Initiative in Liberia und Mouvement National des Femmes pour la Sauvegarde de la Paix et de l'Unité Nationale in Mali zur Entwaffnung.

In diesem Zusammenhang richtet sich der Blick von Journalist_innen, Wissenschaftler_innen und anderen Beobachter_innen oftmals auf Länder außerhalb Europas, doch auch in den sogenannten ‚entwickelten' Ländern Europas oder den USA ist die Gewalt an Frauen alltäglich. In Deutschland ist jede fünfte Frau von physischer oder sexueller Gewalt durch ihren Partner oder Verwandten und Bekannten betroffen; in den USA werden jedes Jahr 700.000 Frauen vergewaltigt; in Frankreich wird jeden vierten Tag eine Frau von ihrem Partner getötet (www.amnesty.ch) und insgesamt wurden nach Berichten der Weltgesundheitsorganisation weltweit fast 70% aller Morde an Frauen durch ihren Partner oder Ex-Partner verübt. Damit ist häusliche Gewalt die Hauptursache für den Tod oder die Gesundheitsschädigung bei Frauen zwischen 16 und 44 Jahren und rangiert damit noch vor Krebs oder Verkehrsunfällen (www.who.de). Zur Diskussion über die Sicherheit bzw. Unsicherheit in privaten respektive öffentlichen Räumen haben Geographinnen in den beginnenden 1990er Jahren umfassend geforscht. Zu berücksichtigen sind insbesondere die Arbeiten von G. VALENTINE (1992) und R. PAIN (1991), die zeigen, dass, obwohl mehr Übergriffe im Privaten passieren, sich die Frauen im öffentlichen Raum mehr fürchten. In ihren Artikeln suchen sie Erklärungen dafür, warum das so ist.

<small>Gewalt gegen Frauen auch in Friedenszeiten</small>

Cilja HARDERS (2004: 462) betont, dass die Formen der häuslichen Gewalt in Friedenszeiten eng mit den Gewaltformen des Krieges verbunden sind, denn auch diese sind geschlechtsspezifisch. Gewalt gegen Frauen erfolgt in Kriegszeiten zum Beispiel durch Vergewaltigungen und auch nach Kriegsende verschärfen sich häufig die Probleme der sexuellen Ausbeutung, da gerade durch Truppenstandorte die Nachfrage nach Prostitution steigt und somit *Peacekeeping*-Einsätze häufig weder Schutz noch Sicherheit für viele Frauen und Mädchen bedeuten. Hier ist vor allem der Bericht von AMNESTY INTERNATIONAL (2004) zu erwähnen, der hohe Wellen geschlagen hat, weil er erstmals den Zusammenhang von sogenannten bewaffneten Friedensmissionen und vermehrter Prostitution und Frauenhandel zeigen konnte.

Hinzu kommt die Zunahme von häuslicher Gewalt nach offizieller Beendigung des Krieges, denn nicht selten (be)nutzen heimkehrende Männer ihre Frauen als Katalysator für unverarbeitete Erlebnisse (G. HENTSCHEL 2005: 350). So kann Stasa ZAJOVIC (1992) nachweisen, dass Kriegsveteranen die „Nr. 1 – Vergewaltiger in Serbien (wurden)", sowohl im öffentlichen Raum als auch zu Hause.

Aus diesem Grund braucht es eine Kriegsdefinition, die die sexualisierte Form von Gewalt in Friedenszeiten sowie auch in Kriegszeiten einbezieht, und dies kann nur erfolgen, wenn Krieg aus der Perspektive der Akteure und nicht aus der Sicht der Nationalstaaten betrachtet wird. Eine solche Perspektive darf Krieg und Frieden nicht als abgrenzbare Zustände eines (inter)nationalen Konfliktes erfassen, sondern muss das Potential von Gewalt in beiden Situationen beleuchten. In diesem Sinne verfasst Judith Ann

<small>Hohes Gewaltpotential</small>

TICKNER (1992: 128) eine vielseitige Friedensvision, die der Tatsache Rechnung trägt, dass die größte Unsicherheit für Frauen in der Ungleichheit der Geschlechter besteht:

> „The achievement of peace, economic justice, and ecological sustainability is inseparable from overcoming social relations of domination and subordination, genuine security requires not only the absence of war but also the elimination of unjust social relation, including unequal gender relations."

Genau an dieser Stelle ist die feministische Perspektive der Politischen Geographie verankert.

Die spezielle Situation von Frauen bleibt unberücksichtigt

> Ausgehend von der Kritik an etablierten politischen Theorien, die ein männliches Weltbild reflektieren, kann die feministische Forschung in den Internationalen Beziehungen zeigen, dass erstens weibliche Lebensentwürfe und Alltagsbelastungen als Analysegegenstand nicht wahrgenommen werden und Frauen als Akteurinnen unterrepräsentiert und marginalisiert sind und damit konsequent ausgeschlossen werden; zweitens ihre spezifischen Belastungen auf Grund der Trennung von Kriegs- und Friedenszuständen unsichtbar bleiben und drittens das Geschlechterverhältnis nicht als Erklärungsfaktor für Krieg und Frieden beleuchtet wird.

Die Ablehnung des universalistischen Menschenbildes und die daraus folgende Betrachtung eines konstruierten Frauen- und Männerbildes sowie der konsequente Einbezug der Geschlechterverhältnisse als zentrale Analysekategorie von Krieg und Frieden sind allen feministischen Perspektiven innerhalb der Politischen Geographie gemein. Ausgehend von der Kritik an dichotomen Geschlechtskonstruktionen zeigen sie, wie stark die „Geschlechterungleichheit und die Kriegskultur (…) in das ideengeschichtliche Fundament des modernen demokratischen Staates eingelassen" sind (C. HARDERS 2004: 462).

Feministische Sicht auf Krieg und Frieden

Daneben kann die feministische Sicht auf Krieg und Frieden in dreierlei Hinsicht unterschieden werden.[2] Erstens konzentriert sich ein Teil der Ar-

---

2 Dass an dieser Stelle keine historische Aussage zu feministischem Engagement über Frieden und Krieg erfolgt, liegt nicht daran, dass es keines gegeben hätte, sondern ist dem einführenden Charakter des Buches geschuldet. Frauen, die sich mit Krieg, Frieden und Geschlecht auseinandersetzen, gibt es schon im Mittelalter. Christine DE PIZAN (1364–1430) schreibt schon Anfang des 15. Jahrhunderts „Das Buch von

beiten auf die kritische Auseinandersetzung mit den theoretischen Konzepten von Krieg und Frieden und untersucht sie hinsichtlich ihrer geschlechtsspezifischen Implikationen. Diese Arbeiten interessieren sich vor allem für das Verhältnis von Krieg, Frieden, Nationalstaatlichkeit, militärischer Kraft und Staatsbürgerschaft (U. RUPPERT 1998, B. ROSS 2002), decken den Zusammenhang von Geschlechter Regimes und Gewaltformen auf und zeigen, wie stark Geschlechterstereotype den Theorien ebenso wie der Praxis von Krieg, Frieden und vor allem von Sicherheit zu Grunde liegen. Hinsichtlich der Militarisierung des Privaten siehe auch M. KUUS (2007). Mit ihrer Analyse zeigt Merje KUUS auf, wie militärische Abschottungspolitik zur identitätsstiftenden Dimension wird und mit positiven moralischen Werten aufwartet. Sicherheit und Militarisierung werden dadurch gleichzeitig banalisiert und glorifiziert und als Diskurs Teil des alltäglichen, sozialen Lebens. Damit zeigt auch KUUS die Wirkungsweisen internationaler Diskurse auf der Ebene der Nation und schließlich auf der Ebene der Subjekte. Geopolitik ist eben nicht das Spiel einiger großer Männer in ihren Staatsbüros, wie G. Ó TUATHAIL und J. AGNEW (1992) dies pointiert festgehalten haben, sondern es ist eine Dynamik, die sich auf allen geographischen Maßstabsebenen zeigt und sich dadurch selbst in ihrer Wirkung noch verstärkt und reproduziert.

Gender Regimes und Gender Stereotype sind in Kriegs- und Sicherheitskonzepten verankert

Von diesen können zweitens die Arbeiten unterschieden werden, die sich mit der Entwicklung von Alternativen beschäftigen und drittens die Arbeiten, die in den letzten Jahren im Zuge der Diskussion um Frauen im Militär, Friedensmissionen, humanitäre Hilfe, Arbeiten der NGOs (Non-Governmental Organisation) usw. *Gendering*-Prozesse ins Zentrum der Untersuchung stellen. An dieser Stelle sollen jedoch auch jene Studien nicht vergessen werden, die sich mit der aktiven Teilhabe von Frauen im Krieg beschäftigen, denn auch Frauen engagier(t)en sich in nationalistischen und imperialistischen Verbänden und unterstütz(t)en Kriege argumentativ, politisch, ökonomisch sowie physisch (J.B. ELSHTAIN 1987, J.S. GOLDSTEIN 2001 zit. in T. KÜHNE 2005: 62).

Feministische Sicherheitsforschung entwickelt Alternativen und diskutiert Gendering-Prozesse

Um der Marginalisierung von Frauen im Friedensprozess und der Abwertung ihrer Tätigkeiten in der Praxis entgegenzuwirken, erfolgt frauenpolitisches Engagement neben zahlreichen lokalen und regionalen basisorientierten Frauenfriedensorganisationen europaweit durch CEDAW (The Convention on the Elimination of All Forms of Discrimination against Women) und UNIFEM (United Nations Development Fund for Women) sowie durch WILPF mit dem Projekt Peace Women. In Deutschland entwickelte der Deutsche Frauensicherheitsrat, der seit 2003 ein Zusammenschluss von Expertinnen aus frauen-, friedens-, entwicklungs- und men-

der Stadt der Frauen" und 1414 das „Livre de la Paix", in dem sie sich für das Erreichen von Frieden einsetzt und die Mitbestimmung von Frauen bei Fragen von Krieg und Frieden fordert.

schenrechtspolitischen Arbeitsfeldern und Organisationen ist, ein Handlungskonzept, das die Genderperspektive konsequent in die Außen- und Sicherheitspolitik einbezieht. Zielgruppe seiner Arbeit sind die Bundesregierung, ebenso die Friedens- und Konfliktforschung sowie die Öffentlichkeit wie NGOs und Medien.

Frauen sind engagiert in Konfliktbearbeitung, aber von Entscheidungen ausgeschlossen

Daneben sind Frauen bisher nicht nur unsichtbar, sondern unterliegen auch den Mechanismen der Marginalisierung, indem sie an einer aktiven Teilnahme an Friedensprojekten gehindert werden. Das Versäumnis mehr Frauen in Friedensverhandlungen einzubeziehen, zeigt auch die Studie von UNIFEM „Who Answers to Women? Gender & Accountability" (2008).

Zwar nehmen Frauen in größerem Umfang als Männer an der zivilen Konfliktbearbeitung teil, die Art der Teilnahme unterscheidet sich aber deutlich von denen der Männer. Auf den Gebieten der Einleitung, Unterstützung und Durchführung von Projekten, also in den Aufgabenbereichen mit höherer Verantwortung, sind Frauen genauso unterrepräsentiert wie bei den militärischen Einsätzen. Die Entscheidung über Krieg und Frieden, Methoden und Personalressourcen wird in der Regel von Männern getroffen, was sich auch in der Marginalisierung der Frauen im System der Vereinten Nationen zeigt (vgl. H.-M. BIRCKENBACH 2005).

Aus der Erkenntnis heraus, dass eine Geschlechterperspektive auch im Bereich der Friedens- und Konfliktforschung notwendig ist, werden im Abschlussdokument der Weltfrauenkonferenz von Beijing+5 (vom 5. bis 9. Juni 2000) eine Reihe von Maßnahmen gefordert. Eine der wesentlichen Forderungen war dabei die verstärkte Teilhabe von Frauen an den Entscheidungsprozessen auch im Vorfeld von Einsätzen, um deren Nachhaltigkeit zu gewährleisten, da nur dadurch spezifische Belastungen von Frauen und Mädchen aufgedeckt werden können. Im selben Jahr (vom 24. bis 31. Oktober 2000) steht zum ersten Mal in der Geschichte des Sicherheitsrates der Vereinten Nationen das Thema „Frauen 2000: Gleichstellung, Frieden und Entwicklung für das 21. Jahrhundert" auf der Tagesordnung, im Zuge dessen es zur Verabschiedung der Resolution 1325 durch den UN-Sicherheitsrat kommt (UN 2000).

UNO-Resolution 1325 soll Frauen in Friedensverhandlungen einbinden

Exkurs

Auszüge aus der Resolution 1325; verabschiedet auf der 4213. Sitzung des UN-Sicherheitsrats am 31. Oktober 2000

Der Sicherheitsrat,

(...); mit dem Ausdruck seiner Besorgnis darüber, dass Zivilpersonen, insbesondere Frauen und Kinder, die weitaus größte Mehrheit der von bewaffneten Konflikten betroffenen Personen stellen, namentlich auch als Flüchtlinge und Binnenvertriebene, und dass sie in zunehmendem Maße von Kombattanten und bewaffneten Elementen gezielt angegriffen werden, sowie in der Erkenntnis, dass dies Folgen für einen dauerhaften Frieden und eine dauerhafte Aussöhnung nach sich zieht,

erneut erklärend, welche wichtige Rolle Frauen bei der Verhütung und Beilegung von Konflikten und bei der Friedenskonsolidierung zukommt und betonend, wie wichtig es ist, dass sie an allen Anstrengungen zur Wahrung und Förderung von Frieden und Sicherheit gleichberechtigt und in vollem Umfang teilhaben und dass ihre Mitwirkung an den Entscheidungen im Hinblick auf die Verhütung und Beilegung von Konflikten ausgebaut werden muss (...);

betonend, dass (...) in allen Bereichen von Friedenssicherungseinsätzen eine Geschlechterperspektive zu integrieren ist (...); ferner anerkennend, dass ein Verständnis der Auswirkungen bewaffneter Konflikte auf Frauen und Mädchen, wirksame institutionelle Vorkehrungen zur Gewährleistung ihres Schutzes und ihre volle Mitwirkung am Friedensprozess in erheblichem Maße zur Wahrung und Förderung des Weltfriedens und der internationalen Sicherheit beitragen können (...);

legt dem Generalsekretär nahe, (...) mehr Frauen zu Sonderbeauftragten und Sonderbotschafterinnen zu ernennen, die in seinem Namen gute Dienste leisten, und fordert die Mitgliedsstaaten in diesem Zusammenhang auf, dem Generalsekretär Kandidatinnen zur Aufnahme in eine regelmäßig aktualisierte zentrale Liste vorzuschlagen (...);

> ersucht den Generalsekretär, den Mitgliedsstaaten Leitlinien für die Aus- und Fortbildung sowie Material über den Schutz, die Rechte und die besonderen Bedürfnisse von Frauen sowie über die Wichtigkeit der Beteiligung von Frauen an allen Friedenssicherungs- und Friedenskonsolidierungsmaßnahmen zur Verfügung zu stellen (...);
>
> fordert alle beteiligten Akteure auf, bei der Aushandlung und Umsetzung von Friedensübereinkünften eine Geschlechterperspektive zu berücksichtigen, die unter anderem auf Folgendes abstellt:
> a) die besonderen Bedürfnisse von Frauen und Mädchen während der Rückführung und Neuansiedlung sowie bei der Normalisierung, der Wiedereingliederung und dem Wiederaufbau nach Konflikten;
> b) Maßnahmen zur Unterstützung lokaler Friedensinitiativen von Frauen und autochthoner Konfliktbeilegungsprozesse sowie zur Beteiligung von Frauen an allen Mechanismen zur Umsetzung der Friedensübereinkünfte;
> c) Maßnahmen zur Gewährleistung des Schutzes und der Achtung der Menschenrechte von Frauen und Mädchen, insbesondere im Zusammenhang mit der Verfassung, dem Wahlsystem, der Polizei und der rechtsprechenden Gewalt (...);
>
> hebt hervor, dass alle Staaten dafür verantwortlich sind, der Straflosigkeit ein Ende zu setzen und die Verantwortlichen für Völkermord, Verbrechen gegen die Menschlichkeit und Kriegsverbrechen, namentlich auch im Zusammenhang mit sexueller und sonstiger Gewalt gegen Frauen und Mädchen, strafrechtlich zu verfolgen (...);
>
> (...) bekundet seine Bereitschaft, dafür zu sorgen, dass bei Missionen des Sicherheitsrats die Geschlechterperspektive sowie die Rechte von Frauen berücksichtigt werden, namentlich auch durch Konsultationen mit Frauengruppen auf lokaler wie internationaler Ebene (...);
>
> beschließt, mit der Angelegenheit aktiv befasst zu bleiben.
> Auf der 4213. Sitzung einstimmig verabschiedet.

Diese und andere Maßnahmen lassen hoffen, dass das Aufgabengebiet der friedlichen Konfliktlösung, in dem vor allem Frauen arbeiten, stärker an die Öffentlichkeit tritt und damit die frauenspezifischen Belastungen in Kriegs- und Friedenszeiten zum einen sowie die Bemühungen und das Engagement von Frauen zum anderen sichtbar werden. Am 19. Juni 2008 verabschiedet der UN-Sicherheitsrat seine zweite Resolution zu Frauen, Frieden und Sicherheit – die Resolution 1820 (UN 2008). Dort wird sexualisierte Gewalt in Kriegen zu einem Kriegsverbrechen erklärt, welches strafrechtlich verfolgt wird.

UNO-Resolution 1820 gegen sexualisierte Gewalt

Exkurs:

Auszug aus der Resolution 1820 : verabschiedet vom Sicherheitsrat am 19. Juni 2008

Der Sicherheitsrat,

1. betont, dass sexuelle Gewalt, wenn sie als vorsätzlich gegen Zivilpersonen gerichtete Kriegstaktik oder im Rahmen eines ausgedehnten oder systematischen Angriffs auf die Zivilbevölkerung eingesetzt wird oder andere damit beauftragt werden, Situationen bewaffneten Konflikts erheblich verschärfen und die Wiederherstellung des Weltfriedens und der internationalen Sicherheit behindern kann...und erklärt, ... erforderlichenfalls geeignete Maßnahmen zu beschließen, um gegen ausgedehnte oder systematische sexuelle Gewalt vorzugehen;
2. verlangt, dass alle Parteien bewaffneter Konflikte alle sexuellen Gewalthandlungen gegen Zivilpersonen umgehend und vollständig mit sofortiger Wirkung einstellen;
3. verlangt, dass alle Parteien bewaffneter Konflikte sofort geeignete Maßnahmen ergreifen, um Zivilpersonen, insbesondere Frauen und Mädchen, vor allen Formen sexueller Gewalt zu schützen, ...die Evakuierung unmittelbar von sexueller Gewalt bedrohter Frauen und Kinder an einen sicheren Ort, ...unter anderem unter Berücksichtigung der Auffassungen der Frauen der betroffenen örtlichen Gemeinschaften;
4. stellt fest, dass Vergewaltigung und andere Formen sexueller Gewalt ein Kriegsverbrechen, ein Verbrechen gegen die Menschlichkeit oder eine die Tatbestandsmerkmale des Völkermords erfüllende Handlung darstellen können, betont, dass sexuelle Gewaltverbrechen von Amnestiebestimmungen, die im Zusammenhang mit Konfliktbeilegungsprozessen erlassen werden, ausgenommen werden müssen, ...
5. bekräftigt seine Absicht, bei der Verhängung und Verlängerung von länderspezifischen Sanktionsregimen die Angemessenheit

gezielter und abgestufter Maßnahmen gegen Parteien bewaffneter Konflikte, die Vergewaltigungen und andere Formen sexueller Gewalt gegen Frauen und Mädchen in Situationen bewaffneten Konflikts begehen, in Erwägung zu ziehen;

6. ersucht den Generalsekretär ...geeignete Ausbildungsprogramme für das gesamte Friedenssicherungs- und humanitäre Personal zu entwickeln und durchzuführen ...um diesem Personal zu helfen, sexuelle Gewalt und andere Formen von Gewalt gegen Zivilpersonen besser zu verhüten, zu erkennen und ihr entgegenzutreten;

7. ersucht den Generalsekretär, die Anstrengungen zur Umsetzung der Null-Toleranz- Politik gegenüber sexueller Ausbeutung und sexuellem Missbrauch bei Friedenssicherungseinsätzen der Vereinten Nationen fortzusetzen und zu verstärken, ...

8. ermutigt die truppen- und polizeistellenden Länder,... Maßnahmen zu erwägen, ...um das Problembewusstsein ...in Bezug auf den Schutz von Zivilpersonen, insbesondere Frauen und Kindern, und die Verhütung sexueller Gewalt gegen Frauen und Kinder in Konflikten und Postkonfliktsituationen zu stärken, ...

9. ersucht den Generalsekretär, wirksame Leitlinien und Strategien auszuarbeiten, um ...insbesondere Frauen und Mädchen, vor allen Formen sexueller Gewalt zu schützen, und in seine schriftlichen Berichte ...systematisch seine Anmerkungen über den Schutz von Frauen und Mädchen sowie seine diesbezüglichen Empfehlungen aufzunehmen;

10. ersucht den Generalsekretär ...gegebenenfalls im Wege von Konsultationen mit Frauenorganisationen und von Frauen geführten Organisationen wirksame Mechanismen auszuarbeiten, um Frauen und Mädchen in den von den Vereinten Nationen verwalteten Flüchtlings- und Binnenvertriebenenlagern und deren Umkreis sowie in allen Entwaffnungs-, Demobilisierungs- und Wiedereingliederungsprozessen wie auch bei den von den Vereinten Nationen unterstützten Reformbemühungen im Justiz- und Sicherheitssektor vor Gewalt, darunter insbesondere sexueller Gewalt, zu schützen;

11. betont die wichtige Rolle, die die Kommission für Friedenskonsolidierung spielen kann, indem sie ... Möglichkeiten des Vorgehens gegen sexuelle Gewalt aufnimmt, die während und nach bewaffneten Konflikten begangen wird, und indem sie gewährleistet, dass im Rahmen ihres allgemeinen Herange-

hens an Geschlechterfragen die Frauen der Zivilgesellschaft konsultiert werden und wirksam vertreten sind, wenn die Kommission in ihrer jeweiligen landesspezifischen Konfiguration zusammentritt;
12. fordert den Generalsekretär ...auf Frauen zur Teilnahme an Erörterungen über die Verhütung und Beilegung von Konflikten, die Wahrung von Frieden und Sicherheit und die Friedenskonsolidierung nach Konflikten einzuladen, und ermutigt alle an solchen Gesprächen beteiligten Parteien, die gleichberechtigte und volle Mitwirkung der Frauen auf den Entscheidungsebenen zu erleichtern;
13. fordert alle beteiligten Parteien, ...nachdrücklich auf, den Aufbau und die Stärkung der Kapazitäten nationaler Institutionen, insbesondere des Justiz- und Gesundheitswesens, sowie lokaler Netzwerke der Zivilgesellschaft zu unterstützen, um den Opfern sexueller Gewalt in bewaffneten Konflikten und Postkonfliktsituationen nachhaltige Hilfe zu gewähren;
14. fordert die zuständigen regionalen und subregionalen Organe nachdrücklich auf, insbesondere die Ausarbeitung und Durchführung von Politiken, Aktivitäten und Kampagnen zu Gunsten der von sexueller Gewalt in bewaffneten Konflikten betroffenen Frauen und Mädchen zu erwägen;
15. ersucht den Generalsekretär außerdem, dem Rat bis zum 30. Juni 2009 einen Bericht über die Durchführung dieser Resolution ...
16. beschließt, mit der Angelegenheit aktiv befasst zu bleiben.

Die Verabschiedung der Resolution 1820 wird vielerorts als Meilenstein gefeiert, da sie Kriegsvergewaltigungen und andere Formen sexualisierter Gewalt zu Angelegenheiten des Sicherheitsrates macht und damit Maßnahmen gegen Verantwortliche möglich werden. Ebenso wird ausdrücklich betont, dass es zu einem Ende der Straflosigkeit der Täter kommt. Gleichzeitig führt sie aber zu neuen Diskussionen über die Stigmatisierung von Frauen als Opfer und als „schützenswertes Objekt". Die Resolution 1820 ist enger gefasst als 1325, die noch expliziter die Rolle von Frauen als wichtige Schlüsselpersonen bei Konfliktprävention, -lösung und Friedenskonsolidierung und die Teilhabe von Frauen an allen gesellschaftlichen Entscheidungen auf allen gesellschaftlichen Ebenen vorsieht. Die Resolution 1820 ist in ihrer Sprache aber um einiges präziser, härter und klarer als die Resolution 1325 (UN 2000, 2008).

8.2 Militarismus und neue Sicherheitskonzepte

Sicherheitskonzepte haben sich immer wieder verändert, wobei für uns heute besonders der Wandel nach dem Ende des Kalten Krieges von Bedeutung ist. Das national territoriale Sicherheitsverständnis geht auf T. HOBBES (17. Jahrhundert) zurück, wie J. DER DERIAN (1995) in seinem Beitrag zum Verständnis von Sicherheit ausführt. Er argumentiert, dass eine Genealogie des Sicherheitskonzeptes notwendig sei, um die Ökonomie seines Gebrauches in der Gegenwart zu verstehen und um die moderne Sicherheit, mit einer Pluralität von Zentren, mit vielfältigen Bedeutungen und mit fluiden Identitäten zu re-interpretieren. Gemäß DER DERIAN geht es nicht darum, eine tiefere Bedeutung des Sicherheitskonzeptes aufzudecken, sondern er möchte erstens die fiktiven Identitäten der Vergangenheit, welche aus dem Attribut der Angst hervorgegangen sind, destabilisieren. Zweitens verlangt er eine positive Wahrnehmung von Differenz, welche zukunftsweisend werden könnte. Dies ist allerdings bis heute weltweit kaum verwirklicht:

Das Sicherheitskonzept beruhte auf Territorialverteidigung

> Das Sicherheitskonzept der Territorialverteidigung, das nach dem Ende des Zweiten Weltkriegs in der Zeit des Kalten Krieges aktuell war, entsprach dem Prinzip der Bipolarität der Welt (West-Ost), wobei den beiden Hemisphären auch Territorien im Sinn von Nationalstaaten zugeordnet wurden.

Diese Einflussbereiche wurden entsprechend militarisiert und in Militärbündnissen (NATO und Warschauer Pakt) organisiert, die Grenzen wurden befestigt (u.a. mit dem Eisernen Vorhang). Die Front verlief an den Staats- bzw. Bündnisgrenzen und damit einhergehend auch deren Militarisierung. Es gab nur wenige neutrale (Schweiz, , Österreich, Finnland, Schweden) oder blockfreie Staaten (Jugoslawien). Das Ziel war, das staatliche Territorium (oder Bündnisterritorium) zu verteidigen und dessen Integrität zu wahren. Dieses Konzept gilt beispielsweise heute noch für (Nord/Süd)Korea.

Konzept der menschlichen Sicherheit

Mit dem Ende des Kalten Krieges, der zunehmenden Globalisierung und der Auflösung zumindest des Warschauer Paktes, der Fragmentierung der ehemaligen Sowjetunion und des ehemaligen Jugoslawien sowie dem Aufbrechen der starren nationalstaatlichen Strukturen haben sich neue geopolitische Strukturen entwickelt: auf der einen Seite durch supranationale Bündnisse, die sich seither räumlich erweitert, aber auch inhaltlich intensiviert (EG zu EU) haben, oder auch weniger verpflichtende Formen militärischer Bündnisse, die dafür aber räumlich viel weitreichender sind, wie beispielsweise die Entwicklung der NATO (North Atlantic Treaty Organisation) zum *Partnership for Peace*. Die staatliche Ebene wurde in einigen Fällen (beispielsweise Georgien) durch Ethnisierung in Frage gestellt, in

8. GESCHLECHTERKONSTRUKTIONEN IN SICHERHEITSDISKURSEN

Abbildung 20: Desarmierung einer militärischen Befestigungsanlage

anderen Fällen haben Nationalstaaten militärische und sicherheitspolitische Kompetenzen an die supranationalen Ebenen delegiert und damit nationale Kompetenzen reduziert. Gleichzeitig lässt sich auch eine Verschiebung der Sicherheitsdiskurse auf die Mikroebene feststellen, das Konzept der Menschlichen Sicherheit der UN beispielsweise vollzieht diesen Wechsel.

> Menschliche Sicherheit wird als Freiheit von Angst und Mangel verstanden. Dadurch wird ein Fokus auf den Körper und damit auf Geschlecht möglich, ist aber im Konzept nicht zwingend angelegt.

Seit dem 11. September 2001 hat sich weltweit das Konzept von Krieg und Frieden, Bedrohung und Sicherheit deutlich gewandelt, wie auch K. DODDS und A. INGRAM (2009) in ihrem Überblick zeigen. Aus Geschlechterperspektive wird immer wieder kritisiert, dass (national-territoriale) Sicherheit eben auch Unsicherheit produziert (Sicherheit im Wettrüsten der Großmächte führt de facto zu mehr Unsicherheit; Sicherheit in der Schweiz durch Waffenaufbewahrung zu Hause führt zu mehr Unsicherheit im Privaten; Sicherheit in internationalen *peace keeping operations* führt zu mehr Unsicherheit für Frauen vor Ort etc.). Dazu hat sich aus geographischer Perspektive erstmals S. DALBY (1994) geäußert. S. DALBY (1998) argumentiert, dass dieser Wandel aber generell nicht so tiefgreifend war, wie es

national-territoriale Sicherheit produziert auch Unsicherheit

scheint, denn es mögen sich seither zwar die Sicherheitspolitiken verändert haben, kaum aber die Logik, der Mechanismus der Sicherheit. Er behauptet, dass weiterhin das POGO Syndrom – *Political Organisation to Generate Others* – das Denken der Sicherheit dominiert.

> Für die Politische Geographie bedeutet dies nicht nur, die *Critical Geopolitics* um die Geschlechterdimension zu erweitern, sondern mit der geschlechterdifferenzierten Positionierung einen grundlegenden Richtungswechsel in der Sicherheitsforschung herbeizuführen, wie es S. DALBY schon 1994 verlangt.

Dem entsprechend analysiert Bettina FREDRICH (im Druck) in ihrer in Kürze erscheinenden Dissertation erstmals (zumindest im deutschsprachigen Raum) aktuelle Sicherheitsdebatten aus geschlechtergeographischer Perspektive. Anhand von Interviews mit Expertinnen und Experten der staatlichen und nicht-staatlichen Sicherheits- und Friedenspolitik der Schweiz zeigt sie auf, wie Raum und Geschlecht im Reden über Sicherheit verfasst werden.

Neue umfassende Sicherheitskonzepte notwendig

Auch in der wissenschaftlichen Debatte der *International Relations* kommt es zu Diskussionen, inwiefern das Konzept der Sicherheit erweitert (ökologisch, sozial etc.) werden soll und inwiefern es vertieft werden soll (d.h. auf andere Skalen transferiert – beispielsweise den Körper). Viel Diskussion löst weltweit das Konzept der menschlichen Sicherheit aus. Spezifisch feministische Sicherheitskonzepte sind rar – wie B. FREDRICH zeigt. Viel geleistet wurde aber bezüglich einer feministischen Kritik an der nationalstaatlichen Sicherheit.

Frauen vertreten breites Friedens- und Sicherheitskonzept

Von vielen Frauen wird sowohl in der Alltagspraxis wie in der Wissenschaft ein sehr breites und umfassendes Friedens- und Sicherheitskonzept vertreten, das auch den Umweltschutz, soziale und ökonomische Gerechtigkeit und die Gewährleistung der Menschenrechte einschließt (siehe www.1000peacewomen.org). Dieses Konzept wird offenbar auch zunehmend vom Nobelpreiskomitee vertreten, denn in den letzen Jahren bekamen immer wieder Frauen, die auch Menschenrechts- und Umweltfragen sowie soziale Probleme thematisierten, den Friedensnobelpreis wie Aung SAN SUU KYI (Myanmar) 1991, Rigoberta MENCHÚ TUM (Guatemala) 1992, Jody WILLIAMS (USA) 1997, Schirin EBADI (Iran) 2003 und Wangari MAATHAI (Kenya) 2004.

Andererseits hat sich auch das Konzept der legalen Gewalt ausgeweitet und neben dem Staat nehmen nun auch viele andere Organisationen das Recht für sich in Anspruch, legal Gewalt auszuüben, insbesondere, wenn der Staat sein Gewaltmonopol nicht durchsetzen kann.

> Heute hat sich die geopolitische Situation und damit das Bedrohungsszenario im Vergleich zur Zeit des Kalten Krieges völlig geändert: Durch das Nachlassen der Staatsmacht in den etablierten Staaten und die Fragmentierung in anderen kommt es zu einem Bedeutungsgewinn der Ethnien und damit mancherorts zu binnenstaatlichen oder regionalen Konflikten, bei denen sich bewaffnete Banden, zu denen Männer, oft aber auch Kindersoldaten gehören, gegenüber stehen.

Diese nichtstaatlichen Truppen nehmen keinerlei Rücksicht auf die Zivilbevölkerung, womit Frauen, die die Verantwortung für ihre Familien tragen, mit diesen oft flüchten müssen und in eine sehr prekäre Lage geraten. *Neue Bedrohungsszenarien*

In anderen Fällen (sogenannten *failing states*) kann der Staat das Gewaltmonopol nicht gewährleisten. Damit entsteht ein Machtvakuum, in dem militarisierte Vertreter oder private Sicherheitsdienste beispielsweise von globalen Konzernen deren Interessen, vor allem zur Rohstoffgewinnung, absichern. Auch hier ist die Zivilbevölkerung, oft die zurückgelassenen Familien, von Gewalt und Entzug der Lebensgrundlagen bedroht. *Failing states als Unsicherheitszonen*

In beiden Fällen sind für diese militarisierten Einheiten nicht mehr der Schutz und die Verteidigung des Gesamtstaates das Ziel, sondern der Schutz bzw. die Sicherung spezieller Räume, z.B. Rohstoffgebiete. Nicht mehr staatliches Territorium und Bevölkerung sollen geschützt werden, sondern ökonomische Interessensräume, oft von transnationalen Konzernen. Damit erfolgt auch ein gewisses Maß an Privatisierung von Kriegen und Konflikten, bei denen Sicherheitsfirmen wie Blackwater, die einerseits für Staaten, wie z.B. für die USA im Irak, oder andererseits zur Modernisierung des Militärs transformierter Staaten, wie Kroatien, eine immer bedeutendere Rolle spielen. Damit lässt sich auch hier eine Privatisierung der Gewaltausübung feststellen, wenn auch in organisierter Form. Dies bedeutet aber gleichzeitig einen Verlust von Kontrolle, weil für diese quasi privaten Söldnertruppen die internationalen Verträge, die reguläre Truppen zur Wahrung bestimmter Spielregeln verpflichten sollen, nicht verpflichtend gelten und daher bei Verstößen dagegen auch nicht der Staat zur Verantwortung gezogen wird, sondern maximal diese Sicherheitsfirmen. Sie bieten Männern eine Möglichkeit, oft sehr gut bezahlt, ihre Abenteuerlust und vor allem ihre hegemoniale männliche Identität zu erproben und zu beweisen. Frauen sind diesen irregulären Truppen und Söldnern aber noch mehr ausgeliefert als regulärem und damit internationalen Standards unterworfenen Militär. *Privatisierung des Krieges*

Mit dieser Privatisierung des Krieges sind vermehrt Netzwerke militanter Truppen entstanden, wie z.B. Al Khaida, die insbesondere nach den Anschlägen des 11. September medial ins Blickfeld gerückt sind. Auch für sie gelten alle internationalen Abkommen nicht, die selbst im Krieg die

Wahrung gewisser Rechte und damit den Schutz von Frauen und Kindern gewährleisten sollen.

<small>Militär kriegt neue Gegenspieler</small>

Heute haben wir in Europa eine geopolitische Situation, bei der der Angriff eines Staates durch einen anderen, um Territorium zu gewinnen, zumindest derzeit höchst unwahrscheinlich geworden ist. Damit sind territoriale Verteidigungskonzepte auf der Ebene von Nationalstaaten obsolet und mittlerweile meist beseitigt worden. Stattdessen treten andere, viel kleinräumigere Bedrohungsszenarien in den Vordergrund: der Schutz der Bevölkerung vor terroristischen Angriffen, der Schutz lokaler Ressourcen wie Trinkwasser, aber auch firmeneigener Enklaven von Rohstoffvorkommen bis Sonderwirtschaftszonen oder Ferienclubs, bis zum Schutz von vertriebenen ethnischen Gruppen. Damit ergibt sich eine asymmetrische Bedrohung, denn nicht mehr ein Militär wird durch ein anderes Militär bedroht, sondern die Bevölkerung, eventuell kritische Infrastruktur, aber auch Objekte mit besonderer Symbolik wie die Twin Towers, Rohstofffförderungs- und Transporteinrichtungen, wie die Piraterie am Horn von Afrika eindrucksvoll beweist, wo militante nichtstaatliche Gruppen aktiv werden. Dies bedeutet, dass das Militär nicht mehr ein klassisches Militär gegenüber hat, sondern jemanden, der (sehr gut bewaffnet und ausgebildet) aus einer nicht deklarierten Position heraus attackiert. Die Konsequenzen dieser Form der Militarisierung für die Sicherheit der Zivilbevölkerung, aber auch die Gender Regimes und handlungsrelevanten Konzepte von Männlichkeit und Weiblichkeit dieser Paramilitärs sind noch kaum erforscht. Generell werden die Sicherheitsregimes ja kleinräumiger, beispielsweise Videoüberwachung im öffentlichen Raum.

Die neue Räumlichkeit der Gefahren führt aber zudem auch zu neuen Aufgaben der Militärs. Die Diskussionen in der Schweiz beispielsweise drehen sich hier virulent um die Frage, inwiefern das Militär Aufgaben im Inneren übernehmen soll. Einige (vor allem Feministinnen) befürchten eine Versicherheitlichung, das heißt, dass vormals zivile Bereiche vom Militär unter dem Vorwand der Sicherheitsproduktion übernommen werden (zur Versicherheitlichung vgl. O. WEAVER 1995).

Auch dem Konzept der *Human Security* wird dies zuweilen vorgeworfen, da es viel umfassendere Probleme der Sicherheit unterordnet. Gemäß C. VON BRAUNMÜHL (2004) sucht sich der Begriff der Menschlichen Sicherheit den falschen Weggefährten, wenn er das Risiko erhöht, dass vormals nicht militärische Bereiche, wie das Recht, oder die Entwicklungszusammenarbeit, über den Begriff der Menschlichen Sicherheit der Logik des militärischen Denkens unterworfen werden.

Dem Konzept der Menschlichen Sicherheit wird weiter vorgeworfen, dass es nicht operationalisiert werden kann.

Um unter diesen Bedingungen den Schutz für die Bevölkerung, aber auch für Firmen oder spezielle Ereignisse sicherzustellen, ergibt sich ein neues Bild von Sicherheitsbedürfnissen bzw. der Militarisierung: Viele private Sicherheitsfirmen, aber auch Polizeikräfte, übernehmen in diesem Spektrum eine Fülle zusätzlicher Aufgaben wie beispielsweise den Schutz der Teilnehmer_innen an Weltmeisterschaften bis hin zu militärischen Kräften, die die Luftraumüberwachung sicherstellen, oder für *worst case*-Szenarien in Europa zur Unterstützung anderer Militärs eingesetzt werden können.

> Damit ergibt sich für die Sicherheitskräfte eine veränderte, aber eher an Bedeutung gewinnende Aufgabe, auch in neutralen Staaten, mit ganz neuen, viel kleinteiligeren, territorialen Bezugsräumen und bisher noch kaum reflektierten Konsequenzen für die Geschlechterrollen.

Dies ist eine völlig neue Aufgabe für Militärs, weg von der klassischen Territorialverteidigung, wo Militär gegen Militär stand, entsprechend vorbereitet, nach einer Kriegserklärung. Dabei wurde die Zivilbevölkerung als die zu schützende angesehen, die selbst zu keiner Verteidigung imstande und dafür auch nicht vorgesehen war. Im Gegenteil, sie sollte eventuell sogar evakuiert werden. Jetzt ist die Aufgabe der punktuelle Schutz vor nicht genau territorialisierbaren Feinden. Kriegs- und Friedenszeiten lassen sich nicht mehr so klar unterscheiden und dies ergibt neue, temporäre Gender Geographien des politischen und militärischen Handelns (vgl. B. FREDRICH, im Druck). Gerade das Schützen ist jedoch ein tief vergeschlechtlichter Prozess. Ihre Analyse zeigt, dass das Schweizer Militär die Schutzaufgabe besser hinsichtlich Geschlechterdifferenzen wahrnimmt. Dies jedoch nur deshalb – so argumentiert sie – weil sie auf diesen Schutzdiskurs angewiesen sind um sich zu legitimieren. Der vermehrte Einbezug von Frauen in Entscheidungsprozesse oder die Berücksichtigung geschlechterdifferenzierter Sicherheitsbedürfnisse werden weiter ignoriert.

<small>Neue Aufgaben für Militärs</small>

Auch anderen, zunehmend übernationalen Gefahren wie der globalen Erwärmung oder Umweltkatastrophen, wie atomaren Unfällen, Giftwolken oder Verseuchung von Wasser konnte und kann mit klassischen militärischen Abwehrmaßnahmen nicht begegnet werden. Hier müssen neue Sicherheitskonzepte erarbeitet werden, für die auch die herkömmlichen Geschlechterrollen und -bilder völlig unzulänglich sind.

<small>Globale nichtmilitärische Bedrohungen</small>

Früher waren der Schutz von Infrastruktur und Hilfestellung bei Katastrophen eher Nebenaufgaben militärischer Kräfte, sie werden aber heute zur wesentlichen Aufgabe bei militärischen Einsätzen in Europa. Damit müssen die Militärs nicht mehr kämpfen, sondern schützen und damit ergeben sich neue Anforderungsprofile und Voraussetzungen. Dies führte zu einer radikalen Kürzung der militärischen Streitkräfte in Europa und Aufwertung bzw. Verstärkung anderer Sicherheitskräfte von der Polizei zu privaten Diensten, die eher Individuen und kleinräumige Objekte schützen.

8. GESCHLECHTERKONSTRUKTIONEN IN SICHERHEITSDISKURSEN

Internationale Organisationen übernehmen Aufgaben

International übernehmen in bewaffneten Konflikten oft internationale Organisationen wie UNO oder EU eine schlichtende Funktion, wobei sie häufig auch Truppen stellen müssen für friedensstiftende, friedenserhaltende und friedenssichernde Aufgaben (im Sinn von *Peace Keeping, Peace Building, Peace Making*). Dies erfordert aber eine internationale Zusammenarbeit und Schulung und damit eine entsprechende Professionalisierung.

Damit ist in den letzen Jahren die Wehrpflicht in vielen Teilen Europas aufgegeben worden: Der Mythos der Kämpfer wurde auf eine Berufsgruppe übertragen, die auch Frauen einschließt, sowohl in den internationalen Truppen wie auch bei den privaten Sicherheitsdiensten. Der männliche Teil der Bevölkerung, der früher in das Militär einbezogen war, hat damit nun nichts mehr zu tun. Somit entfällt deren bisherige militärische Sozialisation. Dies gilt jedoch nicht für Deutschland, Österreich und die Schweiz. In der Schweiz zeigt sich sehr eindrücklich, wie die Militarisierung, die nationale Sicherheit bis ins Schlafzimmer wirkt. Die Schweizer Soldaten bewahren ihre Ordonanzwaffe nämlich zu Hause auf – das macht sie zu ‚richtigen' Soldaten. Dabei wird verheimlicht, dass in der Schweiz fast täglich eine Person mit einer solchen Waffe entweder erschossen wird oder Suizid begeht! Weiter wirkt die Waffe im Schrank auch als Druckmittel bei geschlechtsspezifischer Gewalt zu Hause. Eine Initiative zur Veränderung der Situation und der Aufbewahrung der Waffe im Zeughaus wurde im März 2009 eingereicht.

Merkpunkte:

- Die Gender Studies können in die Politische Geographie als neue Erkenntnis einbringen, dass nicht nur das Militär von konstruierten Männlichkeits- und Weiblichkeitsbildern durchdrungen ist, sondern auch Begriffe wie ‚Staat' und ‚Nation' ebenso wie ‚Demokratie' und dass die staatlichen Institutionen vergeschlechtlicht sind.
- Bilder über Männlichkeit und Weiblichkeit strukturieren jedoch nicht allein den Staat an sich, sondern spielen auch bei der gesellschaftspolitischen Legitimation des Krieges eine zentrale Rolle.
- Die Konstruktion von Männlichkeit und Weiblichkeit in Kriegs- und Friedenszeiten lässt sich nicht im Singular erfassen, denn je nach Kontext lassen widersprüchliche Konstruktionen unterschiedliche Entwürfe von Männlichkeit und Weiblichkeit entstehen und ermöglichen unterschiedliche Handlungsspielräume.
- Globale geopolitische Veränderungen führen zu neuen Bedrohungs- und Sicherheitsszenarios, die nicht mehr den Nationalstaat, sondern das Individuum oder spezielle Territorien ins Zentrum stellen. Dies führt bei Konflikten zu einer ‚Privatisierung des Krieges'.

- Die UNO reagiert mit ihrem Konzept der ‚Menschlichen Sicherheit' auf die veränderte Situation und internationale Organisationen übernehmen militärische Aufgaben. Doch selbst bei internationalen Sicherheits- und Friedensmissionen werden Frauen kaum eingebunden.

Literaturtipps:

DAVY, J. A., K. HAGEMANN und U. KÄTZEL, Hrsg., 2005, Frieden – Gewalt – Geschlecht. Friedens- und Konfliktforschung als Geschlechterforschung. – Essen.

ENLOE, C., 1989, Bananas, Beaches and Bases. Making Feminist Sense of International Politics. – Berkeley.

FREDRICH, B. (in Druck), Verorten – verkörpern – verunsichern. Eine Analyse der Schweizer Sicherheits- und Friedenspolitik aus geschlechtsgeographischer Perspektive. – Bern.

KUUS, M., 2008, Professionals of Geopolitics: Agency in Spatalizing International Politics. Geography Compass. 2/6: 2062–2079.

KUUS, M., 2007, Love, Peace and Nato: Imperial Subject-Making in Central Europe. – In: Antipode, 39, 2, S. 269–290.

THEWELEIT, K., 1987, Männerphantasien. – Reinbek bei Hamburg.

WOODWARD, R., 2004, Military Geographies. – Malden.

9 Ressourcen und Entwicklung aus einer Genderperspektive

Weltweit sind die Lebenserwartung, die Lebenschancen und die persönlichen Entwicklungsperspektiven ganz unterschiedlich verteilt, wie unter anderem der *Human Development Index* (HDI) zeigt, der von den Vereinten Nationen herausgegeben wird. Obwohl diese Daten nur höchst unzulänglich über den ‚tatsächlichen' Entwicklungsstand eines Landes Auskunft geben, da sie nur auf einer beschränkten Zahl von Indikatoren basieren, deren Werte oft nur Schätzungen sind und die auf Staaten bezogenen Werte Unterschiede innerhalb des jeweiligen Landes verschleiern, so sind sie doch eine der wenigen Quellen, die weltweit zur Verfügung stehen, um die soziale, ökonomische und politische Situation der Frauen in den verschiedenen Ländern zu vergleichen. Ähnliches gilt auch für den *Gender-related Development Index* (GDI) und den *Gender Empowerment Measure* (GEM), die regelmäßig vom *United Nations Development Programme* (UNDP) herausgegeben werden.

Alle Daten zeigen aber, dass der Lebensstandard und die Perspektiven in den postkolonialen Ländern des Südens viel geringer sind als in den (ebenfalls postkolonialen) Ländern des Nordens oder Westens, die von den ungleichen (post-)kolonialen ökonomischen und politischen Beziehungen profitieren konnten und auch in Zeiten der globalen Wirtschaftskrise wesentlich bessere Rahmenbedingungen haben. Wenn man von Entwicklungsländern spricht, dann wird damit ausgedrückt, dass man erwartet, dass es auch in diesen Ländern eine ökonomische, gesellschaftliche und politische Veränderung nach dem Modell der westlichen Länder geben wird. Dies wird jedoch heute vielfach hinterfragt.

Da der Zugang zu Ressourcen eine wesentliche Voraussetzung für die individuelle ökonomische Entwicklung und die Sicherung des Lebensunterhaltes ist, wird im Folgenden zuerst weltweit die geschlechtsspezifische Verteilung von Ressourcen diskutiert, da Geschlecht sowohl im Westen wie in den postkolonialen Ländern eine ungleichheitsgenerierende Kategorie ist, wobei im Süden die Vulnerabilität von Frauen ungleich höher ist. Im Anschluss daran wird die spezifische Situation von Frauen im Entwicklungszusammenhang dargestellt.

9. RESSOURCEN UND ENTWICKLUNG AUS EINER GENDERPERSPEKTIVE

9.1 Genderspezifische Zugänge zu Ressourcen: Eine Feministische Politische Ökologie

Der Zugang und damit die Definitionsmacht über Land und Ressourcen sind weltweit geschlechtsspezifisch strukturiert, das heißt, Frauen haben in fast allen Ländern deutlich weniger Besitzrechte und Entscheidungsmöglichkeiten. Dies ist nicht nur im postkolonialen Süden so, sondern auch in der westlichen Welt.

Karte 10 zeigt, dass vor allem in Afrika und Asien Frauen schon qua Gesetz in ihren Möglichkeiten eingeschränkt sind, Besitz und Land zu erben, besitzen oder darüber zu entscheiden. Doch selbst in Ländern, in denen es keine gesetzlichen Einschränkungen gibt, führen patriarchalische Traditionen dazu, dass Frauen keine landwirtschaftlichen Flächen besitzen, wie z.B. in den USA, wo Frauen nur über 9% aller landwirtschaftlicher Flächen verfügen (vgl. J. Seager 2009: 86).

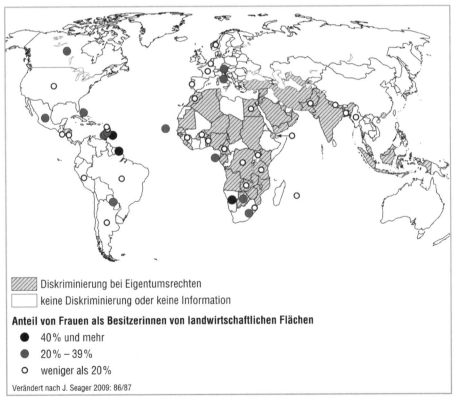

Karte 10: Diskriminierung von Frauen bei Eigentumsrechten 2008

Konzept der feministischen politischen Ökologie	Damit sind die Überlegungen, die Dianne ROCHELEAU et al. schon 1996 (15ff) formuliert haben, immer noch aktuell: ihr Konzept einer feministischen politischen Ökologie geht davon aus, dass Zugang und Einflussnahme auf natürliche Ressourcen untrennbar mit Geschlecht, Rasse, Klasse und Kultur verbunden sind. Folgende sechs Punke sind dabei besonders wichtig:
Verschlechterung sozioökonomischer Rahmenbedingungen	**1. Verschlechterung sozioökonomischer Rahmenbedingungen:** Seit Beginn der 1990er Jahre wurden auf Druck der Weltbank bzw. des Weltwirtschaftsfonds in vielen postkolonialen Staaten die öffentlichen und wohlfahrtsstaatlichen Dienstleistungen enorm gekürzt, wovon Frauen überdurchschnittlich stark betroffen waren. Während Frauen in diesen Ländern einerseits durch die ökonomische Internationalisierung häufig insofern profitieren konnten, dass sie aufgrund ihrer eigenen Erwerbsarbeit eine gewisse (ökonomische) Unabhängigkeit erlangen konnten, wurde die Arbeitskraft der Frauen (und ihren Körper) innerhalb der globalisierten Ökonomie in besonderem Maße ausgebeutet. Auch in der jüngsten Weltwirtschaftskrise ab 2008 wurden besonders Frauen im postkolonialen Süden von steigenden Lebensmittelpreisen, sinkenden Einkommen und stagnierenden bzw. rückläufigen Hilfsprogrammen betroffen. Damit steigt der Druck auf die vorhandenen, natürlichen Ressourcen.
Verschlechterung ökologischer Rahmenbedingungen	**2. Verschlechterung ökologischer Rahmenbedingungen:** Für viele Frauen haben sich aufgrund von Klimaveränderungen und hohem Bevölkerungsdruck die ökologischen und ökonomischen Rahmenbedingungen verschlechtert. Vor allem Frauen in postkolonialen Ländern sehen sich mit den ökologischen Risiken von Umweltverschmutzung, Ressourcenausbeutung und Klimawandel konfrontiert. Da ihre ökonomischen Reserven begrenzt sind, haben sie im Vergleich zu anderen Bevölkerungsschichten nur sehr geringe finanzielle Ressourcen, den ökologischen Folgen mit kostspieligen Technologien zu begegnen.
Zugang zu Wasser	**3. Zugang zu Wasser:** Weltweit ist die Verantwortung für den Haushalt und die Beschaffung der Nahrung in der Regel eng an die Geschlechterrolle der Frauen gebunden. Damit sind Frauen auch für die Beschaffung des Wassers zuständig. Während dies nun in Gebieten mit einer funktionierenden Infrastruktur kein Problem ist, kann es in den unzureichend ausgestatteten Millionenstädten der Entwicklungsländer ebenso wie in den ländlichen Regionen dieser Länder zu Unzulänglichkeiten und großem Aufwand führen.
Steigendes umweltpolitisches Bewusstsein	**4. Steigendes umweltpolitisches Bewusstsein:** Frauen werden sich zunehmend der ökologischen Probleme und der Komplexität dieser weltweit verflochtenen Umweltprobleme bewusst. Aufgrund der Tatsache, dass die Konsequenzen dieser Umweltprobleme immer drastischer ihren Alltag beeinflussen, organisieren und engagieren sich Frauen verstärkt in lokalen, nationalen und internationalen umweltpolitischen Organisationen.

5. Politische Ausgrenzung von Frauen: Die politische Organisation von Frauen ist umso wichtiger, da Frauen weltweit in formellen politischen Vertretungen unterrepräsentiert sind. Sie organisieren sich daher oft selbst auf informelle Weise, was wiederum den Zugang zu offiziellen Ressourcen wie Informationen oder Finanzen erschwert.

Politische Ausgrenzung von Frauen

6. Die Rolle von Frauenbewegungen: Lokale, nationale und internationale Frauenbewegungen bemühen sich um ein steigendes Bewusstsein für die besonderen ökologischen und ökonomischen Probleme der Frauen als Familienerhalterinnen und Haushaltsvorstände. Tatsächlich konnte der *gender gap* (die Kluft zwischen Frauen und Männern) in Bezug auf ökonomische, soziale und politische Teilhabe aber immer noch nicht unüberwunden werden.

Die Rolle von Frauenbewegungen

Weltweit gibt es zahlreiche umweltpolitisch engagierte Frauen(organisationen), die sich für die Bewusstseinsbildung und Ausbildung, Umwelt- und Gesundheitsschutz, den Erhalt der Biodiversität, den Besitz und Zugang zu Ressourcen und nachhaltige Entwicklung einsetzen (D. WASTL-WALTER 2005).

Damit soll ein Ausgleich gefunden werden für die ungleich größere Belastung für Frauen und Mädchen im Vergleich zu Männer und Knaben im Hinblick auf die Sicherung des alltäglichen Lebensunterhaltes. Abbildung 21 stellt den ungleich höheren persönlichen Aufwand von Frauen und Mädchen gegenüber männlichen Haushaltsmitgliedern zur Beschaffung von Wasser für ausgewählte Länder dar. Abbildung 22 illustriert dies mit einem Beispiel aus Ostafrika.

Frauen haben höheren Aufwand zur Sicherung des notwendigen Wassers

> Seit Mitte der 1980er Jahre verwendet die geographische Entwicklungsforschung das Konzept der Vulnerabilität (Verwundbarkeit oder Verletzlichkeit), da es über das Konzept der Armut hinaus den soziokulturellen Kontext einschließt und nicht allein die sozioökonomischen Voraussetzungen einer Gesellschaft betrachtet. Dabei werden besonders die politischen Rahmenbedingungen thematisiert, die die Folgen ökologischer Katastrophen lindern oder erschweren können.

Konzept der Vulnerabilität

Die folgenden zwei Beispiele werden diesen Ansatz weiter erläutern.

Der Wirbelsturm Katrina, der im August 2005 über die Südostküste Amerikas fegte und als eine der furchtbarsten Naturkatastrophen der amerikanischen Geschichte gilt, hinterließ einen Sachschaden von 81 Milliarden US-Dollar. Der am 26. Dezember 2004 durch ein Seebeben ausgelöste Tsunami im Indischen Ozean verursachte einen Sachschaden von rund zehn Milliarden US-Dollar. Beide Summen weichen derart weit auseinander, weil die infrastrukturellen Bedingungen völlig andere sind (z.B. Hoch-

Ökonomische Vulnerabilität hängt mit sozio-kultureller zusammen

9. RESSOURCEN UND ENTWICKLUNG AUS EINER GENDERPERSPEKTIVE

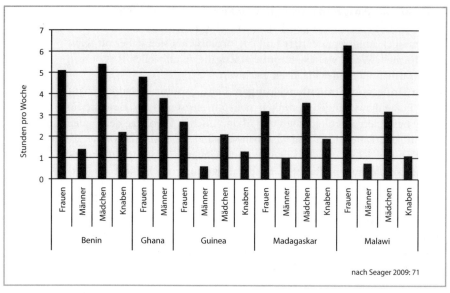

Abbildung 21: Zeitlicher Aufwand zum Wasserholen in ausgewählten Ländern (Durchschnitt 1998–2005)

Abbildung 22: Frauen beim Wasserholen in Afar, Äthiopien.

häuser vs. Hütten). Jedoch kann von einer höheren ökonomischen Vulnerabilität der Regionen um den Indischen Ozean ausgegangen werden, da Länder wie die Vereinigten Staaten den ökonomischen Verlust leichter abfedern können. Auch wenn Menschenleben nicht aufzurechnen sind, muss gesagt werden, dass neben der ökonomischen auch die soziokulturelle Vulnerabilität (durch fehlende Vorsorgemaßnahmen wie zum Beispiel Evakuierungspläne, Versorgung nach der Katastrophe, medizinische Betreuung usw.) in den vom Tsunami betroffenen Ländern größer ist, was sich in den Zahlen der Toten widerspiegelt (Katrina hinterließ 1.800 und der Tsunami 230.000 Tote, wobei das Verhältnis getötete Frauen:Männer 3:1 (manche sprechen von 4:1) ist).

In diesem Sinne führen auch ähnliche physische Verletzungen zu unterschiedlichen Folgen. Während die medizinische Versorgung in den infrastrukturell gut ausgestatteten Ländern zu einer schnellen Genesung der Erkrankten führen kann, kann dieselbe oder auch eine geringere Verletzung einer Person in den postkolonialen Ländern zu schwerwiegenden Missbildungen oder sogar zum Tode führen. Zum Beispiel stellt eine Schwangerschaft in westlichen Ländern fast kein Gesundheitsrisiko dar, hingegen sterben in postkolonialen Ländern jährlich mehr als eine halbe Million Frauen an den Folgen einer Schwangerschaft oder Geburt.

Diese Beispiele zeigen, dass das Konzept der Vulnerabilität weit mehr als nur die ökonomischen (Un)Möglichkeiten einer Gesellschaft betrachtet, sondern Katastrophen, Hungersnöte und/oder Krankheiten in Relation zur jeweiligen Gesellschaft setzt. Jedoch wurden die schwerwiegenden Auswirkungen von Hungersnöten, Krankheiten und Naturkatastrophen auf die Bevölkerung zumeist in postkolonialen Ländern von wissenschaftlicher und politischer Seite oft durch lang anhaltende Dürren und Überschwemmungen und/oder politische Ereignisse wie Kriege und Handelsblockaden erklärt. Dabei wurde im Hinblick auf die Auswirkungen extremer Ereignisse auf die Bevölkerung zwar Rücksicht auf sozioökonomische und soziokulturelle Bedingungen genommen (weil beispielsweise unterschiedliche Einkommensgruppen unterschiedlich von Katastrophen betroffen sind), jedoch weisen diese Untersuchungen selten eine gendersensible Perspektive auf. Neuere Forschungen zur Verwundbarkeit von Gesellschaften zeigen, dass die Vulnerabilität einen deutlichen geschlechtsspezifischen Aspekt besitzt.

So ist Frauen in vielen Regionen der Erde eine lohnabhängige Erwerbsarbeit untersagt; auch verhindern oftmals schlechte Bildungsvoraussetzungen eine Erwerbstätigkeit zur eigenen finanziellen Absicherung. Ohne einen Mann als Ehepartner, Vater oder einen anderen männlichen Verwandten sind sie im Falle einer Hungers- oder Naturkatastrophe auf sich gestellt, besitzen jedoch keinerlei ökonomische Ressourcen, die sie einsetzen könnten, um die Auswirkungen zu minimieren. Auch verheiratete Frauen waren zum Beispiel in Nigeria durch eine mehrjährige Dürre

Bildung beeinflusst Vulnerabilität

schwerer betroffen als Männer, da Frauen aus Bauern- oder Arbeiterfamilien auf Grund des lokalen Geschlechter Regimes schlechter an Nahrung gelangen konnten als gleichgestellte Männer oder Frauen aus der städtischen oder ländlichen Aristokratie. In moslemischen Familien kommt in einigen Regionen hinzu, dass der Mann vor der Frau isst und in Zeiten einer Hungersnot danach oftmals nicht mehr genug Nahrung für die Frau und die Kinder vorhanden sind.

Geschlechterbeziehungen beeinflussen Vulnerabilität

Der Beziehung zwischen den Geschlechtern kommt auch im Hinblick auf Infektionen mit Krankheiten eine wichtige Bedeutung zu. In streng moslemischen Regionen ist die Untersuchung von Frauen oder Mädchen durch einen Arzt untersagt und da es durch geringe Bildungschancen von Frauen kaum Ärztinnen gibt, kann vielen Frauen und Mädchen oftmals nicht geholfen werden, auch wenn es sich um eine behandelbare Krankheit handelt. Weiterhin führt der ungleiche Status von Frauen gegenüber Männern häufig dazu, dass Frauen einer größeren Verletzlichkeit für HIV-Infektionen unterliegen. Ungleiche Machtpositionen führen dazu, dass Frauen und junge Mädchen seltener über ihre sexuellen Beziehungen und die Bedingung des Sexualverkehrs (Benutzung von Kondomen) entscheiden können als Männer.

Auch sind Frauen im Hinblick auf sexuelle Gewalt (vor allem auch in offiziellen Kriegszeiten) stärker als Männer der Gefahr einer HIV- oder anderen Infektion ausgesetzt. Zudem erhöht die in manchen Ländern durchgeführte Genitalverstümmelung das Risiko einer HIV-Infektion dramatisch: Zum einen dadurch, dass Beschneidungsinstrumente meist bei mehreren Mädchen angewendet werden und zum anderen auf Grund der höheren Verletzungsrate während des Sexualverkehrs. Zudem sind Frauen durch ihre täglichen Arbeiten einem höheren Risiko ausgesetzt, krank zu werden; zum Beispiel durch das Wäschewaschen an verschmutzen Gewässern (verschiedene Wurmkrankheiten wie z.B. Schistosomiasis), dem Kochen über offenem Feuer (Verbrennungen bis hin zu Lungenkrebs), durch Tätigkeiten in landwirtschaftlichen Betrieben, die chemische Pflanzenvernichter benutzen (Hautkrebs), Erkrankungen des Knochenbaus durch das Tragen schwerer Wasserkrüge über weite Distanzen etc.

> Neben Hungersnöten, Naturkatastrophen und Krankheiten führen auch Umweltprobleme zu einer weiteren spezifischen Belastung von Frauen.

Denn erstens führen Umweltprobleme auch häufig zu Gesundheitsproblemen (die dann bei Frauen weniger geheilt werden, siehe oben) und zudem pflegen größtenteils Frauen kranke Familien-, Gemeinde- oder Klanmitglieder oder betreuen Waisenkinder. Zweitens führen Umweltprobleme aber auch zu einer höheren Vulnerabilität, denn krankheitsbedingte Todesfälle bei männlichen Familienmitgliedern (vor allem des Ehemannes) bedeuten auch den Verlust der rechtlichen und gesellschaftlichen Stellung der Frau.

> Feministische politische Ökologie setzt sich also mit den politischen Voraussetzungen und Konsequenzen geschlechtsspezifischer Ungleichheiten bezüglich ökologischer Probleme und Veränderungen auseinander.

Neben der feministischen politischen Ökologie gibt es auch erste Ansätze einer Queer Ökologie: Catriona MORTIMER-SANDILANDS argumentierte 2005 analog zu Feministinnen, dass Geschlecht und Sexualität (ebenso wie Rasse und Klasse) den Zugang zur Natur sowie deren Perzeption massiv beeinflussen. Sie zeigt detailliert auf, dass beispielsweise die US-amerikanischen Nationalparks dem Naturkonzept bzw. den Vorstellungen von *wilderness* und Erholungsräumen von urbanen, weißen, heterosexuellen Männern der Mittelklasse entsprechen. Darüber hinaus deckt sie die vorherrschenden und damit normativen Vorstellungen von Sexualität in der Natur als vielfach falsch und kaum aufrecht zu halten auf und argumentiert für ein „queering ecological politics" (C. MORTIMER-SANDILANDS 2005).

<small>Queere Ökologie</small>

Davon ist jedoch die *mainstream* Entwicklungspolitik weit entfernt, auch wenn sie sich um eine nachhaltige Entwicklung bemüht. Kapitel 9.2 wird zeigen, dass es im Bereich der sogenannten Entwicklungspolitik schon mehrfach Paradigmenwechsel gab, was immerhin Anlass zur Hoffnung gibt.

Abbildung 23: Frauen sind zuständig für den Haushalt. Afar, Äthiopien

9.2 Gender als Aspekt nachhaltiger Entwicklung

In ihrem Klassiker zum feministischen Blick in der Geographie zeigen Janice MONK und Janet MOMSEN (1995) in verschiedenen räumlichen Kontexten (Europa, Asien, Afrika), dass geographische Arbeiten vor allem die Theorien, Methoden, Lebens- und Sichtweisen von Männern reflektieren, Frauen in den Institutionen unterrepräsentiert sind, durch die Vernachlässigung der Subsistenzwirtschaft marginalisiert werden, bei der Durchführung von Entwicklungsprojekten nicht einbezogen wurden und häufig Hauptträgerinnen von strukturellen Transformationen sind.

Die Kategorie Geschlecht und ihre Analyse- bzw. Politikrelevanz hat in den vergangenen 30 Jahren sowohl in der geographischen Entwicklungsforschung, wie auch in der Entwicklungsforschung allgemein sowie in der Entwicklungspolitik mehrere Perspektivenwechsel erfahren (siehe S. BIERI 2006b, J. MOMSEN 2008, S. PREMCHANDER and R. MENON 2006), die im folgenden kurz dargestellt werden sollen.

Frauen wurden lange Zeit innerhalb des westlichen Entwicklungsdiskurses nicht berücksichtigt oder eher als Hindernis, denn als Hoffnungsträgerinnen gesehen (zur geographischen Entwicklungsländerforschung vgl. M. COY 2001: 311f). Seit den 1960er Jahren bemüht man sich zunächst innerhalb des *Women in Development* (WID) und später in *Gender and Development* (GAD) Ansätzen, Frauen aktiv in die Entwicklungsagenden zu integrieren.

Frauen als abhängige Mütter und Ehefrauen verstanden

Die Frauen- oder Genderfrage in der Entwicklungszusammenarbeit lehnt(e) sich an die in der Vergangenheit dominanten Entwicklungstheorien bzw. -modelle an. Die Einbeziehung von Genderfragen in Entwicklungsprojekte begann in den 1970er Jahren und ist eng an die Institutionalisierung von Frauenfragen im UN-System gebunden. In den Jahren davor basierte Frauenförderung auf dem wirtschaftlichen Modell der Modernisierungstheorie. Die Modernisierungstheoretiker gingen davon aus, dass sich die Gleichheit von Männern und Frauen sozusagen automatisch einstellen würde. Es wurde von einer Universalisierung der sozialen Beziehungen auch hinsichtlich der Geschlechterverhältnisse ausgegangen, was zu einer fortschreitenden Ausgrenzung von Frauen führte. Frauen wurden vor allem als defizitäre Wesen begriffen, die vordergründig als Mütter und Ehefrau wahrgenommen wurden, die indirekt von einer Entwicklung über die bessere ökonomische Situation ihres Ehemannes profitieren würde.

„Das Bild von Frauen in der Dritten Welt als ‚traditionsgebundene' Wesen, entweder unfähig oder unwillig in die ‚moderne' Welt einzutreten, passte gut in westliche und neokoloniale Geschlechtsstereotypen" (C. BECHER 2004: 156). Diese Strategie wurde aber bald von Seiten der Entwicklungsländer kritisiert, da die modernisierungstheoretische Wirtschaftsstrategie nicht die gewünschten Erfolge erzielte (N. VISVANATHAN et al. 1997: 2). 1970 erschien die bis heute viel zitierte Studie Ester BOSERUPS (2007

9. RESSOURCEN UND ENTWICKLUNG AUS EINER GENDERPERSPEKTIVE

Abbildung 24 (links):
The big step

Abbildung 25 (unten):
Absence in planning

(1970)) über „Women's Role in Economic Development", welche einen Paradigmenwechseln in der Frauenförderung einläutete (vgl. C. DITTMER 2007: 37). Sie stellte fest, dass die Mehrheit der im Zuge des modernisierungstheoretischen Entwicklungsparadigmas implementierten Programme keine positiven Auswirkungen auf die Situation der Frauen hatte.

Frauen wurden im Entwicklungsprozess sichtbar

Innerhalb des entwicklungspolitischen Ansatzes der „Grundbedürfnisstrategie" wurde der Ansatz *Women in Development* (WID) artikuliert, der Frauen im Entwicklungsprozess sichtbar machen sollte und die Gleichstellung der Geschlechter (*equity*) zum Ziel hatte. Der – bedingt durch weltweit wachsende ökonomische Probleme – daraufhin implementierte Effizienzansatz argumentierte mit dem wirtschaftlichen Nutzen, den Frauen für die Entwicklung eines Landes bringen. Die Kritik am WID-Ansatz reichte von der Ausklammerung von Fragen der Macht und die Nichtberücksichtigung struktureller Ursachen für die ungleiche Verteilung der Ressourcen bis hin zur geringen finanziellen Ausstattung von Frauenprojekten.

Chandra Talpade MOHANTY (1988: 156) kritisiert, dass die Darstellung der Frauen in den ‚Entwicklungsländern' nicht der Realität entspreche. Es werde eine homogenisierende Darstellung unterdrückter, armer, ungebildeter Frauen gewählt, die der Heterogenität der Identitäten und politisch, sozioökonomisch und kulturell diversen Situationen der ‚Dritte-Welt-Frauen' nicht gerecht werde.

Forderung nach neuer Frauenpolitik

Die UNO rief 1975 nach der ersten Weltfrauenkonferenz in Mexiko City die Internationale Frauendekade aus, in deren Verlauf zwei weitere Weltfrauenkonferenzen in Kopenhagen 1980 und Nairobi 1985 stattfanden. Innerhalb dieser Zeit verstärkte sich die Vernetzung der Frauenbewegungen von der lokalen bis zur globalen Ebene. Die Verschlechterung der wirtschaftlichen Situation in vielen Ländern des Südens, maßgeblich durch die Schuldenkrise Anfang der 1980er Jahre und die darauf folgenden Strukturanpassungsmaßnahmen vom Internationalen Währungsfonds (IWF) und Weltbank verursacht, führte zu der Forderung nach einer neuen Frauenpolitik, da die Frauen besonders negativ von diesen Transformationen betroffen waren. Diese „Feminisierung der Armut" (F. BLISS et al. 1994: 25) war Folge der Kürzungen der Staatsausgaben für soziale Versorgung, die in vielen Fällen durch die Frauen mit einer erhöhten Arbeitsbelastung kompensiert wurden. Der Antiarmutsansatz, der als Gegenstrategie in den 1970er Jahren entwickelt wurde, definierte diese erhöhte Armut bei Frauen als Zeichen von Unterentwicklung und nicht als durch Herrschaftsachsen strukturell bedingte Armut (vgl. C. MOSER 1993: 57).

Frauen werden explizit in Entwicklungspolitik integriert

Diese Erkenntnis und die darauf folgende Erweiterung des WID-Ansatzes zum WAD (*Women and Development*)-Ansatz Mitte der 1970er Jahre konzentrierten sich auf die Integration der Frau in die Marktwirtschaft und den Arbeitsmarkt. Dass damit die Frau über ihre Arbeitskraft wahrgenommen wird, deren Potential man für die Entwicklung vorher nicht er-

Abbildung 26: Frauenprojekt indigenes Handwerk in Coca, Ecuador, finanziert durch Stadt Coca und UNIFEM.

Abbildung 27: Strassenhändlerin in Ghana

kannt habe, war die Folge westlicher Arbeitsmarkttheorien, was jedoch nicht zu einer Diskussion bezüglich der allgemeinen Unterordnung der Frau führte. Zum anderen warf eine solche Perspektive die Frage auf, ob westliche Entwicklungsstrategien die Entwicklung eines Landes nicht vielmehr als ökonomisch/technische/industrielle als eine soziale/menschliche Entwicklung begreifen (J. MOMSEN 2004: 13).

Das von Frauen des Südens initiierte Netzwerk DAWN (*Development Alternatives with Women for a New Era*) betonte sehr früh die Bedeutung des Rechts von Frauen, die Richtung des Entwicklungsprozesses zu beeinflussen, indem sie Verfügungsmacht über bedeutende (im)materielle Ressourcen erlangten (G. SEN und C. GROWN 1988: 22).

Diese Forderung nach Empowerment berührt weit reichende Fragen der Integration von Frauen in den Entwicklungsprozess und grenzt sich bewusst gegenüber dem dominierenden WID-Ansatz ab. Empowerment ist in modifizierter Form mittlerweile zentraler Bestandteil entwicklungspolitischer Programme jeder Art, siehe Abb. 26. Mit diesem Konzept wurde der Fokus auf die Transformation von Geschlechterverhältnissen und -rollen gelenkt, Gender als herrschaftskritische Kategorie in den entwicklungspolitischen Diskurs eingeführt und die kulturspezifische Konstruktion von Frauen- und Männerbildern betont.

Empowerment als neue Strategie

> Nicht Frauenfragen und Frauenprobleme, sondern Geschlechterverhältnisse und die soziale Ordnung sowie die jeweils kulturspezifischen Bedeutungssysteme stehen heute im Mittelpunkt bi- und multilateraler Entwicklungszusammenarbeit.

Das daraus entstandene Programm, *Gender and Development* (GAD) (vgl. C. VON BRAUNMÜHL 2001: 51) verabschiedete das „add women and stir"-Konzept (S. HARDING 1995: 296) endgültig. Bei der vierten Weltfrauenkonferenz in Peking 1995 wurde eine Aktionsplattform verabschiedet, in der die 189 Regierungsdelegationen sich verpflichteten, Empowerment in alle Programme aufzunehmen und aktiv an der Gleichstellung mitzuwirken (vgl. S. BURKHARD 1997, C. MOSER und A. MOSER 2005). Zusammen mit der 1979 verabschiedeten „Konvention für die Beseitigung jeder Form der Diskriminierung von Frauen" (CEDAW) ist damit der Versuch unternommen worden, ein international operationalisierbares Regelwerk für Geschlechtergleichheit zu erstellen. WID-Abteilungen wurden zu GAD-Abteilungen, Mitarbeiter_innen in Gender-Trainings bezüglich einer konsequenten Berücksichtigung der Geschlechtsperspektive geschult, und nicht zuletzt sollten Entwicklungsmodelle neu entworfen werden (vgl. S. BIERI 2006b).

Durch Globalisierung neue Nachteile für postkoloniale Länder des Südens

Zumindest innerhalb des entwicklungspolitischen Diskurses war vorgesehen, diese Erkenntnisse auch in die entwicklungspolitische Praxis umzusetzen. De Facto verlor diese Intention allerdings spätestens seit den 1990 Jahren an Bedeutung gegenüber der „neo-liberalen Globalisierungsoffensive" (C. VON BRAUNMÜHL 2001: 17) wobei es aber bei seriösen Initiativen innerhalb des Entwicklungskontextes nicht ohne ‚Gendermainstreaming' und die Transversalisierung von Gender geht. Im Rahmen der globalen Standort- und Wachstumspolitik hat man aber Einschränkungen im Arbeits-, Sozial-, Bürger- wie auch Umweltrecht in Kauf genommen. In diesem ökonomischen Kontext wurde selbst Armut von westlicher Seite nicht mehr als unzureichende Befriedigung der Grundbedürfnisse, sondern als Sicherheitsproblem und Risiko verstanden, das globale Gefahren mit sich bringt. Eine Nachhaltigkeit entwicklungspolitischer Maßnahmen entwickelte sich unter diesen Bedingungen zu einer utopischen Vorstellung.

Nach Studien der OECD (Organisation für wirtschaftliche Zusammenarbeit und Entwicklung) wird Gender als gesellschaftliche Strukturkategorie, wenn überhaupt, nur unzureichend in die Überlegungen eingebunden, was zum großen Teil auch mit den geschlechtshierarchisch strukturierten Organisationen der Entwicklungszusammenarbeit selbst zusammenhängt, wodurch eine patriarchale und androzentrische Sicht auf grundlegende Formen (nicht)staatlicher und bürokratischer Strukturen stets implizit ist. Wie kann eine westliche (Nicht)Regierungsorganisation die Transforma-

9. RESSOURCEN UND ENTWICKLUNG AUS EINER GENDERPERSPEKTIVE

Abbildung 28: Frauen im Wahlkampf in Ecuador

tion der patriarchalen Geschlechterverhältnisse in den Ländern des Südens herbeiführen, wenn sie ebenso wie auch die westlichen Länder selbst diesen Strukturen unterliegen (vgl. U. BARTELS 2000)?

> Eine Genderperspektive einzunehmen bedeutet, die komplexen Dynamiken und Interdependenzen der sozialen Organisation in unterschiedlichen Kulturen zu begreifen, ebenso wie die entsprechenden Geschlechternormen und Geschlechterbeziehungen.

Diese sind kulturell und kontextgebunden sehr unterschiedlich. Während die Frauen in den Ländern des Mittleren Ostens, Südasiens oder Lateinamerikas einer bezahlten Arbeit ohne die Zustimmung des Ehemanns oder Vaters oftmals nicht nachgehen können, unterliegen viele Frauen in den Ländern Afrikas einer dreifachen Belastung durch Hausarbeit, Kinderbetreuung und Subsistenzwirtschaft. Während viele Frauen in Martinique Beamtinnen sind, ist dies in Madras nicht möglich; in Accra, der Hauptstadt von Ghana, sind 90% aller Verkäufer_innen Frauen (siehe Abb. 27), in Algerien nicht eine einzige. In den Transformationsländern wie Russland und China brachte die wirtschaftliche Transformation vom Kommunismus zum Kapitalismus die Arbeitslosigkeit vor allem für viele Frauen. Ebenso ist zu beobachten, dass während der prozentuale Anteil von Frauen in repräsentativen politischen Ämtern in westlichen und lateinamerikanischen Ländern steigt (siehe Abb. 28), er in der ehemaligen Sowjetunion und ihren Satellitenstaaten durch die damit einhergehende Islamisierung einiger dieser Ländern nach 1989 massiv gefallen ist (J. MOMSEN 2004: 1ff).

Entwicklungspolitik muss differenziert vorgehen

Auf diese vielseitigen Differenzierungen muss eine Entwicklungspolitik eingehen, wenn sie nachhaltig bessere Rahmenbedingungen für die Bevölkerung erreichen will. Nachhaltige Entwicklung ist ein Modell, welches über das Prinzip der kurzfristigen Hilfe hinaus langfristig angelegt ist und damit auf eine größere Wirkung entwicklungspolitischer Strategien abzielt. Soziale und kulturelle Nachhaltigkeit verlangt aber auch, westlichen Strategien im Sinne des *Post-Development* eine eigenständige Agenda entgegen zu setzen, die sich von den westlichen Fortschritts- und Entwicklungsvorstellungen emanzipiert und Wissen über die soziale Organisation der unterschiedlichen Kulturen und lokales Wissen sowie den kulturellen Kontext mit einbezieht. Dadurch werden Wissen und Bedeutungen jeweils spezifisch konstituiert. Im Sinne dieses Ansatzes kann nachhaltige Entwicklung ebenso wenig auf allgemeingültige entwicklungspolitische Strategien aufbauen wie sie von einer universalistischen Kategorie Frau und der Geschlechtsneutralität von Entwicklung, Konflikt und Lösung ausgehen kann.

Wie stark alltägliche Strategien der Menschen in kulturelle Kontexte eingelassen und somit vergeschlechtlicht sind, haben die vorhergehenden Kapitel zeigen können. Aus diesem Grund ist ein gendersensibler Weg zur nachhaltigen Entwicklung der einzig sinnvolle, wie ihn auch die meisten entwicklungspolitischen Akteure mittlerweile berücksichtigen. Gender kann dabei jedoch nicht allein ein Analyse- und Untersuchungsgegenstand sein, sondern Frauen müssen aktiv in die Maßnahmen eingebunden werden. Die Veränderung der Beziehungen zwischen den Geschlechtern kann damit von den Akteuren der Entwicklungspolitik sowohl demokratisch als auch moralisch als Grundbedingung für Entwicklung betrachtet werden und den zentralen Gegenstand der alltäglichen Arbeit darstellen.

Perspektivenwechsel stellt Rechte ins Zentrum

In jüngster Zeit erfolgte ein weiterer Perspektivenwechsel, der nun nicht mehr die besondere Bedürftigkeit der Frauen in den Vordergrund stellt, sondern der vor allem über einen Rechtsdiskurs argumentiert. Es geht dabei nicht mehr darum, Frauen aus humanitären oder philanthropischen Überlegungen in der Entwicklungspolitik besonders zu berücksichtigen, sondern darum, dass ihnen ihre über die Menschenrechte garantierten Rechte, auch als Frauen, nicht länger vorenthalten bleiben.

> Gerade innerhalb des Konzeptes zur nachhaltigen Entwicklung hat sich das Bild der Frau als Opfer gewandelt, indem sie nicht mehr nur als Empfängerin, sondern als aktive, gestaltende Teilnehmerin und Akteurin entwicklungspolitischer Maßnahmen gesehen wird. Zudem hat sich der Fokus von der Einbindung der Frauen in den entwicklungspolitischen Diskurs und die Praxis zu einer Analyse der Geschlechterverhältnisse gewandelt. In die Praxis wurden die Erkenntnisse als Gendermainstreaming eingebunden.

Aktuell versucht man, diesen Überlegungen als Gendermainstreaming Rechnung zu tragen. Dabei sollen die Perspektiven der sozialen Geschlechter, insbesondere im Hinblick auf die jeweiligen kulturspezifischen Geschlechterrollen, auf allen Ebenen des Handelns (institutionell, politisch, ökonomisch, rechtlich) konsequent integriert werden und eine geschlechtersensible Abschätzung der Folgen aller Aktivitäten vorgenommen werden. In vielen Fällen wird das mit ‚Genderbudgeting' verbunden, das heißt, es werden auch die finanziellen Gesichtspunkte und Folgen im Sinn einer Integration der Gleichstellungsperspektive evaluiert. Der Begriff Gendermainstreaming wurde zum ersten Mal auf der dritten UN-Weltfrauenkonferenz in Nairobi 1984 eingeführt und dann auf der vierten Weltfrauenkonferenz im September 1995 in Peking politisch umgesetzt. Mittlerweile wird er in vielen Ländern im Sinn eines umfassenden Gleichstellungsauftrages in der offiziellen Politik verstanden.

Gendermainstreaming als neue Strategie

Um Erfolge in diesem Bereich zu messen, werden von der UNO verschiedene Maßzahlen bzw. Indikatoren regelmäßig erhoben und veröffentlicht. Dabei zeigt sich, dass beispielsweise im Bildungsbereich deutliche Fortschritte gemacht werden: von der rund einer Milliarde Menschen, die weltweit weder lesen noch schreiben kann, sind zwei Drittel Frauen, wobei

Indikatoren erlauben Erfolgskontrolle

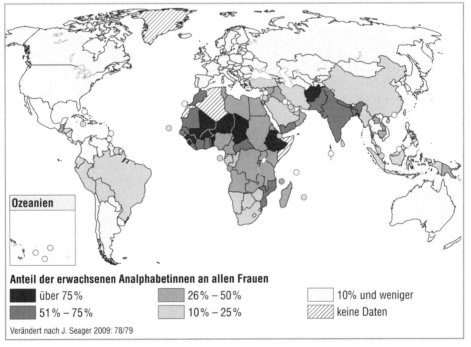

Karte 11: Analphabetismus von Frauen 2005

9. RESSOURCEN UND ENTWICKLUNG AUS EINER GENDERPERSPEKTIVE

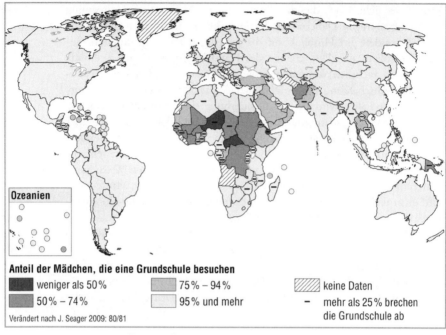

Karte 12: Eingeschulte Mädchen 2005

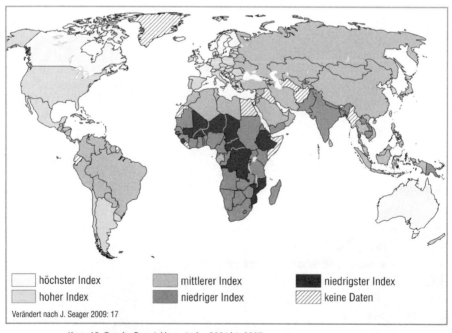

Karte 13: Gender Entwicklungsindex 2004 bis 2007

deren Zahl ständig sinkt. Analphabetismus bringt für die Frauen ökonomische Nachteile, verstärkt ihre Bindung an den Haushalt und schränkt ihre Fähigkeiten ein, sich selbst um Eigentum, Einkommen, Gesundheit und ihre Rechte zu kümmern (J. SEAGER 2009: 78).

Allerdings sinkt die Zahl der Analphabetinnen ständig (Karte 11), auch werden in den meisten Ländern Mädchen eingeschult (Karte 12). Viele von ihnen verlassen allerdings mit Eintritt der Pubertät die Schule, weil sie im Haushalt oder bei der Betreuung der jüngeren Geschwister helfen müssen, oder weil sie nicht länger mit jungen Männern in Kontakt sein sollen, sei es aber auch, weil angemessene Toiletten fehlen.

Die Alphabetisierungserfolge gehen auch in den vom UNDP veröffentlichten *Gender Development Index* ein, der ausdrückt, wie weit global Erfolge in den Bereichen Bildung, Lebenserwartung und Einkommen erreicht wurden. Diese werden gewichtet nach Geschlechterdisparitäten. Somit drückt der *Gender-related Development Index* (GDI) den Entwicklungsstand eines Landes im Hinblick auf Geschlechtergerechtigkeit aus.

<small>Gender Development Index erlaubt zeitliche und globale Vergleiche</small>

Bei all dem wird der vor allem ökonomisch verstandene Entwicklungsbegriff von den staatstragenden Meinungsbildnern und Institutionen bis heute nicht in Frage gestellt. Nur NGOs und Gruppierungen wie das *World Social Forum* (WSF) hinterfragen ein überwiegend ökonomisch/technisch und damit westlich dominiertes Entwicklungsdenken und verlangen in einer als *Post-Development* bezeichneten Debatte einen Paradigmenwechsel (K. SAUNDERS 2002). *Post-Development* und postkoloniale Ansätze versuchen ‚Entwicklung' als koloniales, auf dem Fortschrittsgedanken der westlichen Moderne basierendes Konzept zu dekonstruieren, um sich dem „kulturellen Imperialismus" (N. SHRESTHA 1995) der zahlreichen internationalen und nationalen, vorwiegend westlichen Entwicklungsorganisatoren zu entziehen (C. SCHURR 2009). Dabei geht es um eine Neuverhandlung von Macht, Autorität und Dominanz innerhalb des globalen Systems. Inwieweit eine postkoloniale Befreiung und alternative Entwicklungswege in einer durch Globalisierung charakterisierten Welt möglich sind bzw. in der Praxis aussehen sollten, bleibt in dem Diskurs des *Post-Development* und *Postcolonialism* weitgehend unbeantwortet.

<small>Post-Development hinterfragt Entwicklungsbegriff</small>

Ob dieser durch die Weltwirtschaftskrise im Jahr 2009 herbeigeführt wird oder im Gegenteil man nun auf altbekannte Gesellschafts- und Wirtschaftsleitbilder zurückgreift, wird die Zukunft weisen.

Merkpunkte:

- Feministische Politische Ökologie kritisiert Geschlechterungerechtigkeiten angesichts der weltweiten Verschlechterung von sozio-ökonomischen und ökologischen Rahmenbedingungen, den für Männer und Frauen ungleichen Zugang zu Ressourcen, und die geringe Einbindung von Frauen in Entscheidungen.

- Das Konzept der Vulnerabilität ermöglicht eine breite Einbindung sozialer, kultureller, politischer und ökonomischer Bedingungen im Hinblick auf die Verletzlichkeit von Gesellschaften. Jedoch kann nur durch eine gendersensible Perspektive eine umfassende Analyse erfolgen, da sonst zentrale Umstände theoretisch wie auch praktisch unsichtbar bleiben.
- Frauenpolitisches Engagement in der Entwicklungszusammenarbeit hat trotz verschiedener Perspektivenwechsel lange Zeit die „Dritte Welt-Frau" homogenisiert (C.T. Mohanty 1988) und als verletzlich und bedürftig bzw. als Opfer gesehen. Bis in die 1980er Jahre wurden Frauen in entwicklungspolitischen Maßnahmen nicht berücksichtigt.
- In den späten 1980er und frühen 1990er Jahren versuchte der GAD-Ansatz diesen Mangel an gesamtgesellschaftlichen Zusammenhängen zu überwinden und konzentrierte sich innerhalb der Entwicklungspolitik auf die Analyse der Geschlechtsverhältnisse, musste jedoch zum Teil wirtschaftlichen Interessen weichen. Damit befinden sich Akteur_innen der Entwicklungspolitik immer im Spannungsfeld zwischen neuen Strategien und ökonomischen Zwängen.
- Die Marginalisierung von gendersensiblen Themen ist auch eine Folge der patriarchalen Strukturen der entwicklungspolitischen Institutionen, in denen zum Teil ebenfalls noch deutliche geschlechtsspezifische Hierarchisierungen vorherrschen.

Literaturtipps:

Bieri, S., 2006b, Developing Gender, Transforming Development: Epistemic Shifts in Gender and Development Discourse over 30 Years. – In: S. Premchander und C. Müller, Hrsg., 2006, Gender and Sustainable Development. Case Studies from NCCR North-South. – Bern, S. 57–85.

Hillmann, F., 2007, Gender/-Geschlechtsspezifische Fragestellungen im Kontext von Entwicklung und Globalisierung. In: Böhm, D., Entwicklungsräume. Jahrbuch für den Geographie-Unterricht. Aulis Verlag S. 174–182.

Momsen, J., Hrsg., 2008, Gender and Development. Critical Concepts in Development Studies. – London.

Momsen, J., 2004, Gender and Development. – London.

Rocheleau, D., B. Thomas-Slayter und E. Wangari, Hrsg., 1996, Feminist Political Ecology. Global issues and local experiences. – London.

Segebart, D., 2007, Partizipatives Monitoring als Instrument zur Umsetzung von Good Local Governance – Eine Aktionsforschung im östlichen Amazonien/Brasilien. – Tübingen.

von Braunmühl, C. und M. Padmanabhan, 2004, Geschlechterperspektiven in der Entwicklungspolitik. – In: Femina Politica, 2, S. 9–25.

Fazit und Ausblick

> Gender Geographien untersuchen, wie Geschlecht und Geschlechtlichkeit in Diskursen und sozialen und räumlichen Praxen hergestellt werden, welche sozialen und räumlichen Konsequenzen die gesellschaftlichen Konzepte von ‚Frau' und ‚Mann' bzw. ‚Weiblichkeit' und ‚Männlichkeit' als Strukturkategorie haben und wie Veränderungen in den Geschlechternormen und -relationen auch zu anderen Geographien führen können.

Dabei wird davon ausgegangen, dass es nicht die biologischen Unterschiede zwischen den Geschlechtern sind, die handlungs- und damit sozialräumlich relevant werden, sondern die entsprechenden gesellschaftlichen Vorstellungen von Männlichkeit und Weiblichkeit. Diese gesellschaftlichen Konzepte von ‚Frau' und ‚Mann' und deren sexueller Orientierung sowie der Beziehungen zwischen den Geschlechtern konstruieren die Kategorie Geschlecht immer wieder neu und transformieren sie dabei (siehe C. BINSWANGER et al. 2009).

Wie entscheidend Geschlecht als Strukturkategorie weltweit funktioniert, gesellschaftlich differenziert und damit räumlich unterschiedliche Hierarchisierungen und Ungerechtigkeiten produziert, zeigen die Karten, Abbildungen und Tabellen dieses Buches. Gender als das soziale Geschlecht strukturiert überall die soziale Praxis und Geschlecht ist damit diejenige Kategorie, die in unserer Gesellschaft am meisten determiniert, definiert und ordnet. Es ist aber nicht die alleinige strukturierende Kategorie, daher versucht der Ansatz Intersektionalität (siehe Kapitel 1.3.), die wechselseitige Beeinflussung von Kategorien wie ‚Geschlecht', ‚Rasse', ‚Klasse', ‚Alter', ‚Religion', ‚Sexualität', ‚Leistungsfähigkeit' etc. theoretisch wie empirisch zu fassen. In den politischen Diskussionen um Gleichstellung und Geschlechtergerechtigkeit werden die Genusgruppen homogenisiert und universalisiert. Eine derartige Reduktion, Idealisierung und Reifizierung der Kategorien ‚Mann' und ‚Frau' mag politisch sinnvoll und notwendig sein, wissenschaftlich reicht sie keineswegs aus.

Geschlecht funktioniert weltweit als gesellschaftliche Strukturkategorie

In diesem Buch wurden daher in den ersten drei Kapiteln die wesentlichen Konzepte der Gender Geographien sowie der feministischen Theorie und feministischen Kritik wie auch der Queer Theorie und Kritik vorgestellt. Da Geschlecht als eine Querschnittperspektive verstanden wird, haben die Beispiele in den Kapiteln vier bis neun gezeigt, welche Themen in geographischen Subdisziplinen wie Wirtschaftsgeographie, Geographien der Globalisierung, Stadtgeographie, Politischer Geographie oder Entwicklungsforschung durch eine Geschlechterperspektive neue Fragestellungen, Perspektiven und damit Ergebnisse gewinnen können. Da es sich bei diesem Band um eine Einführung handelt, wurde alles nur sehr exemplarisch und kurz angesprochen. Allein zu Gender und Entwicklung (vgl. Kapitel 9.2.) hat Janet H. MOMSEN 2008 vier Bände herausgegeben, die das Thema wesentlich tiefgehender und umfassender darstellen. Dasselbe gilt *cum grano salis* für die anderen Kapitel.

Insgesamt sollten in diesem Buch die Positionen, Potentiale und Perspektiven der Feministischen Geographien, Queer Geographien und Gender Geographien angemessen und auf dem letzten Stand repräsentiert werden. Ich bin zutiefst überzeugt, dass eine konsequente, theoretisch fundierte, reflektierte und anwendungsorientierte Forschung aus und mit einer Geschlechterperspektive dem Fach Geographie neue Impulse geben und seine gesellschaftliche Relevanz erhöhen kann. Die Geschlechterforschung als inter- und transdisziplinäres Feld bietet aber auch für Geograph_innen die Möglichkeit, aus ihrer disziplinären Logik und mit dem entsprechenden Wissen in diesem innovativen Forschungsgebiet Wichtiges beizutragen.

viele Forschungsthemen sind noch offen

Tatsächlich gibt es noch viele offene Fragen und Forschungsfelder von theoretischem Klärungsbedarf, beispielsweise, wie man konzeptionell mit den grenzüberschreitenden und melangierten Formen im Hinblick auf Geschlechtlichkeit und Raum umgehen kann bzw. wie man sie theoretisch verknüpfen könnte, über methodologische und methodische Überlegungen bis zu empirischen Beobachtungen und Fallstudien in den unterschiedlichsten Gebieten.

Bedauerlicherweise ist auch noch der Beitrag der Gender Geographien zur Physischen Geographie weitgehend ein Desideratum ebenso wie zu vielen anderen aktuellen Themen, von der Klimafolgenforschung bis zur Medizingeographie und zu Fragen der Lebensmittel- und Wasserknappheit, um nur einige wenige zu nennen.

Es bleibt also noch viel zu tun und ich hoffe, dass dieses Buch zum *mainstreaming* der Gender Geographien im deutschen Sprachraum beiträgt und bei vielen jungen Geograph_innen dafür Interesse weckt.

Literaturverzeichnis

ABDO, N., 1990, Nationalism and Feminism. Palestinian Women and the Intifada – No Going Back? I. – In: V.M. MOGHADAM, Hrsg., 1990, Gender and National Identity. Women and Politics in Muslim Societies. – London, S. 148–170.
ACHILLES, N., 1967, The Development of the Homosexual Bar as an Institution. – In: J.H. GAGNON und W. SIMON, Hrsg., 1967, Sexual Deviance. – New York, S. 228–244.
ALTHOFF, M., M. BERESWILL und B. RIEGRAF, 2001, Feministische Methodologien und Methoden. Traditionen, Konzepte, Erörterungen. – Opladen.
AMNESTY INTERNATIONAL (AI), 2004, Kosovo (Serbia and Montenegro): „So does it mean that we have the rights?" Protecting the human rights of women and girls trafficked for forced prostitution in Kosovo. – London.
ANDALL, J., 2000, Gender, Migration and Domestic Service. The Politics of Black Women in Italy. – Aldershot.
ANDERSON, B. und A. PHIZACKLEA, 1997, Migrant Domestic Workers. A European Perspective. – Brussels (= DG V of the European Commission).
ANDERSON, B., 2000, Doing the Dirty Work? The Global Politics of Domestic Labour. – London.
ANZALDÚA, G., 1987, Borderlands. La Frontera. The New Mestiza. – San Francisco.
AUFHAUSER, E., U. BAUER und B. STANGL, 1991, Frauenerwerbstätigkeit in Wien: Familiäre, berufliche und räumliche Aspekte weiblicher Erwerbstätigkeit. – In: E. BÄSCHLIN ROQUES und D. WASTL-WALTER, Hrsg., 1991, Frauenarbeit und Lebenszusammenhang. Beispiele aus städtischen und ländlichen Räumen Österreichs und der Schweiz. Geographische Beiträge zur Diskussion um Frauenarbeit. – Wien, S. 77–120.
AUFHAUSER, E., 2000, Migration und Geschlecht. Zur Konstruktion und Rekonstruktion von Weiblichkeit und Männlichkeit in der internationalen Migration. – In: HUSA, K., C. PANNREITER und I. STACHER, Hrsg., 2000, Internationale Migration. Die globale Herausforderung des 21. Jahrhunderts? – Frankfurt am Main, S. 97–122.
AUFHAUSER, E., 2002, Frauen und Erwerbsarbeit. – In: H. WAGNER, Hrsg., 2002, Frauenwelten. – Wien, S. 16–23.
BACHMANN-MEDICK, D., 2007, Cultural Turns. Neuorientierungen in den Kulturwissenschaften. – Reinbek bei Hamburg.
BARTELS, U., 2000, Vom Einschnitt zum Querschnitt. Die Geschichte der Frauenförderung beim BMZ. – In: iz3w, Sonderheft „Gender".
BÄSCHLIN, E., MEIER, V., 1995: Feministische Geographie – Spuren einer Bewegung. GR, Nr. 4, 248–251.
BÄSCHLIN, E., 1998, Der Arbeitskreis „Feministische Geographie im Bereich der Hochschule". – In: KARRASCH, H. (Hg.): Geographie: Tradition und Fortschritt. Festschrift zum 50jährigem Bestehen der Heidelberger Geographischen Gesellschaft. HGG-Journal 12, 151–157.
BÄSCHLIN, E., 2002, Being Feminist in Geography. Feminist Geography in the German–Speaking Academy. History of a Movement. – In: P. MOSS, Hrsg., 2002, Feminist Geography in Practice. Research and Methods. – Oxford, S. 25–30.
BÄSCHLIN, E., 2003, Raum hat kein Geschlecht oder dochd? – In: forum Raumentwicklung (Bundesamt für Raumentwicklung), Heft 1, 5–7.

BÄSCHLIN ROQUES, E., 1990, Arbeitskreis „Feministische Geographie". – In: Geographica Helvetica, Nr. 1, Zürich, 21–23.

BÄSCHLIN ROQUES, E., WASTL-WALTER, D., (Hg.), 1991, Frauenarbeit und Lebenszusammenhang. Beispiele aus städtischen und ländlichen Räumen Österreichs und der Schweiz. Geographische Beiträge zur Diskussion über Frauenarbeit. – AMR Info, Sonderband 4.

BÄSCHLIN ROQUES, E., 1993, Von „Ökologie" bis „Arbeit". Aspekte feministischer Geographie. – In: Blattmann, L. et al. (Hg.): Feministische Perspektiven in der Wissenschaft. Zürich, 125–139.

BASSDA, 2006, A Kind of Queer Geography/Räume durchqueeren: The Doreen Massey Reading Weekends. – In: Gender, Place and Culture, 13, 2, S. 173–186.

BATSCHNEIDER, T., 1994, Die Funktionalität des Geschlechterdualismus für ein System organisierter Friedlosigkeit. – In: S. LANG und D. RICHTER, Hrsg., 1994, Geschlechterhältnisse – schlechte Verhältnisse. Verpasste Chancen der Moderne? – Marburg.

BAUER, U., S. BOCK, H. WOHLTMANN, E. BERGMANN und B. ADAM, 2006, Städtebau für Frauen und Männer. Das Forschungsfeld „Gender Mainstreaming im Städtebau" im Experimentellen Wohnungs- und Städtebau. – In: Werkstatt: Praxis, 44.

BAUER U., BOCK S., MEYER U., WOHLTMANN H., 2007, Gender Mainstreaming in der Bauleitplanung. Eine Handreichung mit Checklisten, Difu, Berlin.

BAUHARDT, C., 2004, Räume der Emanzipation. – Wiesbaden.

BAURIEDL, S., K. FLEISCHMANN, A. STRÜVER und C. WUCHERPFENNIG, 2000, Verkörperte Räume – „verräumte" Körper. Zu einem feministisch-poststrukturalistischen Verständnis der Wechselwirkungen von Körper und Raum. – In: Geographica Helvetica, 55, 2, S. 130–137.

BAUVERLAG, 1979, Bauwelt. – Berlin.

BAYLINA, M. und M. SCHIER, 2002, Homework in Germany and Spain. Industrial restructuring and the meaning of homework for women. – In: GeoJournal, 56, 4, S. 295–304.

BECHER, C., 2004, Systeme des Nichtwissens, Expertentum und die Macht der Wissensproduktion: zur Konstruktion von Frauen und Gender in der Entwicklungszusammenarbeit. – In: B. BOEKLE und M. RUF, Hrsg., 2004, Eine Frage des Geschlechts. Ein Gender-Reader. – Wiesbaden, S. 153–166.

BECK, U., 1991, Der Konflikt der zwei Modernen. – In: W. ZAPF, Hrsg., 1991, Die Modernisierung moderner Gesellschaften. Verhandlungen des 25. Deutschen Soziologentages in Frankfurt am Main 1990. – Frankfurt am Main.

BECKER, R., 1997, Frauenforschung in der Raumplanung. Versuch einer Standortbestimmung. – In: C. BAUHARDT und R. BECKER, Hrsg., 1997, Durch die Wand! Feministische Konzepte zur Raumentwicklung. – Pfaffenweiler.

BECKER, R., 2004, Feministische Kritik an Stadt und Raum. – In: R. BECKER und B. KORTENDIEK, Hrsg., 2004, Handbuch Frauen- und Geschlechterforschung. Theorie, Methoden, Empirie. – Wiesbaden, S. 653–664.

BECKER-SCHMIDT, R. und G.-A. KNAPP, 2001, Feministische Theorien zur Einführung. 2. Auflage. – Hamburg.

BELL, D., 1979, Die nachindustrielle Gesellschaft. – Reinbek bei Hamburg.

BELL, D., 1991, Insignificant others: lesbian and gay geographies. – In: Area, 23, 4, S. 323–329.

BELL, D. und G. VALENTINE, 1995a, Queer country. Rural lesbian and gay lives. – In: Journal of Rural Studies, 11, 2, S. 113–122.

BELL, D., 2000, Farm Boys and Wild Men. Rurality, Masculinity, and Homosexuality. – In: Rural Sociology, 65, 4, S. 547–561.

BENHABIB, S., J. BUTLER, D. CORNELL und N. FRASER, Hrsg., 1993, Der Streit um Differenz. Feminismus und Postmoderne in der Gegenwart. – Frankfurt am Main.
BENHABIB, S., 1998, Models of public space. Hanna Arendt, the liberal tradition, and Jürgen Habermas. – In: LANDES, J. B., Hrsg., 1998, Feminism, the public and the private. – Oxford.
BERESWILL, M., M. MEUSER und S. SCHOLZ, Hrsg., 2007, Dimensionen der Kategorie Geschlecht. Der Fall Männlichkeit. – Münster.
BERG, L. D. und R. LONGHURST, 2003, Placing Masculinities and Geography. – In: Gender, Place and Culture, 10, 4, S. 351–360.
BERNDT, C. und M. FUCHS, 2002, Geographie der Arbeit: Plädoyer für ein disziplinübergreifendes Forschungsprogramm. – In: Geographische Zeitschrift, 90, 3/4, (= Editorial für das Sonderheft „Geographie der Arbeit"), S. 157–166.
BETTELT, S., 2007, „Gender Regimes": Ein ertragreiches Konzept für die komparative Forschung. Literaturstudie. – Bremen (= Arbeitspapier des Zentrums für Sozialpolitik an der Universität Bremen, Nr. 12).
BHABHA, H., 1995, Location of Culture. – London.
BHASKARAN, S., 2004, Made in India. Decolonizations, Queer Sexualities, Trans/National Projects. – Melbourne.
BIEMANN, U., 1999, Performing the Border (= Video-Essay).
BIERI, S., 2006a, Traumhäuser statt Traumprinzen. Inszenierte Geschlechterkulturen in der 80er Bewegung. Ein Fallbeispiel aus Bern. – In: M. RODENSTEIN, Hrsg., 2006, Das räumliche Arrangement der Geschlechter. Kulturelle Differenzen und Konflikte. – Berlin, S. 119–148.
BIERI, S., 2006b, Developing Gender, Transforming Development: Epistemic Shifts in Gender and Development Discourse over 30 Years. – In: S. PREMCHANDER und C. MÜLLER, Hrsg., 2006, Gender and Sustainable Development. Case Studies from NCCR North-South. – Bern, S. 57–85.
BIERI, S. und N. GERODETTI, 2007, Falling women – saving angels. Spaces of contested mobility and the production of gender and sexualities within early twentieth century train stations. – In: Social & Cultural Geography, 8, 2, S. 217–234.
BIERI, S., 2007, Wohltemperierte Stadt und unheimliche Geografien: Tatorte und Handlungsräume der Berner 80er Bewegung. – Bern, (= unveröffentlichte Dissertation).
BINNIE, J., 1995, Trading Places: Consumption, Sexuality and the Production of Queer Space. – In: G. VALENTINE und D. BELL, Hrsg., 1995, Mapping Desire: Geographies of Sexuality. – London, S. 182–199.
BINSWANGER, C., M. BRIDGES, B. SCHNEGG und D. WASTL-WALTER, Hrsg., 2009, Gender Scripts: Widerspenstige Aneignungen von Geschlechternormen. – Frankfurt am Main.
BIRCKENBACH, H.-M., 2005, Frieden, Politik und Geschlecht. Die politik- und sozialwissenschaftliche Friedens- und Konfliktforschung und die Geschlechterforschung. – In: J. A. DAVY, K. HAGEMANN und U. KÄTZEL, Hrsg., 2005, Frieden – Gewalt – Geschlecht. Friedens- und Konfliktforschung als Geschlechterforschung. – Essen, S. 73–95.
BLASSNIG, E., P. MAYRING und K. OTTOMEYER, 2008, Biographien von gehandelten Frauen: Leidenswege. – In: NAUTZ, J. und B. SAUER, Hrsg., 2008, Frauenhandel. Diskurse und Praktiken. – Göttingen, S. 163–176.
BLISS, F., K. GAESING, S. HÄUSLER und S. NEUMANN, 1994, Frauenförderung im internationalen Vergleich. Empfehlungen für die deutsche staatliche Entwicklungszusammenarbeit. – Köln, (= Forschungsbericht des Bundesministeriums für wirtschaftliche Zusammenarbeit und Entwicklung, Band 15).

BLUNT, A. und G. ROSE, Hrsg., Writing Women and Space. Colonial and Postcolonial Geographies. – New York.
BLUNT, A. und C. MCEWAN, Hrsg., 2002, Postcolonial Geographies. – London.
BOCK, G. und B. DUDEN, 1977, Arbeit aus Liebe – Liebe als Arbeit. – Berlin, (= Frauen und Wissenschaft, Beiträge zur Berliner Sommeruniversität für Frauen, Juli 1976).
BOSERUP, E., 2007 (1970), Women's Role in Economic Development. – London.
BRUNS, C. und C. LENZ, 2003, Zur Einleitung: Männlichkeiten, Gemeinschaften, Nationen. Historische Studien zur Geschlechterordnung des Nationalen. – In: C. LENZ, Hrsg., 2003, Männlichkeiten. Gemeinschaften. Nationen. Historische Studien zur Geschlechterordnung des Nationalen. – Opladen, S. 9–22.
BRUTSCHIN, J., 2000, GRENZRÄUME, FREIRÄUME! Thailänderinnen in der Schweiz und das alltägliche Überschreiten kultureller Grenzen. – Bern, (= unveröffentlichte Diplomarbeit).
BÜCHLER, B., 2009, Alltagsräume queerer Migrantinnen in der Schweiz – Ein Plädoyer für eine räumliche Perspektive auf Intersektionalität. – In: M. BRIDGES, B. SCHNEGG, D. WASTL-WALTER und C. BINSWANGER, Hrsg., 2009, Gender Scripts: Widerspenstige Aneignungen von Geschlechternormen. – Frankfurt am Main.
BÜHLER, E., H. MEYER, D. REICHERT und A. SCHELLER, Hrsg., 1993, Ortssuche. Zur Geographie der Geschlechterdifferenz. – Zürich und Dortmund.
BÜHLER, G., 1997, Mythos Gleichberechtigung in der DDR. Politische Partizipation von Frauen am Beispiel des Demokratischen Frauenbundes Deutschlands. – Frankfurt am Main.
BÜHLER, E., 2001, Frauen- und Gleichstellungsatlas Schweiz. – Zürich.
BÜHLER, E. und V. MEIER KRUKER, 2002, Gendered labour arrangements in Switzerland: Structures, cultures, meanings: statistical evidence and biographical narratives. – In: GeoJournal, 56, 4, S. 305–313.
BÜHLER, E. und K. BÄCHLI, 2007, From „Migration der Frau aus Berggebieten" to „Gender and Sustainable Development": Dynamics in the field of gender and geography in Switzerland and in the German–speaking context. – In: BELGEO, 2007, 3, S. 275–299.
BUNDESAMT FÜR STATISTIK (BFS), 2008, Gleichstellung von Frau und Mann: Die Schweiz im internationalen Vergleich. Eine Auswahl von Gleichstellungsindikatoren in den Bereichen Bildung, Arbeit und Politik. – Bern.
BUNDESMINISTERIUM FÜR SOZIALES UND KONSUMENTENSCHUTZ, 2009, Sozialbericht 2007–2008. – Wien.
BURGERMEISTER, N., 2006, „They Manufacture Men". Zur Geschlechterideologie der Hamas. – In: soz:mag, Heft 9, S. 12–15.
BURKHARD, S., 1997, Frauenpolitik nach Peking. Das Aktionsprogramm der Vierten Weltfrauenkonferenz. Positionen – Vernetzungen – Konsequenzen. – Bonn.
BUTLER, J., 1991, Das Unbehagen der Geschlechter. – Frankfurt am Main.
BUTLER, J., 1993, Kontingente Grundlagen. Der Feminismus und die Frage der „Postmoderne". – In: S. BENHABIB, J. BUTLER, D. CORNELL und N. FRASER, Hrsg., 1993, Der Streit um Differenz. Feminismus und Postmoderne in der Gegenwart. – Frankfurt am Main, S. 31–59.
BUTLER, J., 1994, Against Proper Objects. – In: differences, 6, 2/3, S. 1–27.
BUTLER, J., 1997, Körper von Gewicht. Die diskursiven Grenzen des Geschlechts. – Frankfurt am Main.
CAIXETA, L., 2007, Politiken der Vereinbarkeit verqueren oder „… aber hier putzen und pflegen wir alle". Heteronormativität, Einwanderung und alte Spannungen der

Reproduktion. – In: K. BANKOSEGGER und E. J. FORSTER, Hrsg., 2007, Gender in Motion. Genderdimensionen der Zukunftsgesellschaft. – Wiesbaden, S. 77–91.

CAMPBELL, H., J. DOLAN und R. LAW, Hrsg., 1999, Masculinities in Aotearoa/New Zealand. – Palmerston North.

CAMPBELL, H. und M. M. BELL, 2000, The question of rural masculinities. – In: Rural Sociology, 65, 4, S. 532–546.

CARSON, R., 1962, Der stumme Frühling. – München.

CASSARINO, J.-P., 2004, Theorising Return Migration. The Conceptual Approach to Return Migrants Revisited. – In: International Journal on Multicultural Societies, 6, S. 253–279.

CASTELLS, M., 1977, Die kapitalistische Stadt. Ökonomie und Politik der Stadtentwicklung. – Hamburg.

CASTELLS, M. und K. MURPHY, 1982, Cultural Identity and Urban Structure: The Spatial Organisation of San Francisco's Gay Community. – In: N. I. FAINSTEIN und S. S. FAINSTEIN, Hrsg., 1982, Urban Policy Under Capitalism. – Beverly Hills, S. 237–260.

CASTORIADIS, C., 1984, Gesellschaft als imaginäre Institution. – Frankfurt am Main.

CONSEJO NACIONAL ELECTORAL (CNE), 2009, Resultados oficiales de las elecciones 2009. http:// www.cne.gov.ec (zuletzt besucht am 5.5.2009).

COCKBURN, C., 1988, Die Herrschaftsmaschine. Geschlechterverhältnisse und technisches Know-how. – Berlin.

COCKBURN, C. und M. HUBIC, 2002, Gender und Friedenstruppen: Die Perspektive bosnischer Frauenorganisationen. – In: C. HARDERS und B. ROSS, Hrsg., 2002, Geschlechterverhältnisse in Krieg und Frieden. Perspektiven der feministischen Analyse internationaler Beziehungen. – Opladen, S. 199–218.

COHN, C., 1990, „Clean Bombs" and Clean Language. – In: J. B. ELSHTAIN und S. TOBIAS, Hrsg., 1990, Women, Militarism, and War. – Maryland, S. 33–56.

CONNELL, R. W., 1999 (1995), Der gemachte Mann: Konstruktion und Krise von Männlichkeiten (Masculinities). – Opladen (Berkeley).

CONSTABLE, N., 1997, Maid to Order in Hong Kong. Stories of Filipina Workers. – London.

COUTRAS, J., 2003, Les peurs urbaines et l'autre sexe. – Paris.

COUTRAS, J., 2004, Femmes et ville. – Paris.

COY, M., 2001, Entwicklungsländerforschung. – Heidelberg, (= Lexikon der Geographie, Band 1).

CRENSHAW, K., 1989, Demarginalizing the Intersection of Race and Sex: A Black Feminist Critique of Antidiscrimination Doctrine, Feminist Theory and Antiracist Politics. – In: The University of Chicago Legal Forum, 1989, S. 139–167.

CROMPTON, R., 1998, The Equality Agenda, Employment and Welfare. – In: B. GEISSLER, F. MAIER und B. PFAU-EFFINGER, Hrsg., 1998, FrauenArbeitsMarkt. Der Beitrag der Frauenforschung zur sozioökonomischen Theorieentwicklung. – Berlin, S. 165–176.

DALBY, S., 1994, Gender und critical geopolitics: reading security discourse in the new world disorder. – In: Environment und planning D, 12, 5, S. 595–612.

DALBY, S., 1998, Geopolitics and global security: culture, identity, and the 'pogo syndrome'. – In: S. DALBY und G. Ó TUATHAIL, Hrsg., 1998, Rethinking geopolitics. – New York, S. 295–313.

DALY, M. und K. RAKE, 2003, Gender and the Welfare State. – Cambridge.

DAVY, J. A., K. HAGEMANN und U. KÄTZEL, 2005, Frieden – Gewalt – Geschlecht. Friedens- und Konfliktforschung als Geschlechterforschung – Essen.

DANKWA, S., 2009, Female Masculinity revisited: Situatives Mannsein im Kontext südghanaischer Frauenbeziehungen. – In: C. BINSWANGER, M. BRIDGES, B. SCHNEGG und D. WASTL-WALTER, Hrsg., 2009, Gender Scripts: Widerspenstige Aneignungen von Geschlechternormen. – Frankfurt am Main.

DAVIS, K., 2008, Intersectionality as buzzword. A sociology of science perspective on what makes a feminist theory successful. – In: Feminist Theory, 9, 1, S. 67–85.

DE BEAUVOIR, S., 1951, Das andere Geschlecht. Sitten und Sexus der Frau. – Reinbek bei Hamburg.

DE LAURETIS, T., 1990, Eccentric Subjects: Feminist Theory and Historical Consciousness. – In: Feminist Studies, 16, 1, S. 115–151.

DE LAURETIS, T., 1991, Queer Theory. Lesbian and Gay Sexualities. – In: differences, 3, 2, S. iii–xviii.

DEERE, C. D., 1976, Rural Women's Subsistence Production in the Capitalist Periphery. – In: Review of Radical Political Economics, 8, S. 9–17.

DEGELE, N. und G. WINKER, 2007, Intersektionalität als Mehrebenenanalyse. – Hamburg.

DEGELE, N. und G. SOBIECH, 2007, „Fit for life"? – Soziale Positionierung durch sportive Praxen. – In: Beiträge zur feministischen Theorie und Praxis, 69, S. 109–118.

DEGELE, N., 2008, Gender/Queer Studies. Eine Einführung – München.

DEGELE, N. und G. WINKER, 2009, Intersektionalität. Zur Analyse sozialer Ungleichheiten. – Bielefeld.

DER DERIAN, J., 1995, The Value of Security: Hobbes, Marx, Nietzsche and Baudrillard. – In: R. D. LIPSCHUTZ, Hrsg., 1995, On Security. – New York, S. 24–45.

DIEMER, S., 1994, Patriarchalismus in der DDR. Strukturelle, kulturelle und subjektive Dimensionen der Geschlechterpolarisierung. – Opladen.

DITTMER, C., 2007, Gender Mainstreaming in der Entwicklungszusammenarbeit. – Saarbrücken.

DODDS, K. und A. INGRAM, 2009, Spaces of Security and Insecurity: Geographies of the War on Terror. – Aldershot.

DÖLLING, I., 1993, Gespaltenes Bewusstsein. Frauen- und Männerbilder in der DDR. – In: G. HELWIG und H. M. NICKEL, Hrsg., 1993, Frauen in Deutschland 1945–1992. – Berlin, S. 23–52.

DÖLLING, I., 1995, Zum Verhältnis von modernen und traditionellen Aspekten im Lebenszusammenhang von Frauen in der DDR. – In: ZENTRUM FÜR INTERDISZIPLINÄRE FRAUENFORSCHUNG, Hrsg., 1995, Unter Hammer und Zirkel. Frauenbiographien vor dem Hintergrund ostdeutscher Sozialisationserfahrungen. – Berlin, S. 23–34.

DÖLLING, I. und I. DIETZSCH, 1996, Selbstverständlichkeiten im biographischen Konzept ostdeutscher Frauen. Ein Vergleich 1990–1994. – In: Berliner Debatte Initial, 96, 2, S. 11–20.

DÖLLING, I., 2005, Ostdeutsche Geschlechterarrangements in Zeiten des neoliberalen Gesellschaftsumbaus. – In: E. SCHÄFER, I. DIETZSCH, P. DRAUSCHKE, I. PEINL, V. PENROSE, S. SCHOLZ und S. VÖLKER, Hrsg., 2005, Irritation Ostdeutschland. Geschlechterverhältnisse in Deutschland seit der Wende. – Münster, S. 16–34.

DO MAR CASTRO VARELA, M. und D. CLAYTON, 2003, Migration, Gender, Arbeitsmarkt. Neue Beiträge zu Frauen und Globalisierung. – Königstein/Taunus.

DO MAR CASTRO VARELA, M. und N. DHAWAN, 2005, Postkoloniale Theorie. Eine kritische Einführung. – Bielefeld.

DROTH, W. und J. DANGSCHAT, 1985, Räumliche Konsequenzen der Entstehung ‚neuer' Haushaltstypen. – In: J.

FRIEDRICHS, Hrsg., 1985, Die Städte in den 80er Jahren. – Opladen, S. 147–180.

DUMONT, J.-C. und T. LIEBIG, 2005, Labour Market Integration of Immigrant Women: Overview and Recent Trends. – Brussels, (= OECD & European Commission Seminar „Migrant Women and the Labour Market: Diversity and Challenges", Room Document No. 3).
ECHARTE FUENTES-KIEFFER, R., 2004, Migration aus Liebe. Interkulturelle Paare zwischen strukturellen Zwängen und individuellen Konzepten. – Bern, (= unveröffentlichte Diplomarbeit).
EIFLER, C., 2004, Militär und Geschlechterverhältnisse. – Berlin, (= Männlichkeit und Krieg. Dokumentation einer Fachtagung des Forum „Männer in Theorie und Praxis der Geschlechterverhältnisse" und der Heinrich-Böll-Stiftung am 7./8. November 2003 in Berlin).
EISNER, M., 1997, Das Ende der zivilisierten Stadt? Die Auswirkungen von Modernisierung und urbaner Krise auf Gewaltdelinquenz. – Frankfurt am Main.
ELSHTAIN, J. B., 1987, Women and war. – Brighton.
ENGELBRECH, G., 1996, Die Beharrlichkeit geschlechtsspezifischer beruflicher Segregation: betriebliche Berufsausbildung und geschlechtsspezifische Einkommensentwicklung beim Berufseinstieg in den 80er Jahren. – In: S. LIESERING und A. RAUCH, Hrsg., 1996, Hürden im Erwerbsleben. Aspekte beruflicher Segregation nach Geschlecht. – Nürnberg, S. 65–103.
ENGELS, F., 1961, Gesammelte Werke. – Berlin (= Band 36).
ENLOE, C., 1989, Bananas, Beaches and Bases. Making Feminist Sense of International Politics. – Berkeley.
ESPING-ANDERSEN, G., 1990, The Three Worlds of Welfare Capitalism. – Cambridge.
FAGNANI, J., 2000, Un travail et des enfants. Petits arbitrages et grand dilemmes. – Paris.
FAGNANI, J., 2003, La réduction du temps de travail a-t-elle amélioré la vie quotidienne des parents de jeunes enfants? – In: Premières informations et Premières Synthèses, 1/2, S. 1–10.
FAGNANI, J., 2004, Schwestern oder entfernte Kusinen? Deutsche und französische Familienpolitik im Vergleich. – In: W. NEUMANN, Hrsg., 2004, Welche Zukunft für den Sozialstaat? Reformpolitik in Frankreich und Deutschland. – Opladen, S. 181–204.
FASSMANN, H. und P. MEUSBURGER, 1997, Arbeitsmarktgeographie. Erwerbstätigkeit und Arbeitslosigkeit im räumlichen Kontext. – Wiesbaden.
FELBER RUFER, P., D. WASTL-WALTER und N. BAUER, 2007, Wer verändert die Landschaft? Mitbestimmung und Entscheidungen bei Landschaftsveränderungen. – In: Mitteilungen der Österreichischen Geographischen Gesellschaft, 149, S. 199–216.
FERNÁNDEZ-KELLY, M. P., 1982, For We Are Sold, I and My People. Women and Industry in Mexico's Frontier. – Albany.
FLEISCHMANN, K. und U. MEYER-HANSCHEN, 2005, Stadt Land Gender. Einführung in Feministische Geographien. – Königstein/Taunus.
FLEISCHMANN, K. und C. WUCHERPFENNIG, 2008, Feministische Geographien und geographische Geschlechterforschung im deutschsprachigen Raum. – In: ACME, 7, 3, S. 350–376.
FOUCAULT, M., 1974, Die Ordnung des Diskurses. – Frankfurt am Main.
FOURASTIÉ, J., 1954 (1949), Le Grand Espoir du XX Siècle. Progrès Technique – Progrès Economique – Progrès Social. – Frankfurt am Main.
FOX KELLER, E., 1986, Liebe, Macht und Erkenntnis. Männliche oder weibliche Wissenschaft? – München.
FREDRICH, B., im Druck, Sicherheit aus geschlechtergeographischer Perspektive: Eine Analyse wie Schweizer Expertinnen und Experten in Sicherheitsreden geschlechterdifferenziert verorten. – Bern, (= Dissertation).

FRIELING, H.-D., 1980, Räumliche und soziale Segregation in Göttingen. Zur Kritik der Sozialökologie. – Kassel.
GAD, G. und K. ENGLAND, 2002, Social policy at work? Equality and equity in women's paid employment in Canada. – In: GeoJournal, 56, 4, S. 281–294.
GALSTER, I., 2004, Französischer Feminismus. Zum Verhältnis von Egalität und Differenz. – In: R. BECKER und B. KORTENDIEK, Hrsg., 2004, Handbuch Frauen- und Geschlechterforschung. Theorie, Methoden, Empirie. – Wiesbaden, S. 42–47.
GALTUNG, J., 1975, Strukturelle Gewalt. Beiträge zur Friedens- und Konfliktforschung. – Reinbek bei Hamburg.
GAMERITH, W., 2007, „Gendered Spaces" – Frauenforschung in der Geographie. – In: D. WAWRA, Hrsg., 2007, Genderforschung interdisziplinär. – Frankfurt am Main.
GARFINKEL, H., 1967, Studies in Ethnomethodology. – Cambridge.
GATHER, C., B. GEISSLER und M. S. RERRICH, Hrsg., 2002, Weltmarkt Privathaushalt. Bezahlte Haushaltsarbeit im globalen Wandel. – Münster.
GILBERT, A.-F., 1993, Feministische Geographien. Ein Streifzug in die Zukunft. – In: E. BÜHLER, H. MEYER, D. REICHERT und A. SCHELLER, Hrsg., 1993, Ortssuche. Zur Geographie der Geschlechterdifferenz. – Zürich und Dortmund, S. 79–107.
GILDEMEISTER, R. und A. WETTERER, 1992, Wie Geschlechter gemacht werden. Die soziale Konstruktion der Zweigeschlechtlichkeit und ihre Reifizierung in der Frauenforschung. – In: G.-A. KNAPP und A. WETTERER, Hrsg., 1992, Traditionen-Brüche. Entwicklungen feministischer Theorie. – Freiburg im Breisgau, S. 201–254.
GILDEMEISTER, R., 2004, Doing Gender. Soziale Praktiken der Geschlechterunterscheidung. – In: R. BECKER und B. KORTENDIEK, Hrsg., 2004, Handbuch Frauen- und Geschlechterforschung. Theorie, Methoden, Empirie. – Wiesbaden, S. 132–140.
GLASZE, G. und A. MATTISSEK, Hrsg., 2009, Handbuch Diskurs und Raum. Theorien und Methoden für die Humangeographie sowie die sozial- und kulturwissenschaftliche Raumforschung. – Bielefeld.
GOFFMAN, E., 1977, The arrangement between the sexes. – In: Theory 4, 3, S. 301–331.
GORMAN-MURRAY, A., 2006, Homeboys: uses of home by gay Australian men. – In: Social & Cultural Geography, 7, 1, S. 53–69.
GOTTSCHALL, K., 1995, Geschlechterverhältnis und Arbeitsmarktsegregation. – In: R. BECKER-SCHMIDT und G.-A. KNAPP, Hrsg., 1995, Das Geschlechterverhältnis als Gegenstand der Sozialwissenschaften. – Frankfurt am Main, S. 125–162.
GOTTSCHALL, K., 2000, Soziale Ungleichheit und Geschlecht. Kontinuitäten und Brüche, Sackgassen und Erkenntnispotentiale im deutschen soziologischen Diskurs. – Opladen.
GRAHAM DAVIES, S., 2006, Thinking of gender in a holistic sense: understandings of gender in Sulawesi Indonesia. – In: V. DEMOS und M. T. SEGAL, Hrsg., 2006, Gender und the local-global nexus: theory, research, und action. – Oxford, S. 1–24.
GREGORY, D., 1994, Geographical Imaginations. – Cambridge.
GREGSON, N. und G. ROSE, 2000, Taking Butler elsewhere: performativities, spatialities and subjectivities. – In: Environment and planning D, 18, 4, S. 433–452.
GROSZ, E., 1989, Sexual Subversions. Three French Feminists. – Sydney.
GROSZ, E., 1997, Inscriptions and body maps. Representations and the corporal. – In: L. MCDOWELL und J. P. SHARP, Hrsg., 1997, Space, Gender, Knowledge. Feminist Readings. – Oxford, S. 236–247.
GROULT, B., 1986, Olympe de Gouges. Oeuvres. – Paris.
GÜMEN, S., 1998, Das Soziale des Geschlechts. Frauenforschung und die Kategorie „Ethnizität". – In: Das Argument, 40, 1/2, S. 187–203.
HABERMAS, J., 1986 (1962), Strukturwandel der Öffentlichkeit. – Frankfurt am Main.

HAGEMANN, K., 2005, Krieg, Frieden und Gewalt. Friedens- und Konfliktforschung als Geschlechterforschung. Eine Einführung. – In: J. A. DAVY, K. HAGEMANN und U. KÄTZEL, Hrsg., 2005, Frieden – Gewalt – Geschlecht. Friedens– und Konfliktforschung als Geschlechterforschung. – Essen, S. 16–54.

HAGEMANN-WHITE, C., 1984, Sozialisation: Weiblich – männlich? – Opladen, (= Band 1).

HÄGERSTRAND, T., 1975, Space, time, and human conditions. – In: A. KARLQVIST, L. LUNDQVIST und F. SNICKARS, Hrsg., 1975, Dynamic allocation of urban space. – Lexington.

HAGGETT, P., 1979, Geography – A Modern Synthesis. – New York.

HAGGETT, P., 1983, Geographie. Eine moderne Synthese. – Stuttgart.

HAGGETT, P., 2004, Geographie. Eine globale Synthese. – Stuttgart.

HAIDINGER, B., 2007, She Sweeps for Money! Bedingungen der informellen Beschäftigung von Migrantinnen in österreichischen Privathaushalten. – In: K. BANKOSEGGER und E. J. FORSTER, Hrsg., 2007, Gender in Motion. Genderdimensionen der Zukunftsgesellschaft. – Wiesbaden, S. 55–76.

HALBERSTAM, J., 2005, In a Queer Time & Place. Transgender Bodies, Subcultural Lives. – New York.

HALL, P. und D. SOSKICE, Hrsg., 2001, Varieties of Capitalism. The Institutional Foundations of Comparative Advantage. – Oxford.

HAMM, B., 1982, Die Organisation der städtischen Umwelt. Ein Beitrag zur sozialökologischen Theorie der Stadt. – Frauenfeld.

HANNAH, M. G., 2005, Virility und Violation in the US „War on Terrorism". – In: L. NELSON und J. SEAGER, Hrsg., 2005, A Companion to Feminist Geography. – Malden, S. 550–564.

HÄNNY, U., 2000, Dienstmädchen und Sklavinnen des 21. Jahrhunderts. Zur Lebenssituation von ausländischen Hausangestellten im Privathaushalt von Diplomaten und internationalen Funktionären in der Schweiz. – Bern, (= unveröffentlichte Diplomarbeit).

HANSEN, E. und D. MATTINGLY, Hrsg., 2006, Women and Change at the U.S.-Mexico Border: Mobility, Labor, and Activism. – Tucson.

HARAWAY, D., 1995, Die Neuerfindung der Natur: Primaten, Cyborgs und Frauen. – Frankfurt am Main.

HARAWAY, D., 1996, Anspruchsloser Zeuge@ Zweites Jahrtausend. FrauMann© trifft OncoMouse™. Leviathan und die vier Jots: Die Tatsachen verdrehen. – In: E. SCHEICH, Hrsg., 1996, Vermittelte Weiblichkeit. Feministische Wissenschafts- und Gesellschaftstheorie. – Hamburg, S. 347–389.

HARDERS, C., 2003, Feministische Perspektiven auf Friedens- und Sicherheitspolitik. – In: Feministisches Institut der Heinrich-Böll-Stiftung, Hrsg., 2003, Feministische Theorieansätze in der Friedens- und Sicherheitspolitik. Perspektiven der Einflussnahme auf den UN Sicherheitsrat. – Berlin, S. 7–19.

HARDERS, C., 2004, Krieg und Frieden: Feministische Positionen. – In: R. BECKER und B. KORTENDIEK, Hrsg., 2004, Handbuch Frauen- und Geschlechterforschung. Theorie, Methoden, Empirie. – Wiesbaden, S. 461–475.

HARDING, S., 1990, Feministische Wissenschaftstheorie: Zum Verhältnis von Wissenschaft und sozialem Geschlecht. – Hamburg.

HARDING, S., 1994, Das Geschlecht des Wissens. Frauen denken die Wissenschaft neu. – Frankfurt am Main.

HARDING, S., 1995, Just add women and stir? – In: United Nations Commission on Science and Technology for Development, Hrsg., 1995, Missing Links. Gender Equity in Science and Technology for Development. – New York, S. 295–308.

HARK, S., 2001, Feministische Theorie – Diskurs – Dekonstruktion. – In: R. KELLER, A. HIRSELAND, W. SCHNEIDER und W. VIEHÖVER, Hrsg., Handbuch Sozialwissenschaftliche Diskursanalyse. – Wiesbaden, (= Theorien und Methoden, Band 1).

HARK, S., 2005, Queer Studies. – In: I. STEPHAN und C. VON BRAUN, Hrsg., Gender@ Wissen. Ein Handbuch der Gender-Theorien. – Köln, S. 285–303.

HARRY, J., 1974, Urbanization and the gay life. – In: Journal of Sex Research, 10, 3, S. 238–247.

HAUSEN, K., 1976, Die Polarisierung der „Geschlechtscharaktere". Eine Spiegelung der Dissoziation von Erwerbs- und Familienleben. – In: W. CONZE, Hrsg., 1976, Sozialgeschichte der Familie in der Neuzeit Europas. – Stuttgart, S. 363–393.

HEINTZ, B., 1993, Die Auflösung der Geschlechterdifferenz. Entwicklungstendenzen in der Theorie der Geschlechter. – In: E. BÜHLER, H. MEYER, D. REICHERT und A. SCHELLER, Hrsg., 1993, Ortssuche. Zur Geographie der Geschlechterdifferenz. – Zürich und Dortmund, S. 17–48.

HEINTZ, B., E. NADAI und H. UMMEL, 1997, Ungleich unter Gleichen. Studien zur geschlechtsspezifischen Segregation des Arbeitsmarktes. – Frankfurt am Main.

HENTSCHEL, G., 2005, Geschlechtergerechtigkeit in der Friedens- und Sicherheitspolitik. Feministische Ansätze und Perspektiven im 21. Jahrhundert. – In: J. A. DAVY, K. HAGEMANN und U. KÄTZEL, Hrsg., 2005, Frieden – Gewalt – Geschlecht. Friedens- und Konfliktforschung als Geschlechterforschung. – Essen, S. 344–364.

HERZIG, P. und M. RICHTER, 2004, Von den „Achsen der Differenz" zu den „Differenzräumen": Ein Beitrag zur theoretischen Diskussion in der geografischen Geschlechterforschung. – In: E. BÜHLER und V. MEIER KRUKER, Hrsg., Geschlechterforschung. Neue Impulse für die Geographie. – Zürich, (= Wirtschaftsgeographie und Raumplanung, Vol. 33), S. 43–64.

HERZIG, P., 2006, South Asians in Kenya. Gender, Generation and Changing Identities in Diaspora. – Münster.

HESS, S., 2002, Au Pairs als informalisierte Hausarbeiterinnen – Flexibilisierung und Ethnisierung der Versorgungsarbeiten. – In: C. GATHER, B. GEISSLER und M. S. RERRICH, Hrsg., 2002, Weltmarkt Privathaushalt. Bezahlte Haushaltsarbeit im globalen Wandel. – Münster.

HILDEBRANDT, K., 1994, Historischer Exkurs zur Frauenpolitik der SED. – In: B. BÜTOW und H. STECKER, Hrsg., 1994, EigenArtige Ostfrauen. Frauenemanzipation in der DDR und den neuen Bundesländern.

HILLMANN, F., 1996, Jenseits der Kontinente – Migrationsstrategien von Fragen nach Europa. Reihe: Stadt und Raum, Pfaffenweiler.

HILLMANN, F., 2007, Migration als räumliche Definitionsmacht? Beiträge zu einer neuen Geographie der Migration in Europa. – Stuttgart.

HILLMANN, F., 2007, Gender/-Geschlechtsspezifische Fragestellungen im Kontext von Entwicklung und Globalisierung. In: Böhm, D., Entwicklungsräume. Jahrbuch für den Geographie-Unterricht. Aulis Verlag S. 174–182.

HILLMANN F. und D. WASTL-WALTER (im Druck), Geschlechtsspezifische Geographien der Migration. Themenheft der Berichte zur deutschen Landeskunde 2010.

HIRSCHAUER, S., 1994, Die soziale Fortpflanzung der Zwei-Geschlechtlichkeit. – In: Kölner Zeitschrift für Soziologie und Sozialpsychologie, 46, 4, S. 668–692.

HOLLAND-CUNZ, B., 2004, Demokratiekritik: Zu Staatsbildern, Politikbegriffen und Demokratieformen. – In: R. BECKER und B. KORTENDIEK, Hrsg., 2004, Handbuch Frauen- und Geschlechterforschung. Theorie, Methoden, Empirie. – Wiesbaden, S. 467–475.

HOLST, E., 2007, Spitzenpositionen in großen Unternehmen fest in der Hand von

Männern. – In: Wochenbericht des Deutschen Instituts für Wirtschaftsforschung (DIW) Berlin, 2007, 7, S. 89–93.

HOLZNER, B. M., 2008, Agrarian restructiving an Gender – designing familiy farms in Central and Eastern Europe. – Gender, Place and Culture, 15, 4, pp. 431–443.

HONEGGER, C., 1991, Die Ordnung der Geschlechter. Die Wissenschaften vom Menschen und das Weib. – Frankfurt am Main.

HONNETH, A. und N. FRASER, 2003, Umverteilung oder Anerkennung? Eine politisch-philosophische Kontroverse. – Frankfurt am Main.

HOOKS, B., 1981, Ain't I a Woman. Black women and feminism. – Boston.

HORN, I., 1988, Die Geburt der Männlichkeit aus dem Geist des Militärs. Notizen zum Film „Full Metal Jacket" von Stanley Kubrick. – In: DIALOG – Beiträge zur Friedensforschung, 13, 4, S. 22–30.

HRADIL, S., 1992, Die „objektive" und die „subjektive" Modernisierung. Der Wandel der westdeutschen Sozialstruktur und die Wiedervereinigung. – In: Aus Politik und Zeitgeschichte, 29/30, S. 3–14.

HULL, G. T., P. B. SCOTT und B. SMITH, 1982, All the Women Are White, All the Blacks Are Men, But Some of Us Are Brave. Black Women's Studies. – New York.

HUNGERBÜHLER, A., 2009, „Hegemoniale Maskulinität" im Bergführerberuf? Empirische Befunde und theoretische Implikationen. – In: C. BINSWANGER, M. BRIDGES, B. SCHNEGG und D. WASTL-WALTER, Hrsg., 2009, Gender Scripts: Widerspenstige Aneignungen von Geschlechternormen. – Frankfurt am Main.

HYAM, R., 1993, Britain's Imperial Century, 1815–1914: A Study of Empire and Expansion. – New York.

HYNDMAN, J., 2004, Mind the gap: bridging feminist and political geography through geopolitics. – In: Political Geography, 23, 3, S. 307–322.

JACKSON, P., 1994, Black male: Advertising and the cultural politics of masculinity. – In: Gender, Place and Culture, 1, 1, S. 49–59.

JACKSON, P., K. BROOKS und N. STEVENSON, 1999, Making sense of men's lifestyle magazines. – In: Environment and planning D, 17, S. 353–368.

JAGOSE, A., 2004, Queer Theory. Eine Einführung. – Berlin.

JENSEN, H., 2005, Globalisierung. – In: C. VON BRAUN und I. STEPHAN, Hrsg., 2005, Gender@Wissen. Ein Handbuch der Gender-Theorien. – Köln, S. 139–161.

JOHNSTON, L. und G. VALENTINE, 1995, Where ever I lay my girlfriend, that's my home. The performance und surveillance of lesbian identities in domestic environments. – In: D. BELL und G. VALENTINE, Hrsg., 1995, Mapping Desire: Geographies of Sexuality. – London, S. 99–113.

JOHNSTON, L., 1998, Reading the sexed bodies and spaces of gyms. – In: H. J. NAST und S. PILE, Hrsg., 1998, Places Through The Body. – London, S. 244–262.

KARRER, C., R. TURTSCHI und M. LE BRETON, 1996, Entschieden im Abseits – Frauen in der Migration. – Zürich.

KERNER, I., 2000, Empowerment durch Geschlechterplanung? Postkoloniale Kritik am Genderansatz. – In: iz3w, Sonderheft „Gender".

KLAGGE, B., 2002, Lokale Arbeit und Bewältigung von Armut: eine akteursorientierte Perspektive. – In: Geographische Zeitschrift, 90, 3/4, S. 194–211.

KLAGGE, B., 2007, Arbeitsmärkte im Umbruch. – In: R. GLASER, H. GEBHARDT und W. SCHENK, Hrsg., 2007, Geographie Deutschlands. – Darmstadt, S. 195–202.

KLAUS, E., 2004, Öffentlichkeit und Privatheit: Frauenöffentlichkeiten und feministische Öffentlichkeiten. – In: R. BECKER und B. KORTENDIEK, Hrsg., 2004, Handbuch Frauen- und Geschlechterforschung. Theorie, Methoden, Empirie. – Wiesbaden, S. 209–216.

KLAUSER, F. R., 2006, Die Videoüberwachung öffentlicher Räume. Zur Ambivalenz eines Instruments sozialer Kontrolle. – Frankfurt am Main.

KLEIN, U., 1997, The Gendering of National Discourses and the Israeli-Palestinian-Conflict. – In: European Journal of Women's Studies, 4, S. 341–351.

KLINGER, C., 2003, Ungleichheit in den Verhältnissen von Klasse, Rasse und Geschlecht. – In: G.-A. KNAPP und A. WETTERER, Hrsg., Achsen der Differenz. Gesellschaftstheorie und feministische Kritik II. – Münster, (= Band 16).

KLINGER, C., G.-A. KNAPP und B. SAUER, Hrsg., 2007, Achsen der Ungleichheit. Zum Verhältnis von Klasse, Geschlecht und Ethnizität. – Frankfurt am Main.

KNAPP, G.-A. und A. WETTERER, 2003, Achsen der Differenz. Gesellschaftstheorie und feministische Kritik II. – Münster, (= Band 16).

KNAPP, G.-A., 2003, Aporie als Grundlage. Zum Produktionscharakter der feministischen Diskurskonstellation. – In: G.-A. KNAPP und A. WETTERER, Hrsg., 2003, Achsen der Differenz. Gesellschaftstheorie und feministische Kritik II. – Münster, S. 241–265.

KNAPP, G.-A., 2006, „Intersectionality". Feministische Perspektiven auf Ungleichheit und Differenz im gesellschaftlichen Transformationsprozess. – Wien, (= Vortragsmanuskript vom 30.11.2006).

KNAPP, G.-A., 2008, „Intersectionality" – ein neues Paradigma der Geschlechterforschung? – In: R. CASALE und B. RENDTORFF, Hrsg., 2008, Was kommt nach der Genderforschung? Zur Zukunft der feministischen Theoriebildung. – Bielefeld, S. 33–54.

KOBAYASHI, A. und L. PEAKE, 1994, Unnatural discourse. 'Race' and gender in geography. – In: Gender, Place & Culture, 1, 2, S. 225–243.

KOFLER, A. Chr. und L. FANKHAUSER, 2009, Frauen in der Migration. Das Bild der Migrantin in der öffentlichen Wahrnehmung und in der aktuellen Forschung, Bern.

KOFMAN, E. und L. PEAKE, 1990, Into the 1990s: A gendered agenda for a political geography. – In: Political Geography, 9, 4, S. 313–336.

KOFMAN, E. und P. RAGHURAM, Hrsg., 2004, Labour migrations: women on the move. – Basingstoke.

KOSKELA, H., 1997, 'Bold Walk and Breakings': women's spatial confidence versus fear of violence. – In: Gender, Place and Culture, 4, 3, S. 301–320.

KOSKELA, H., 1999, Fear, Control and Space. Geographies of Gender, Fear of Violence, and Video Surveillance. – Helsinki.

KREISKY, E., 1992, Der Staat als „Männerbund". Der Versuch einer feministischen Staatssicht. – In: BIESTER, E., Hrsg., 1992, Staat aus feministischer Sicht. – Berlin, S. 53–62.

KRIPPENDORFF, E., 1988, Militär und Geschlecht: Haben wir genügend Erkenntnisarbeit geleistet? – In: DIALOG – Beiträge zur Friedensforschung, 13, 4, S. 7–21.

KÜHNE, T., 2005, Frieden, Krieg und Ambivalenz. Historische Friedensforschung als Geschlechterforschung. – In: J. A. DAVY, K. HAGEMANN und U. KÄTZEL, Hrsg., 2005, Frieden – Gewalt – Geschlecht. Friedens- und Konfliktforschung als Geschlechterforschung. – Essen, S. 55–72.

KUUS, M., 2007, Love, Peace and Nato: Imperial Subject-Making in Central Europe. – In: Antipode, 39, 2, S. 269–290.

LANDOLT, S., 2009, Männer besaufen sich, Frauen nicht. Geschlechterkonstruktionen in Erzählungen Jugendlicher über Alkoholkonsum. In: C. BINSWANGER, M. BRIDGES, B. SCHNEGG und D. WASTL-WALTER, Hrsg., 2009, Gender Scripts: Widerspenstige Aneignungen von Geschlechternormen. – Frankfurt am Main.

LANG, S., 2004, Politik – Öffentlichkeit – Privatheit. – In: S. ROSENBERGER und B. SAUER, Hrsg., 2004, Politikwissenschaft und Geschlecht. – Wien, S. 65–82.

LANZ, A., 2003, Migrantinnen lösen die Krise der Hausfrauenarbeit (= Referat von Anni LANZ an der FemCo-Tagung vom 17.05.2003), http://www.sosf.ch/cms/front_content.php?idcat=194&idart=231 (zuletzt besucht am 29.7.2009).
LE BRETON, M., 1998, Die Feminisierung der Migration. – In: R. KLINGEBIEL und S. RANDERIA, Hrsg., 1998, Globalisierung aus Frauensicht. Bilanzen und Visionen. – Bonn, S. 112–134.
LE BRETON, M. und U. FIECHTER, 2005, Verordnete Grenzen – verschobene Ordnungen. Eine Analyse zu Frauenhandel in der Schweiz. – Zürich und Dortmund.
LENIN, W. I. U., 1961, Werke. – Berlin (= Band 30).
LEWIS, J., 1992, Gender and the Development of Welfare Regimes. – In: Journal of European Social Policy, 2, 3, S. 159–173.
LIEPINS, R., 2000, Making men: The construction and representation of agriculture-based masculinities in Australia and New Zealand. – In: Rural Sociology, 65, 4, S. 605–620.
LIM, L. Y. C., 1980, Women Workers in Multinational Corporations – The Case of the electronic Industry in Malaysia and Singapore. – In: K. KUMAR, Hrsg., 1980, Transnational Enterprises: Their Impact on Third World Societies and Cultures. – Boulder.
LIST, E., 1994, Wissende Körper – Wissenskörper – Maschinenkörper. Zur Semiotik der Leiblichkeit. – In: Die Philosophin, 5, 10, S. 9–26.
LONGHURST, R., 1997, (Dis)embodied geographies. – In: Progress in Human Geography, 21, 4, S. 486–501.
LONGHURST, R., 2000a, 'Corporeographies' of pregnancy: 'bikini babes'. – In: Environment and planning D, 18, 4, S. 453–472.
LONGHURST, R., 2000b, Geography and gender: masculinities, male identity and men. – In: Progress in Human Geography, 24, 3, S. 439–444.
LONGHURST, R., 2004, Situating Bodies. – In: L. NELSON und J. SEAGER, Hrsg., 2004, A Companion to Feminist Geography. – Malden, S. 337–349.
LOSSAU, J., 2002, Die Politik der Verortung. Eine postkoloniale Reise zu einer ‚anderen' Geographie der Welt. – Bielefeld.
LUTZ, B. und H. GRÜNERT, 1996, Der Zerfall der Beschäftigungsstrukturen der DDR 1989–1993. – In: B. LUTZ, H. M. NICKEL, R. SCHMIDT und A. SORGE, Hrsg., 1996, Arbeit, Arbeitsmarkt und Betriebe. – Opladen, S. 69–120.
LUTZ, H., 2003, Ethnizität. Profession. Geschlecht. Die neue Dienstmädchenfrage als Herausforderung für die Migrations– und Frauenforschung. – Münster.
LUTZ, H., 2004, Migrations- und Geschlechterforschung: Zur Genese einer komplizierten Beziehung. – In: R. BECKER und B. KORTENDIEK, Hrsg., 2004, Handbuch Frauen- und Geschlechterforschung. Theorie, Methoden, Empirie. – Wiesbaden, S. 476–484.
LUTZ, H., 2005, Der Privathaushalt als Weltmarkt für weibliche Arbeitskräfte. – In: Peripherie, 25, 97/98, S. 65–87.
LUTZ, H., 2007, Vom Weltmarkt in den Privathaushalt. Die neuen Dienstmädchen im Zeitalter der Globalisierung. – Opladen.
MACRAE, H., 2006, Rescaling Gender Relations: The Influence of European Directives on the German Gender Regime. – In: Social Politics, 13, 4, S. 522–550.
MAIHOFER, A., 2002, Geschlecht und Sozialisation. – In: EWE, 13, 1, S. 13–26.
MARTSCHUKAT, J. und O. STIEGLITZ, 2008, Geschichte der Männlichkeiten. – Frankfurt am Main.
MARX, K., 1844, Ökonomisch-philosophische Manuskripte. – Leipzig.
MASSEY, D., 1994, Space, place and gender. – Minneapolis.

MASSEY, D., 1995, Masculinity, dualisms and high technology. – In: Transactions of the Institute of British Geographers, 20, 4, S. 487–499.
MASSEY, D., J. ALLEN und A. COCHRANE, 1998, Rethinking the region. – London.
MASSEY, D., 2005, For Space. – London.
MATTISSEK, A. und P. REUBER, 2004, Die Diskursanalyse als Methode in der Geographie. Ansätze und Potentiale. – In: Geographische Zeitschrift, 92, 4, S. 227–242.
MATTISSEK, A., 2007, Diskursanalyse in der Humangeographie – „State of the Art". – In: Geographische Zeitschrift 95, 1/2, S. 37–55.
MATTISSEK, A., 2008, Die neoliberale Stadt. Diskursive Repräsentationen im Stadtmarketing deutscher Grossstädte. – Bielefeld.
MAYER, H., D. HACKLER und C. MCFARLAND, 2007, Skills, Capital and Connections, too: A Regional Social Environment Perspective of Women Entrepreneurs. – In: Canadian Journal of Regional Science, 30, 3, S. 411–432.
MAYER, H., 2008, Segmentation and Segregation Patterns of Women-Owned High-Tech Firms in Four Metropolitan Regions in the United States. – In: Regional Studies: The Journal of the Regional Studies Association, 42, 10, S. 1357–1383.
MAYER, T., 2000, Gender ironies of nationalism: setting the stage. – In: T. MAYER, Hrsg., 2000, Gender Ironies of Nationalism. Sexing the Nation. – London, S. 1–24.
MCCALL, L., 2005, The Complexity of Intersectionality –In: Signs: Journal of Women in Culture and Society, 30, 31, S. 1771–1800.
MCCLINTOCK, A., 1995, Imperial Leather: Race, gender and sexuality in the colonial conquest. – London.
MCDOWELL, L., 1997, Capital Culture. Gender at Work in the City. – Oxford.
MCDOWELL, L., 1999, Gender, Identity and Place. Understanding Feminist Geographies. – Minneapolis.
MCDOWELL, L., 2002, Transitions to Work: masculine identities, youth inequality and labour market change. – In: Gender, Place and Culture, 9, 1, S. 39–59.
McDowell, L., 2008, Thinking through work: complex inequalities, constructions of difference and trans-national migrants. In: Progress in Human Geography 32 (4) pp. 491–507.
MCDOWELL, L. und J. P. SHARP, 1999, A feminist glossary of human geography. – London.
MEIER, V., 1989, Der Mann als Mass? – Gedanken auf der Suche nach einer Geographie, wo Frauen mehr Raum hätten. – In: Regio Basiliensis, 30, 2/3, S. 73–76.
MEIER, V., 1994, Frische Blumen aus Kolumbien – Frauenarbeit für den Weltmarkt. – In: Geographica Helvetica, 49, 1, S. 5–10.
MEIER, V., 1998, Jene machtgeladene soziale Beziehung der „Konversation"... – In: Geographica Helvetica, 53, 3, S. 107–111.
MEIER, V. und K. KUTSCHINSKE, 2000, „... sich diesen Raum zu nehmen und sich freizulaufen ...". Angst-Räume als Ausdruck von Geschlechterkonstruktion. – In: Geographica Helvetica, 55, 2, S. 138–145.
MEIER KRUKER, V. und J. RAUH, 2005, Arbeitsmethoden der Humangeographie. – Darmstadt.
MERCHANT, C., 1987, Der Tod der Natur. Ökologie, Frauen und neuzeitliche Naturwissenschaft. – München, (= Beck'sche Reihe, Vol. 1084).
MERLEAU-PONTY, M., 1966, Phänomenologie der Wahrnehmung. – Berlin.
MEUSER, M., 2001, Männerwelten. Zur kollektiven Konstruktion hegemonialer Männlichkeit. – In: Schriften des Essener Kollegs für Geschlechterforschung 1, 2.
MEUSER, M., 2006, Geschlecht und Männlichkeit. Soziologische Theorie und kulturelle Deutungsmuster. 2. überarbeitete und aktualisierte Auflage. – Wiesbaden.

MIES, M., 1994, Frauenbewegung und 15 Jahre ‚Methodische Postulate der Frauenforschung'. – In: A. DIETZINGER, H. KITZER und I. ANKER, Hrsg., 1994, Erfahrung mit Methode. Wege sozialwissenschaftlicher Frauenforschung. – Freiburg im Breisgau, S. 31–68.
MIES, M. und V. SHIVA, 1995, Ökofeminismus. Beiträge zur Praxis und Theorie. – Zürich.
MIGNOLO, W. D., 2005, The Idea of Latin America. – Oxford.
MOHANTY, C. T., 1988, Aus westlicher Sicht: feministische Theorie und koloniale Diskurse. – In: Beiträge zur feministischen Theorie und Praxis, 23, S. 149–162.
MOHANTY, C. T., 2002, „Under Western Eyes" Revisited: Feminist Solidarity through Anticapitalist Struggles. – In: Signs: Journal of Women in Culture and Society, 28, 2, S. 499–535.
MOMSEN, J., 2004, Gender and Development. – London.
MOMSEN, J., Hrsg., 2008, Gender and Development. Critical Concepts in Development Studies. – London.
MONK, J. und J. MOMSEN, 1995, Geschlechterforschung und Geographie in einer sich verändernden Welt. – In: Geographische Rundschau, 47, 4, S. 214–221.
MORDT, G., 2002, Das Geschlechterarrangement der klassischen Sicherheitspolitik. – In: C. HARDERS und B. ROSS, Hrsg., 2002, Geschlechterverhältnisse in Krieg und Frieden. Perspektiven der feministischen Analyse internationaler Beziehungen. – Opladen, S. 61–78.
MORRISON, A. R., M. SCHIFF und M. SJÖBLOM, Hrsg., 2008, The international migration of women. – Washington, D.C.
MORTIMER-SANDILANDS, C., 2005, Unnatural Passions?. Notes Toward a Queer Ecology. – In: Invisible Culture. An Electronic Journal for Visual Culture, 9, http://www.rochester.edu/in_visible_culture (zuletzt besucht am 28.6.2009).
MOSE, J., 2007, Zur Dynamik raumbezogener Identitäten in Spanien – von der Nation zur multi-level-identity? – In: C. BERNDT und R. PÜTZ, Hrsg., 2007, Kulturelle Geographien. Zur Beschäftigung mit Raum und Ort nach dem Cultural Turn. – Bielefeld, S. 113–142.
MOSER, C., 1993, Gender, Planning and Development. Theory, Practice and Training. – London.
MOSER, C. und A. MOSER, 2005, Gender mainstreaming since Beijing: A review of success and limitations in international institutions. – In: Gender and Development, 13, 2, S. 11–22.
MOSS, P., Hrsg., 2002, Feminist Geography in Practice. Research and Methods. – Malden.
MOSSE, G. L., 1996, The Image of Man. The Creation of Modern Masculinity. – New York.
NAPP-PETERS, A., Hrsg., 1995, Armut von Alleinerziehenden. – Frankfurt am Main.
NASSEHI, A., 1999, Die Paradoxie der Sichtbarkeit. Zur epistemologischen Verunsicherung der (Kultur-)Soziologie. – In: Soziale Welt, 50, 4, S. 349–362.
NAUTZ, J. und B. SAUER, Hrsg., 2008, Frauenhandel. Diskurse und Praktiken. – Göttingen.
NICKEL, H. M., 1993, „Mitgestalterinnen des Sozialismus" – Frauenarbeit in der DDR. – In: HELWIG, G. und H. M. NICKEL, Hrsg., 1993, Frauen in Deutschland 1945–1992. – Berlin, S. 233–256.
NIEDERSÄCHSISCHES MINISTERIUM FÜR FRAUEN, ARBEIT UND SOZIALES, 2000, Freiräume im Alltag von Frauen. Handreichung zur Sicherung von Handlungsmöglichkeiten für Frauen im Rahmen des Städtebaus und der Freiraumplanung. – Niedersachsen,

http://cdl.niedersachsen.de/blob/images/C2680417_L20.pdf (zuletzt besucht am 4.8.2009).

NIESNER, E., Hrsg., 1997, Ein Traum vom besseren Leben. Migrantinnenerfahrungen, soziale Unterstützung und neue Strategien gegen Frauenhandel. – Opladen.

NOWOTNY, H. und K. HAUSEN, Hrsg., 1990, Wie männlich ist die Wissenschaft? – Frankfurt am Main.

Ó TUATHAIL, G. und J. AGNEW, 1992, Geopolitics and discourse: Practical geopolitical reasoning in American foreign policy. – In: Political Geography, 11, 2, S. 190–204.

ORLOFF, A. S., 1993, Gender and the Social Rights of Citizenship: The Comparative Analysis of Gender Relations and Welfare States. – In: American Sociological Review, 58, S. 303–328.

ORTHOFER, M., 2009, Au-pair. Von der Kulturträgerin zum Dienstmädchen. Die moderne Kleinfamilie als Bildungsbörse und Arbeitsplatz. – Wien.

OSTER, M. und H. NIEBERG, 2005, Das kann man sich nicht entgehen lassen – Strategien zur Organisation von Erwerbs- und Familienarbeit. – In: W. ERNST, Hrsg., 2005, Leben und Wirtschaften – Geschlechterkonstruktionen durch Arbeit. – Münster.

OSTNER, I. und J. LEWIS, 1995, Gender and the Evolution of European Social Policies. – In: S. LEIBFRIED und P. PIERSON, Hrsg., 1995, European Social Policy. Between Fragmentation and Integration. – Washington, S. 159–193.

PAIN, R., 1991, Space, sexual violence and social control: integrating geographical and feminist analyses of women's fear of crime. – In: Progress in Human Geography, 15, 4, S. 415–431.

PASCALL, G. und J. LEWIS, 2004, Emerging Gender Regimes and Policies for Gender Equality in a Wider Europe. – In: Journal of Social Policy, 33, 3, S. 373–394.

PATEMAN, C., 1994, Der Geschlechtervertrag. – In: E. APPELT und G. NEYER, Hrsg., 1994, Feministische Politikwissenschaft. – Wien, S. 73–95.

PEAKE, L., 1993, 'Race' and sexuality: challenging the patriarchal structuring of urban social space. – In: Environment and planning D, 11, 4, S. 415–432.

PEAKE, L. und A. D. TROTZ, 1999, Gender, Ethnicity and Place. Women and Identity in Guyana. – London.

PFAFF, A., 1995, Was ist das neue an der neuen Armut? – In: K.-J. BIEBACK und H. MILZ, Hrsg., 1995, Neue Armut. – Frankfurt am Main.

PFAFFENBACH, C. und B. VAN HOVEN, 2003, Labour markets in transition. The experiences of women in two border regions of East Germany. – In: GeoJournal, 57, 4, S. 261–269.

PHILLIPS, R., 1997, Mapping Men and Empire: A geography. – London.

PILE, S. und N. THRIFT, Hrsg., 1995, Mapping the Subject. Geographies of cultural transformation. – London.

PILE, S., 1996, The Body and the City. Psychoanalysis, Space and Subjectivity. – London.

PILE, S. und H. J. NAST, Hrsg., 1998, Places through the body. – London.

POPE, H. G., K. A. PHILLIPS und R. OLIVARDIA, 2001, Der Adonis-Komplex. Schönheitswahn und Körperkult bei Männern. – München.

POTT, A., 2007, Identität und Raum. Perspektiven nach dem Cultural Turn. – In: C. BERNDT und R. PFÜTZ, Hrsg., 2007, Kulturelle Geographien. Zur Beschäftigung mit Raum und Ort nach dem Cultural Turn. – Bielefeld, S. 27–52.

PRATT, G. und S. HANSON, 1994, Geography and the construction of difference. – In: Gender, Place & Culture, 1, 1, S. 5–29.

PRATT, G., 1999, Geographies of Identity and Difference: Marking Boundaries. – In:

D. MASSEY, J. ALLEN und P. SARRE, Hrsg., 1999, Human Geography Today. – Cambridge, S. 151–168.

PRATT, G., 2002, Collaborating across Our Differences. – In: Gender, Place & Culture, 16, 2, S. 195–200.

PRATT, G., 2003, Valuing Childcare: Troubles in Suburbia. – In: Antipode, 35, 3, S. 581–602.

PRATT, G., 2005, From Migrant to Immigrant: Domestic Workers settle in Vancouver, Canada. – In: J. SEAGER und L. NELSON, Hrsg., 2005, A Companion to Feminist Geography. – Malden, S. 123–137.

PREMCHANDER, S. und R. MENON, 2006, Engendering Development: Challenges and Opportunities for Mainstreaming Gender in Development Policy. – In: S. PREMCHANDER und C. MÜLLER, Hrsg., 2006, Gender and Sustainable Development. Case Studies from NCCR North-South. – Bern.

PROKES, M. T., 1996, Toward a Technology of the Body. – Edinburgh.

PUAR, J. K., 2006, Mapping US Homonormativities. – In: Gender, Place and Culture, 13, 1, S. 67–88.

RABINOW, P. und H. L. DREYFUS, 1987, Michel Foucault. Jenseits von Strukturalismus und Hermeneutik. – Frankfurt am Main.

RAJU, S., S. M. KUMAR und S. CORBRIDGE, Hrsg., 2006, Colonial and Post-Colonial Geographies of India. – London.

RANDERIA, S., 2000, Globalisierung und Geschlechterfrage: Zur Einführung. – In: R. KLINGEBIEL und S. RANDERIA, Hrsg., 2000, Globalisierung aus Frauensicht. Bilanzen und Visionen. – Bonn, S. 16–33.

REUBER, P. und C. PFAFFENBACH, 2005, Methoden der empirischen Humangeographie. – Braunschweig.

RIAÑO, Y. und R. KIEFFER, 2000, Migration und Integration in der multikulturellen Schweiz: Gesellschaftliche Rahmenbedingungen und die Handlungen von MigrantInnen. – Bern, (= Forschungsbericht No. 3 der Forschungsgruppe Sozialgeographie, Politische Geographie und Gender Studies des Geographischen Institutes der Universität Bern).

RIAÑO, Y. und N. BAGHDADI, 2007a, Understanding the Labour Market Participation of Skilled Immigrant Women in Switzerland: The Interplay of Class, Ethnicity, and Gender. – In: Journal of International Migration and Integration, 8, 2, S. 163–183.

RIAÑO, Y. und N. BAGHDADI, 2007b, „I thought I could have a more egalitarian relationship with a European". The Role of Gender and Geographical Imaginations in Women's Migration. – In: Nouvelles Questions Feministes, 26, 1, S. 38–53.

RICHTER, M., 2006, Integration, Identität, Differenz. Der Integrationsprozess aus der Sicht spanischer Migrantinnen und Migranten. – Bern, (= Europäische Hochschulschriften, Reihe 4, Vol. 27).

ROCHELEAU, D., B. THOMAS-SLAYTER und E. WANGARI, Hrsg., 1996, Feminist Political Ecology. Global issues and local experiences. – London.

RODENSTEIN, M., Hrsg., 2006, Das räumliche Arrangement der Geschlechter. Kulturelle Differenzen und Konflikte. – Berlin.

ROMANI, P., 2008, Die Frauenhandelsströme und -routen aus Osteuropa. – In: J. NAUTZ und B. SAUER, Hrsg., 2008, Frauenhandel. Diskurse und Praktiken. – Göttingen, S. 49–64.

ROMERO, A. T., 1995, Labour Standards and Export Processing Zones: Situation and Pressures for Change. – In: Development Policy Review, 13, 3, S. 247–276.

ROSE, G., 1993, Feminism & Geography. The limits of geographical knowledge. – Minneapolis.

ROSE, G., 1999, Performing Space. – In: D. MASSEY, J. ALLEN und P. SARRE, Hrsg., 1999, Human Geography Today. – Cambridge, S. 247–259.

ROSE, G. und N. THRIFT, 2000, Spaces of performance, part 1. – In: Environment and planning D, 18, 4.

ROSE, G. und N. THRIFT, 2000, Spaces of performance, part 2. – In: Environment and planning D, 18, 5.

ROSE, G., 2007, Visual Methodologies. An Introduction to the Interpretation of Visual Materials. – London.

ROSS, B., 2002, Krieg und Geschlechterhierarchie als Teil des Gesellschaftsvertrages. – In: C. HARDERS und B. ROSS, Hrsg., 2002, Geschlechterverhältnisse in Krieg und Frieden. Perspektiven der feministischen Analyse internationaler Beziehungen. – Opladen, S. 31–44.

ROUSSEAU, J.-J., 2006 (1758), Vom Gesellschaftsvertrag oder Die Grundsätze des Staatsrechts. – Ditzingen.

RUDDICK, S., 1996, Constructing difference in public spaces: race, class, and gender as interlocking systems. – In: Urban Geography, 17, 2, S. 132–151.

RUHNE, R., 2002, RaumMachtGeschlecht. Eine Annäherung an ein machtvolles Wirkungsgefüge zwischen Raum und Geschlecht am Beispiel von (Un)Sicherheiten im öffentlichen Raum. – In: Nachrichtenblatt zur Stadt- und Regionalsoziologie, 16, 1, S. 107–121.

RUHNE, R., 2003, Raum Macht Geschlecht. Zur Soziologie eines Wirkungsgefüges am Beispiel von (Un)Sicherheiten im öffentlichen Raum. – Opladen.

RUHNE, R., 2004, (Un)Sicherheiten im öffentlichen Raum im machtvollen Wirkungsgefüge zwischen ‚Raum' und ‚Geschlecht'. – In: FreiRäume. Streitschrift der Feministischen Organisation von Planerinnen und Architektinnen FOPA, Band 11, S. 1–11.

RUPPERT, U., Hrsg., 1998, Lokal bewegen – global verhandeln. Internationale Politik und Geschlecht. – Frankfurt am Main.

SAILER, K., 2004, Raum beißt nicht! Neue Perspektiven zur Sicherheit von Frauen im öffentlichen Raum. – Frankfurt am Main, (= Beiträge zur Planungs- und Architektursoziologie, Band 2).

SAINSBURY, D., 1994, Women's und Men's Social Rights: Gendering Dimensions of Welfare States. – In: D. SAINSBURY, Hrsg., 1994, Gendering Welfare States. – London, S. 150–169.

SAINSBURY, D., 1997, Gender, equality and welfare states. – Cambridge.

SAINSBURY, D., 1999, Gender and welfare state regimes. – Oxford.

SAMARASINGHE, V., 2005, Female Labor in Sex Trafficking: The Darker Side of Globalization. – In: L. NELSON und J. SEAGER, Hrsg., 2005, A Companion to Feminist Geography. – Malden, S. 166–178.

SASSEN, S., 1994, Urban Marginality in Transnational Perspective: Comparing New York and Tokyo. – (= unveröffentlichtes Manuskript).

SASSEN, S., 1998, Überlegungen zu einer feministischen Analyse der globalen Wirtschaft. – In: PROKLA 28, 2, S. 199–216.

SAUER, B., 1998, Antipatriarchale Staatskonzepte. Plädoyer für Unzeitgemäße. – In: Juridikum. Zeitschrift im Rechtsstaat, 1, S. 18–21.

SAUER, B., 2001, Die Asche des Souveräns. Staat und Demokratie in der Geschlechterdebatte. – Frankfurt am Main.

SAUER, B., 2004, Geschlecht als politikwissenschaftliche Analysekategorie: Theoretische und methodische Überlegungen. – In: S. HARDMEIER, Hrsg., 2004, Staat, Politik und Geschlecht. Genderforschung in der Politikwissenschaft. – Zürich, S. 5–19.

SAUNDERS, K., Hrsg., 2002, Feminist Post-Development Thought. Rethinking Modernity, Post-Colonialism and Representation. – London.
SCHAAL, G. S. und A. BRODOCZ, 2009, Politische Theorien der Moderne. – Opladen, (= Band I und II).
SCHAEFFER-HEGEL, B., 1990, Vater Staat und seine Frauen. Beiträge zur politischen Theorie. – Pfaffenheim.
SCHEICH, E., Hrsg., 1996, Vermittelte Weiblichkeit. Feministische Wissenschafts- und Gesellschaftstheorie. – Hamburg.
SCHELLER, A., 1995, Frau macht Raum. Geschlechtsspezifische Regionalisierungen der Alltagswelt als Ausdruck von Machtstrukturen. – Zürich.
SCHIER, M., V. MEIER KRUKER und A. VON STREIT, 2002, Special Issue on: Geographical Perspectives on Gendered Labour Markets. – In: GeoJournal, 4, 243–251.
SCHIER, M. und A. VON STREIT, 2004, Perspektivenwechsel. Die Konzepte „Alltag" und „Biographie" zur Analyse von Arbeit in der geographischen Geschlechterforschung. – In: E. BÜHLER und V. MEIER KRUKER, Hrsg., 2004, Geschlechterforschung. Neue Impulse für die Geographie. – Zürich S. 21–42.
SCHIER, M., 2005, Münchner Modefrauen. Eine arbeitsgeographische Studie über biographische Erwerbsentscheidungen in der Bekleidungsbranche. – München.
SCHIER, M. und K. JURCZYK, 2007, Familie als Herstellungsleistung in Zeiten der Entgrenzung. – In: Aus Politik und Zeitgeschichte, 34, S. 10–17.
SCHIER, M., 2009, Räumliche Entgrenzung von Arbeit und Familie. Die Herstellung von Familie unter Bedingungen von Multilokalität. – In: Informationen zur Raumentwicklung, 1/2, S. 55–66.
SCHLOTTMANN, A., 2005, RaumSprache. Ost-West-Differenzen in der Berichterstattung zur deutschen Einheit. Eine sozialgeographische Theorie. – Stuttgart.
SCHMIDT, H., 1985, Der neue Sklavenmarkt. Geschäfte mit Frauen aus Übersee. – Basel.
SCHREYÖGG, F., 1998, Tatorte. Orte der Gewalt im öffentlichen Raum. – In: Bauwelt, 1998, 6, S. 196–209.
SCHRÖDER, A. und B. ZIBELL, 2005, Auf den zweiten Blick. Städtebauliche Frauenprojekte im Vergleich. – Frankfurt am Main.
SCHRÖDER, A. und B. ZIBELL, 2007, Frauen mischen mit. Qualitätskriterien für die Stadt- und Bauleitplanung. – Frankfurt am Main (= Band 5 der Schriftenreihe „Beiträge zur Planungs- und Architektursoziologie").
SCHURR, C., 2009, Andean Rural Local Governements in-between Powerscapes. – Eichstätt.
SCHURR, C., im Druck, Postkoloniale Gender Geographien: Geschlecht und Ethnizität in einer (post)kolonialen Welt.
SCHURR, C. und M. STOLZ, im Druck, 'Bienvenidos a casa' – return plans and the remigration process of Ecuadorian women.
SCHURTZ, H., 1902, Altersklassen und Männerbünde. Eine Darstellung der Grundformen der Gesellschaft. – Berlin.
SCHÜTZ, A., 1981, Theorie der Lebensformen. – Frankfurt am Main.
SEAGER, J. und M. DOMOSH, 2001, Putting Women in Place. Feminist geographers make sense of the world. – New York.
SEAGER, J., 2009, The Atlas of Women in the World. 4. Auflage. – London.
SEGAL, E. S., 2006, Variations in masculinity from a cross-cultural perspective. – In: V. DEMOS und M. T. SEGAL, Hrsg., 2006, Gender and the local-global nexus: theory, research, and action. – Oxford, S. 25–44.
SEGEBART, D., 2007, Partizipatives Monitoring als Instrument zur Umsetzung von Good

Local Governance – Eine Aktionsforschung im östlichen Amazonien/Brasilien. – Tübingen.
SEN, G. und C. GROWN, 1988, Development, crisis and alternative visions. Third World women's perspectives – London.
SEPPELT, J. und A. ZECHERU, 2002, Globalisierung von unten. Ein Interview mit Maria Mies. – In: ZAG – antirassistische Zeitschrift, 41, S. 28–33.
SHARONI, S., 1995, Gender and the Israeli-Palestinian Conflict. The Politics of Women's Resistance. – New York.
SHARP, J. P., 2009, Geographies of Postcolonialism. – London.
SHEHADA, N. Y., 2002, The Rise of Fundamentalism and the Role of the „State" in the specific political Context of Palestine, http://www.whrnet.org/fundamentalisms/docs/doc-wsfmeeting-2002.html (zuletzt besucht am 25.5.2009).
SHRESTHA, N., 1995, Becoming a development category. – In: J. CRUSH, Hrsg., 1995, The Power of Development. – London, S. 266–277.
SILLIMAN, J. und Y. KING, Hrsg., 1999, Dangerous Intersections. Feminist Perspectives on Population, Environment, and Development. – Cambridge.
SINHA, M., 1995, Colonial Masculinity. The 'manly Englishman' and the 'effeminate Bengali' in the late nineteenth century. – Manchester.
SMITH, G. D. und H. P. M. WINCHESTER, 1998, Negotiating Space: Alternative Masculinities at the Work/Home Boundary. – In: Australian Geographer, 29, 3, S. 327–340.
SOMMERS, J., 1998, Men at the Margin: Masculinity and Space in Downtown Vancouver, 1950–1986. – In: Urban Geography, 19, 4, S. 287–310.
SPIEGEL, E., 2000, Haushaltsformen und Lebensstile im Lebensverlauf – Wohn- und Standortpräferenzen. – In: H. ANNETTE, G. SCHELLER und W. TESSIN, Hrsg., 2000, Stadt und Soziale Ungleichheit. – Opladen.
SPITTHÖVER, M., 2000, Geschlecht und Freiraumverhalten – Geschlecht und Freiraumverfügbarkeit. – In: H. ANNETTE, G. SCHELLER und W. TESSIN, Hrsg., 2000, Stadt und Soziale Ungleichheit. – Opladen.
SPIVAK, G. C., 1993, Can the Subaltern Speak? – In: C. LEMERT, Hrsg., 1993, Social Theory. The Multicultural and Classig Readings. – Boulder, S. 609–614.
STAEHELI, L. A., E. KOFMAN und L. PEAKE, Hrsg., 2004, Mapping Women, Making Politics. Feminist Perspective on Political Geography. – New York.
STATISTISCHES BUNDESAMT, 2003, Mikrozensus 2003. http://www.destatis.de (zuletzt besucht am 25.7.2009).
STATISTISCHES BUNDESAMT, 2004, Mikrozensus 2004. http://www.destatis.de (zuletzt besucht am 25.7.2009).
STEYERL, L. A. und E. GUETIÉRREZ RODRÍGUEZ, Hrsg., 2003, Spricht die Subalterne deutsch? Migration und postkoloniale Kritik. – Münster.
STOLT, S., 1999, Die Macht der Arbeit. Geschlechterkonflikte im ostdeutschen Alltag nach der Wende. – In: H. ANDRES-MÜLLER, C. HEIPCKE, L. WAGNER und M. WILDE-STOCKMEYER, Hrsg., 1999, ORTSveränderungen. Perspektiven weiblicher Partizipation und Raumaneignung. – Königstein/Taunus, S. 32–57.
STRÖH, C., 2005, Die indigene Bewegung in die Politik Ecuadors: Neue Akteure und ein neuer politischer Stil. – In: SEVILLA, R. und A. ACOSTA, Hrsg., 2005, Ecuador – Welt der Vielfalt. – Unkel am Rhein, S. 81–100.
STRÜVER, A., 1999, Macht Körper Wissen Raum? Ansätze für eine Geographie der Differenzen. – Hamburg (= unveröffentlichte Diplomarbeit).
STRÜVER, A., 2005, Macht Körper Wissen Raum? Ansätze für eine Geographie der Differenzen. – Wien.
STRÜVER, A., 2007, Der kleine Unterschied und seine großen Folgen – geschlechtsspe-

zifische Perspektiven in der Geographie. – In: H. GEBHARDT, R. GLASER, U. RADTKE und P. REUBER, Hrsg., 2007, Geographie. Physische Geographie und Humangeographie. – Heidelberg, S. 904–910.

TERLINDEN, U., 1990a, Kritik der Stadtsoziologie – Zur Raumrelevanz der Hauswirtschaft. – In: K. DÖRHÖFER, Hrsg., 1990a, Stadt-Land-Frau. Soziologische Analysen feministischer Planungsansätze. – Freiburg, S. 31–66.

TERLINDEN, U., 1990b, Gebrauchswert und Raumstruktur. – Stuttgart.

THEWELEIT, K., 1987, Männerphantasien. – Reinbek bei Hamburg.

THIESSEN, B., 2008, Feminismus: Differenzen und Kontroversen. – In: R. BECKER und B. KORTENDIEK, Hrsg., 2004, Handbuch Frauen- und Geschlechterforschung. Theorie, Methoden, Empirie. – Wiesbaden, S. 37–44.

THÜRMER-ROHR, C. 1990, Mittäterschaft der Frau – Forschen heißt wühlen. – In: INSTITUT FÜR SOZIALPÄDAGOGIK DER TU BERLIN, Hrsg., 1990, Mittäterschaft und Entdeckungslust. – Berlin, S. 87–103.

TICKNER, J. A., 1992, Gender in International Relations: Feminist perspectives on achieving global security. – New York

TNS OPINION IN ZUSAMMENARBEIT MIT DEM EUROPÄISCHEN PARLAMENT, 2009, Ergebnisse der Europawahlen 2009. Aufschlüsselung nach Geschlechtern, http://www.elections2009-results.eu/de/men_women_de.html (zuletzt besucht am 23.6.2009).

TRAPPE, H., 1995, Emanzipation oder Zwang? Frauen in der DDR zwischen Beruf, Familie und Sozialpolitik. – Berlin.

TRAPPE, H. und R. A. ROSENFELD, 2001, Geschlechtsspezifische Segregation in der DDR und der BRD. Im Verlauf der Zeit und im Lebenslauf. – In: Kölner Zeitschrift für Soziologie und Sozialpsychologie, 41 (= Sonderheft mit dem Titel Geschlechtersoziologie), S. 152–181.

TSCHANNEN, P., 2003, Putzen in der sauberen Schweiz. Arbeitsverhältnisse in der Reinigungsbranche. – Bern.

UCHATIUS, W., 2004, Das globalisierte Dienstmädchen. – In: Die Zeit vom 19.08.2004, http://www.zeit.de/2004/35/migration (zuletzt besucht am 29.7.2009).

UNITED NATIONS (UN), 1945, Charta der Vereinten Nationen, www.documentArchiv.de/in/1945/un-charta.html (zuletzt besucht am 30.5.2009).

UNITED NATIONS (UN), 2000, Resolution 1325. – New York.

UNITED NATIONS (UN), 2008, Resolution 1820. – New York.

UNITED NATIONS DEVELOPMENT FUND FOR WOMEN (UNIFEM), 2008, Who Answers to Women? Gender & Accountability. – New York.

VALENTINE, G., 1992, Images of danger: Women's sources of information about the spatial distribution of male violence. – In: Area, 24, 1, S. 22–29.

VALENTINE, G., 1993, (Hetero)sexing space: lesbian perceptions and experiences of everyday spaces. – In: Environment and planning D, 11, 4, S. 395–413.

VALENTINE, G., 2007, Theorizing and Researching Intersectionality: A Challenge for Feminist Geography. – In: The Professional Geographer, 59, 1, S. 10–21.

VAN HOVEN, B. und K. HÖRSCHELMANN, Hrsg., 2005, Spaces of Masculinities. – London.

VEGA, S., 2004, La cuota electoral de las mujeres: elementos para un balance. – In: M. F. CAÑETE, Hrsg., 2004, Reflexiones sobre Mujer y Política. Memoria del Seminario Nacional „Los Cambios Políticos en el Ecuador: Perspectivas y Retos para las Mujeres". – Quito, S. 43–58.

VISVANATHAN, N., L. DUGGAN, L. NISONOFF und N. WIEGERSMA, Hrsg., 1997, The Women, Gender & Development Reader. – London.

VON BRAUNMÜHL, C., 2001 Mainstream = Malestream? Der „Gender"-Ansatz in der

Entwicklungspolitik. – In: Forum Wissenschaft, 2, S. 51–55.
VON BRAUNMÜHL, C., 2004, Human Security versus Human Development. – Berlin, (= Human Security = Women's Security? Keine nachhaltige Sicherheitspolitik ohne Geschlechterperspektive. Dokumentation der Tagung „Human Security = Women's Security"), S. 52–56.
VON BRAUNMÜHL, C. und M. PADMANABHAN, 2004, Geschlechterperspektiven in der Entwicklungspolitik. – In: Femina Politica, 2, S. 9–25.
VON WERLHOF, C., 1978, Frauenarbeit. Der blinde Fleck in der Kritik der Politischen Ökonomie. – In: Beiträge zur feministischen Theorie und Praxis, 1, S. 18–32.
WALBY, S., 2007, Complexity Theory, Systems Theory and Multiple Intersecting Social Inequalities. – In: Philosophy of the Social Sciences, 37, 4, S. 449–470.
WALGENBACH, K., G. DIETZE, A. HORNSCHEIDT und K. PALM, 2007, Gender als interdependente Kategorie. Neue Perspektiven auf Intersektionalität, Diversität und Heterogenität. – Opladen.
WARD, K., Hrsg., 1990, Women Workers und Global Restructuring. – Ithaca.
WARDENGA, U., 2006, Raum- und Kulturbegriffe in der Geographie. – In: M. DICKEL und D. KANWISCHER, Hrsg., 2006, TatOrte. Neue Raumkonzepte didaktisch inszeniert. – Berlin, S. 21–47.
WASMUTH, U., 1992, Warum sind Kriege heute noch salonfähig? – In: P. KRASEMANN, Hrsg., 1992, Krieg – ein Kulturphänomen? Studien und Analysen. – Berlin, S. 10–28.
WASMUTH, U., 2002, Warum bleiben Kriege gesellschaftsfähig? Zum weiblichen Gesicht des Krieges. – In: C. HARDERS und B. ROSS, Hrsg., 2002, Geschlechterverhältnisse in Krieg und Frieden. Perspektiven der feministischen Analyse internationaler Beziehungen. – Opladen, S. 87–103.
WASTL-WALTER, D., 1985, Geographie – eine Wissenschaft der Männer? Eine Reflexion über die Frau in der Arbeitswelt der wissenschaftlichen Geographie und über die Inhalte dieser Disziplin. – In: Klagenfurter Geographische Schriften, 6, S. 157–169.
WASTL-WALTER, D., 1991, Feministische Forschungsansätze. Einige methodische Aspekte. – In: Materialien zur Raumentwicklung, 38, S. 45–50.
WASTL-WALTER, D., 2001, Social Movements: Environmental Movements. – In: N. J. SMELSER und P. B. BALTES, Hrsg., 2001, International Encyclopedia of the Social & Behavioral Sciences. – Oxford, S. 14352–14357.
WASTL-WALTER, D., 2005, Women's Efforts on Behalf of Environmental Justice and Ecological Security. – In: 1000 Women for the Nobel Peace Prize, Hrsg., 2005, 1000 PeaceWomen Across the Globe. – Zürich, Section O.
WATSON, S., 1986, Housing and the family: the marginalization of non-family households in Britain. – In: International Journal of Urban and Regional Research, 10, 1, S. 8–28.
WEAVER, O., 1995, Securitization and Desecuritization. – In: R. D. LIPSCHUTZ, Hrsg., 1995, On Security. – New York, S. 46–86.
WEBER, J., 1998, Feminismus und Konstruktivismus. Zur Netzwerktheorie bei Donna Haraway. – In: Das Argument, 40, 5, S. 699–712.
WEICHHART, P., 2008, Entwicklungslinien der Sozialgeographie. Von Hans Bobek bis Benno Werlen. – Stuttgart.
WEISSHAUPT, B., 1995, Geschlechtsordnung und Krieg. Steht die ewige Realität des Krieges gegen die ewige Utopie des Friedens? – In: Widerspruch, 30, S. 5–16.
WERLEN, B., 1987, Gesellschaft, Handlung und Raum. Grundlagen handlungstheoretischer Sozialgeographie. – Stuttgart.
WERLEN, B., 1997, Sozialgeographie alltäglicher Regionalisierungen. Globalisierung, Region, Regionalisierung. – Stuttgart, (= Band 2).

West, C. und D. H. Zimmermann, 1991, Doing Gender. – In: J. Lorber und S. A. Farrell, Hrsg., 1991, The Social Construction of Gender. – Newbury Park, S. 13–37.
Wetterer, A., 2002, Arbeitsteilung und Geschlechterkonstruktion. „Gender at Work" in theoretischer und historischer Perspektive. – Konstanz.
Wetzels, P. und C. Pfeiffer, 1995, Sexuelle Gewalt gegen Frauen im öffentlichen und privaten Raum. Ergebnisse der KFN-Opferbefragung 1992. – Hannover, (= Forschungsbericht 37).
Wichterich, C., 1998, Die globalisierte Frau. Berichte aus der Zukunft der Ungleichheit. – Reinbek bei Hamburg.
Wichterich, C., 2003, Femme global. Globalisierung ist nicht geschlechtsneutral. – Hamburg.
Wick, I., 1998, Frauenarbeit in freien Exportzonen. – In: PROKLA 28, 2, S. 235–248.
Woodward, R., 1998, 'It's a Man's Life!': soldiers, masculinity and the countryside. – In: Gender, Place and Culture, 5, 3, S. 277–300.
Woodward, R., 2000, Warrior heroes and little green men: Soldiers, military training, and the construction of rural masculinities. – In: Rural Sociology, 65, 4, S. 640–657.
Woodward, R., 2004, Military Geographies. – Malden.
Wyssmüller, C., 2006, Menschen „aus dem Balkan" in Schweizer Printmedien. Diskursive Konstruktion und (Re)Produktion von Raum- und Identitätsbildern und deren Bedeutung für die soziale Integration. – Bern, (= Forschungsbericht No. 9 der Forschungsgruppe Sozialgeographie, Politische Geographie und Gender Studies des Geographischen Institutes der Universität Bern).
Young, R. J. C., 1995, Colonial Desire. Hybridity in theory, culture and race. – London.
Young, B., 1999/2000, Die Herrin und die Magd. Globalisierung und die Re-Konstruktion von „class, gender and race". – In: Widerspruch, Heft 38, S. 47–60.
Young, I. M., 2003, The Logic of Masculinist Protection: Reflections on the Current Security State. – In: Signs: Journal of Women in Culture und Society, 29, 1, S. 1–25.
Young, B. und H. Hoppe, 2004, Globalisierung: Aus Sicht der feministischen Makroökonomie. – In: R. Becker und B. Kortendiek, Hrsg., 2004, Handbuch Frauen- und Geschlechterforschung. Theorie, Methoden, Empirie. – Wiesbaden, S. 485–493.
Yuval-Davis, N., 2006, Intersectionality and feminist politics. – In: European Journal of Women's Studies, 13, 3, S. 193–209.
Zajovic, S., 1992, Serbia 'Motherhood for the Fatherland'. – In: Women's Health Journal, 2.
Zetkin, C., 1957, Für die Befreiung der Frau! – In: Institut für Marxismus-Leninismus, Hrsg., 1957, Clara Zetkin. Ausgewählte Reden und Schriften. – Berlin, (= Band 1), S. 3–11.
Zibell, B., M. Karacsony und N. Dahms, 2006, Bedarfsgerechte Raumplanung. Gender Practice und Kriterien in der Raumplanung. Endbericht Langfassung. – In: Land Salzburg, Büro für Frauenfrage und Chancengleichheit, Hrsg., 2006, Materialien zur Raumplanung. – Salzburg, (= Band 20).
Zibell, B., 2009, Die Europäische Stadt im Wandel der Geschlechterverhältnisse. – In: R. Bornberg, K. Habermann-Niesse und B. Zibell, Hrsg., 2009, Gestaltungsraum Europäische StadtRegion. – Frankfurt am Main, S. 197–221.

Verzeichnis der Abbildungen, Karten und Tabellen

Abb. 1:   Plakat der zweiten Frauenbewegung in der BRD 1970
           © Luisa Francia (Zur Verfügung gestellt durch FrauenMediaTurm) 23
Abb. 2:   „Ahh, das ist der Grund warum wir unterschiedliche Löhne haben!"
           © Leeds Postcards. 23
Abb. 3:   Vespucci landet in Amerika (La découverte de l'Amérique).
           Theodoor Galle nach Jan van der Straet. © Collections artistiques
           de l'Université de Liège 39
Abb. 4:   Wissenschaftspreis für Geographie
           © Prof. Dr. Frithjof Voss Stiftung - Stiftung für Geographie. 41
Abb. 5:   Der Kampf um das „richtige" Paradigma in der Geographie
           (Quelle: The Canadian Geographer 1967:266) 41
Abb. 6:   Neulich am Berglasferner © Georg Sojer. 43
Abb. 7:   Emanzipation auf Kosten der „Anderen" © Till Mette 58
Abb. 8:   Modell der intersektionalität als Mehrebenenanalyse
           (Quelle: Winker und Degele 2009: 97). 65
Abb. 9:   Der männliche Blick innerhalb der geographischen Forschung
           © OXFAM 91
Abb. 10:   Entwicklung des Lohnunterschieds zwischen Frauen
           und Männern, 1995–2004 (Quelle: BfS 2008: 25). 95
Abb. 11:   Zeitaufwand bezahlter und unbezahlter Arbeit
           nach Geschlecht, 2000–2004 (Quelle: BfS 2008: 29) 100
Abb. 12:   Gewalt gegen Frauen © Terre des femmes 116
Abb. 13:   Frauenanteil in Sonderwirtschaftszonen 2006 122
Abb. 14:   Züricher Abstimmungsplakat von 1920 gegen das Wahlrecht
           der Frau © Annabelle. 142
Abb. 15:   Helvetia auf Münze © Swissmint 146
Abb. 16:   Helvetia auf Reisen © Kurt Ritschard. 147
Abb. 17:   Germania © Germanisches Nationalmuseum Nürnberg. 147
Abb. 18:   Gesetzblatt der DDR. Neuentwurf nach
           Haus der Frauengeschichte Hdfg. 152
Abb. 19:   Plakat „Gesunde Familie - glückliche Zukunft"
           © Deutsches Historisches Museum, Berlin 156
Abb. 20:   Desarmierung einer militärischen Befestigungsanlage
           © Christian Debelak. 177
Abb. 21:   Zeitlicher Aufwand zum Wasserholen in ausgewählten Ländern
           (Durchschnitt 1998 - 2005). 188
Abb. 22:   Frauen beim Wasserholen in Afar, Äthiopien. © Benjamin Breitegger. . 188
Abb. 23:   Frauen sind zuständig für den Haushalt. Afar, Äthiopien
           © Benjamin Breitegger. 191
Abb. 24:   The big step © South: The Third World Magazine 193
Abb. 25:   Absence in planning © Gesellschaft für Technische
           Zusammenarbeit (GTZ) 193

VERZEICHNIS DER ABBILDUNGEN

Abb. 26: Frauenprojekt indigenes Handwerk in Coca, Ecuador, finanziert durch Stadt Coca und UNIFEM. © Carolin Schurr 195
Abb. 27: Strassenhändlerin in Ghana © Benjamin Breitegger 195
Abb. 28: Frauen im Wahlkampf in Ecuador © Carolin Schurr 197

Karte 1: Rechtsstatus von Homosexualität 2007 47
Karte 2: Anteil der erwerbstätigen Frauen 2005 92
Karte 3: Frauenarbeit im informellen Sektor 2004 92
Karte 4: Lohnunterschied zwischen Frauen und Männern, 2004 (Quelle: BfS 2008: 24) 94
Karte 5: Tertiärstufe: Abschlüsse an universitären Hochschulen und Fachhochschulen, 2003/04 (Quelle: BfS 2008:7) 94
Karte 6: Erwerbsquote der Frauen, 2005 (Quelle: BfS 2008:14) 101
Karte 7: Teilzeit beschäftigte Frauen, 2004 (Quelle: BfS 2008:19) 103
Karte 8: Teilzeit beschäftigte Männer, 2004 (Quelle: BfS 2008:19) 103
Karte 9: Globaler Menschenhandel mit Sexarbeiter_innen 2007 119
Karte 10: Diskriminierung von Frauen bei Eigentumsrechten 2008 185
Karte 11 Analphabetismus von Frauen 2005 199
Karte 12 Eingeschulte Mädchen 2005 200
Karte 13 Gender Entwicklungsindex 2004 bis 2007 200

Tabelle 1: Erwerbsquoten und Teilzeitbeschäftigung nach Geschlecht in Deutschland, Österreich und Schweiz (alle Branchen) (Stand April 2005) (Quelle: www.eurostat.eu; www.statistik.ch) 90
Tabelle 2: Opfer von Frauenhandel (Quelle: verändert nach Lagebericht des BKA 2004) 117

Glossar

Alltag: Im Allgemeinen unterscheidet die Sozialwissenschaft zwischen Alltag und Wissenschaft. Soziologen wie Pierre BOURDIEU fokussieren in ihren Forschungen auf die Alltagswelt und Antony GIDDENS untersucht die Alltagshandlungen innerhalb vorgegebener Strukturen.

Androzentrismus: Der Begriff Androzentrismus beschreibt eine Sichtweise, die den Mann ins Zentrum stellt und damit die Konzentration auf männliche Erfahrungen und Lebenskontexte fördert. Der Androzentrismus begreift den Mann als allgemeingültige Norm und versteht die Frau und das Weibliche als das ‚Andere'; als Abweichung von der Norm.

Arbeitsmarktsegregation: bezeichnet eine gewisse Entmischung und damit Ordnung sowohl von verschiedenen Berufen an sich (horizontale Segregation) als auch innerhalb eines Berufes durch Hierarchisierung (vertikale Segregation). Arbeitsmarktsegregation verläuft entlang verschiedener Kriterien wie Alter oder Ethnie. In diesem Buch geht es um die geschlechtsspezifische Arbeitsmarktsegregation, die einerseits typische Männer- und Frauenberufe entstehen lässt, die nicht selten durch eine ungleiche Entlohnung gekennzeichnet sind, und andererseits innerhalb einer Berufssparte Frauen beim beruflichen Aufstieg behindert.

Bodismus: Als Bodismus bezeichnen vor allem N. DEGELE und G. WINKER Prozesse und Verhältnisse innerhalb der kapitalistischen Produktionslogik, die sich auf den Körper beziehen.

Chicagoer Schule: Als Grundlage der stadtsoziologischen Theorien der Chicagoer Schule dienen die Erkenntnisse der Pflanzenökologie von Johannes Eugenius WARMING (1841–1924), die von PARK und BURGESS für die Stadtsoziologie fruchtbar gemacht werden. Danach neigen Menschen im urbanen Kontext wie Pflanzen in der Pflanzenwelt dazu, Gemeinschaften zu bilden und auf einem Territorium zusammen zu leben. Die Übereinstimmung der Pflanzenökologie mit den Beobachtungen in der Stadtentwicklung führt zur Herausbildung einer Sozialökologie, die das Verhältnis zwischen den Menschen und ihrer Umwelt in eine naturalistische und deterministische Beziehung setzt.[1]

Dechiffrierung: Chiffrierung nennt man im Allgemeinen einen Verschlüsselungsprozess, durch den ein Klartext in einen verschlüsselten Geheimtext umgewandelt wird. Den Umkehrprozess zur Entschlüsselung eines Textes bezeichnet man als Dechiffrierung. In unserem Kontext meint Chiffrierung der Geschlechterverhältnisse, dass das, was über Frauen und Männer gedacht wird, in allen Bereichen des alltäglichen Lebens auffindbar ist und somit natürlich erscheint. Feministinnen wollen nun zeigen, dass diese Vorstellungen über Frauen und Männer bestimmte gesellschaftliche Ideologien (z.B. bürgerliches Familienmodell mit dem Mann als Ernährer und der Frau als Hausfrau und Mutter) widerspiegeln, die wie eine Art Verschlüsselung hinter den Geschlechterbildern stehen. Sie sind unsichtbar und müssen

---

1 Im deutschen Sprachraum beziehen sich Stadtsoziologen auf die Erkenntnisse Ernst HAECKELS.

entschlüsselt – dechiffriert – werden, um zu zeigen, dass das bestehende Geschlechterverhältnis gesellschaftlich konstruiert und somit veränderbar ist.

Dekonstruktion: Dekonstruktion beruht auf einem theoretischen Konzept von Jacques DERRIDA, der „différance" als einen fundamentalen Unterschied bezeichnet. Die dekonstruktivistische Weltsicht wendet sich gegen jegliche ontologische Begriffsbildungen (Ich, Sein, Welt), dialektische sich ausschließende Gegensatzpaare (Kultur/Natur, Mann/Frau, Geist/Körper) und versucht nicht offensichtliche Strukturen offen zu legen. DERRIDA meint mit dem Begriff der Dekonstruktion, dass alles als Text aufzufassen ist – für DERRIDA gibt es kein Außerhalb des Textes. Für Dekonstruktivist_innen bedeutet dies, dass alles Praktische wie Alltag, Wissenschaft, Geschlecht, Raum, Sprache, Stadt, Ethnie, Religion usw. als Texte mit spezifischen Informationen dienen. Durch die Weitergabe dieser Informationen werden diese Texte immer wieder reproduziert und dienen als Orientierung des Handelns. Übergeordnetes Ziel der Dekonstruktion bzw. der Dekonstruktivismen ist es, auf Totalismen und Essentialismen zu verzichten, in welchen ein großes Gefahrenpotential gesehen wird.

Für die Geographie ist der Dekonstruktivismus vor allem in den Gender Geographien (Dekonstruktion von Geschlecht) und der Neuen Kulturgeographie (Dekonstruktion von Kultur, Kulturraum, Region) von Bedeutung.

Dichotomie: beschreibt in der Biologie die Gliederung einer Gattung in zwei Arten mit jeweils spezifischen Merkmalen und Eigenschaften. Die Frauen- und Geschlechterforschung greift diesen Begriff auf und argumentiert, dass die Vorstellung einer naturgegebenen Teilung von Menschen in nur zwei Kategorien (Mann und Frau mit biologischen Merkmalen, sexuellen Präferenzen sowie sozialen Charakteren) alle Personen, die ‚anders' sind, ausschließt (beispielsweise Schwule und Lesben, familienorientierte Männer oder karrierebewusste Frauen).

Doppelte Vergesellschaftung: Regina BECKER-SCHMIDT prägt dieses Begriffspaar Anfang der 1990er Jahre und stellt damit das westliche Emanzipationsmodell grundsätzlich in Frage. Sie weist darauf hin, dass Frauen, nur weil sie berufstätig sind, noch lange keine Gleichberechtigung gegenüber dem Mann besitzen. Zwar gehen Frauen einer lohnabhängigen Erwerbstätigkeit nach – zum Teil auch Vollzeit – erleben aber gerade dabei eine doppelte Belastung, da sich die private Sphäre wie Hausarbeit und Kindererziehung nicht als Arbeitsort für den Mann etabliert hat. Somit leisten Frauen in zweifacher Hinsicht ihren Dienst an der Gesellschaft: in der Reproduktion und als Erwerbstätige.

Dualismus modernen Denkens: Dualismus bezeichnet im Allgemeinen die Existenz zweier einander ausschließender Wesensarten wie gut : böse, schwarz : weiß, Körper : Geist, Frau : Mann. Der Dualismus modernen Denkens entsteht durch das Leib-Seele-Problem (oder auch Körper-Geist-Problem)[2] mit der Frage, wie sich die geistigen Zustände (Bewusstsein, Psyche) zu den physischen Zuständen (Körper, Gehirn) verhalten. WITTGENSTEIN argumentiert in den 1950er Jahren, dass das Leib-Seele-Problem ein Scheinproblem ist, da man nicht danach fragen könnte, wie mentale und physiologische Komponenten zusammenpassen. Vielmehr sind Menschen in verschiedener Weise durch biologische und mentale Komponenten beschreibbar, diese stehen sich jedoch nicht ausschließend gegenüber.

---

2 Das Leib-Seele-Problem erfährt seine klassische Formulierung zuerst bei DESCARTES. Die Überlegungen über einen Zusammenhang von Körper und Geist gehen jedoch viel weiter zurück bis PLATO und ARISTOTELES.

Sich mit diesem Dualismus modernen Denkens zu beschäftigen, wird spätestens ab den 1990er Jahren auch für Konstruktivistinnen interessant, da sie argumentieren, dass der Körper-Geist-Dualismus eng mit der exklusiven Gegenüberstellung von Männern und Frauen zusammenhängt. Die Frauen- und Geschlechterforschung argumentiert nun, dass die Selbstverständlichkeit des Dualismus zwischen Körper und Geist und Frau und Mann keineswegs naturgegeben, sondern sozial konstruiert ist und tief in das moderne Denken seit der Aufklärung eingelassen ist.

Epistemologie/Erkenntnistheorie: Erkenntnistheorie ist eine philosophische Grunddisziplin, die sich mit den Prinzipien und dem Wesen von Erkenntnis beschäftigt. Die Erkenntnistheorie fragt nach dem Ursprung, Quellen, Bedingungen und Voraussetzungen, wie Wissen geschaffen wird. Historisch gesehen, haben sich die ersten Erkenntnistheoretiker wie PLATO und ARISTOTELES mit der Frage beschäftigt „Was ist Wissen und Erkenntnis?", also was unterscheidet Wissen von Glaube und Meinung. Erkenntnistheorie geht der Frage nach, was der Mensch wirklich erkennen kann und ob seine Erkenntnisse der wirklichen Welt entsprechen. Damit eng verbunden ist die vor allem von postmodernen und poststrukturalistischen Theoretiker_innen aufgeworfene Frage, welche Erkenntnisse mit welchen Methoden geschaffen werden. Damit wird der sozial konstruierte Charakter von Wissen und die Bedeutung der Position des/r Wissenschaftler_innen betont.

Essentialismus: Der Essentialismus geht im Allgemeinen davon aus, dass jede Gattung durch eine bestimmte Anzahl von Eigenschaften bestimmt werden kann. In der Frauen- und Geschlechterforschung wirkt sich der Essentialismus dahingehend aus, dass Vertreter_innen davon ausgehen, dass es Frauen und im Unterschied dazu Männer an sich gibt. Damit betonen sie eine grundlegende unterschiedliche Wesensart von Männern und Frauen und widersprechen allen konstruktivistischen Ansätzen, nach denen nicht nur die Vorstellungen über Männlichkeit und Weiblichkeit (Gender), sondern auch die Vorstellungen über Frauen und Männer (Sex) gesellschaftlich konstruiert sind.

Ethnie: Da der Begriff ‚Rasse', der räumlich (geographisch-geopolitisch) alle Fremden durch die äußerliche Gestalt von Eigenen unterscheidet, durch seine historische Verwendung stark rassistisch-ideologisch besetzt ist, wird der Begriff durch den nur deskriptiven Begriff der Ethnie ersetzt. Gemeint ist damit eine Gruppe von Personen, die derselben Sprachgemeinschaft, Kultur oder Religion angehören.

Ethnozentrismus: Das, was wir über die Germanen wissen, ist die Folge ethnozentrischer Betrachtungen, denn die Griechen beschrieben die Germanen (bei ihnen als Barbaren bezeichnet) auf der Grundlage eigener Werte und Normen. Werden fremd erscheinende Kulturen beschrieben, führt dies nicht selten zu einer überhöhten Darstellung der eigenen, vertrauten Kultur. Neben den schlimmsten Formen von Ethnozentrismus – Rassismus und Fremdenhass – schleichen sich ethnozentrische Sichtweisen auch in feministische Arbeiten ein, beispielsweise wenn in der Entwicklungspolitik die homogene Gruppe der Entwicklungsländerfrauen konstruiert wird.

Eurozentrismus: Im Zuge der technischen Erleichterung auf Grund der Industrialisierung und Modernisierung in Europa folgten Bewertungen bezüglich der Entwicklung von außereuropäischen Ländern und Kulturen auf der Grundlage westlicher Vorstellungen. Damit wurde Europa als Norm in den Mittelpunkt des Denkens und Handelns gestellt und nicht-europäische Länder im Vergleich dazu bewertet. In Begriffen wie unterentwickelt, unmodern oder rückständig existieren bis heute derartige eurozentrische Sichtweisen, deren Kritik zentraler Gegenstand postkolonialer Forschungen ist.

Feminismus: Der Begriff ‚Feminismus' existiert seit dem 19. Jahrhundert und bezeichnet eine Richtung in der Frauenbewegung, die das vorherrschende Patriarchat und damit die Unterdrückung der Frau beseitigen will. Trotz dieser beiden gemeinsamen Ziele haben sich seit dem 19. Jahrhundert bis heute viele Strömungen entwickelt (Radikalfeminismus, liberaler Feminismus, sozialistischer und marxistischer Feminismus u.a.). Feministische Strömungen sind je nach Fragestellung verschieden zuzuordnen, weshalb eine Kategorisierung meist wenig aussagekräftig ist. Zudem beschreiben die Strömungen zum großen Teil historische Zusammenhänge, unter denen sie jeweils zu verstehen sind. Feministinnen werden vor allem die Mitglieder aus der zweiten Frauenbewegung genannt.

Frauenbewegung: Die erste Frauenbewegung beginnt 1848 als Folge der Französischen Revolution, als Frauen feststellen mussten, dass das allgemeine Wahlrecht sie ausschloss. Da die Mitglieder der ersten Frauenbewegung vordergründig für das Wahlrecht der Frauen, Recht auf Bildung für Frauen und Recht auf Erwerbstätigkeit kämpften, wurden sie Frauenrechtlerinnen genannt.

Die zweite Frauenbewegung ist eine Folge des allgemeinen gesellschaftlichen Werteumbruchs seit den 1960er Jahren. Da die Frauen der zweiten Frauenbewegung erkennen, dass die Teilhabe an männlichen Institutionen durch Erwerbstätigkeit, Wahlrecht und Bildung für Frauen keine politische, rechtliche, soziale usw. Gleichstellung nach sich zog, stellen sie diese Institutionen grundsätzlich in Frage.

Frauenforschung: Vor dem Hintergrund, dass Frauen und Männer unterschiedliche Erfahrungen machen, hat die Frauenforschung als Teil der Geschlechterforschung die Untersuchung frauenspezifischer Lebenssituationen zum Ziel. Analog zur Frauenforschung hat sich in den 1980er Jahren eine Männerforschung entwickelt, die jedoch nicht als Rückschritt in den Androzentrismus verstanden werden darf, sondern grundlegende Theorien der Frauenforschung aufgreift und männliche Rollenbilder beleuchtet, um gesamtgesellschaftliche Zusammenhänge zu verstehen.

Gender: Gender stellt seit Mitte der 1980er Jahre den zentralen Begriff der englischsprachigen und später auch deutschsprachigen Geschlechterforschung und Geschlechterpolitik dar. Eine Übersetzung ins Deutsche ist nicht wortgenau möglich, aber man könnte Gender als das sozialisierte Geschlecht bezeichnen. Das heißt, dass neben der biologischen und anatomischen Differenz (Sex) zwischen Frau und Mann eine sozio-kulturelle Differenz besteht. Bis Anfang der 1990er Jahre bestimmt das Sex-Gender-Konzept die Sozialwissenschaften und gewinnt erst mit Judith BUTLER eine neue Bedeutung.

Individualisierung: Obwohl die Individualisierung erst im 19. Jahrhundert mit der Industrialisierung und Modernisierung einen Schub erhalten hat, beginnt sie schon im 18. Jahrhundert mit der Aufklärung. Die Industrialisierung und die damit einhergehende Arbeitsteilung sowie die Trennung von Wohnen und Arbeiten führen zu einer Schwächung der familiären Bande. Die lohnabhängige Erwerbsarbeit und die Entstehung des modernen Wohlfahrtsstaates ermöglichten erstmals die finanzielle und emotionale Unabhängigkeit junger Familienmitglieder von ihren Familien. Eng mit der Individualisierung ist die Möglichkeit verbunden, eigene (individuelle) Entscheidungen zu treffen und ein selbstbestimmtes Leben zu führen. In den Anfängen zeigte sich die Individualisierung zum Beispiel im vermehrten Auftreten von Autobiographien und in der Entstehung des Konzeptes der romantischen Liebe. Denn nicht mehr familiäre Zwänge oder Vorteile bestimmten die Ehe, sondern der Wille, aus eigener Zuneigung eine Vereinigung einzugehen. Heute zeigt sich die Individualisierung zum Beispiel in den verschiedenen Haushaltsformen (Singlehaushalt, Zweipersonenhaushalt ohne Kinder) und in den unterschiedlichen Berufswegen von Familienmitgliedern verschiedener Generationen.

Klasse: Im MARX'schen Sinne beschreibt der Begriff Klasse die Differenz zwischen Besitzenden an Eigentum und Produktionsmitteln und Nichtbesitzenden, die lediglich ihre Arbeitskraft anbieten und einsetzen können. Zu dieser Asymmetrie zwischen Arbeit und Kapital kommen in jüngerer Zeit weitere Merkmale hinzu wie zum Beispiel Mangel an Bildung.

Konstruktivismus: Der Konstruktivismus ist eine Strömung in den Sozialwissenschaften, die die Natürlichkeit von gesellschaftlichen Verhältnissen und einzelnen Phänomenen ablehnt und im Gegensatz dazu die Meinung vertritt, dass Wirklichkeit erst durch die Gesellschaft selbst beziehungsweise durch ihre Mitglieder hergestellt – konstruiert – wird. Aus diesem Grund muss der Schwerpunkt wissenschaftlichen Forschens darin bestehen, die Prozesse der gesellschaftlichen Konstruktion nachzuvollziehen. Ein gesellschaftliches Konstrukt meint in diesem Zusammenhang ein Phänomen, das durch die Mitglieder einer Gesellschaft hergestellt und in alltäglichen Handlungen immer wieder erneuert wird und damit Gültigkeit erhält/besitzt. Die Frauen- und Geschlechterforschung konzentriert sich auf das gesellschaftliche Konstrukt ‚Geschlechterverhältnisse', das durch tägliches Leben und Erleben stetig erneuert und damit allgemeingültig wird.

Linguistic turn: Der Linguistic turn (sprachwissenschaftliche Wende) ist ein Paradigmenwechsel, der im 20. Jahrhundert einen bedeutenden Einfluss auf die Sozial- und Geisteswissenschaften ausübte. Dieser Paradigmenwechsel in der Sprachwissenschaft geht auf die sprachphilosophischen Überlegungen Ludwig WITTGENSTEIN's zurück und betont die immense Bedeutung von Sprache bei der Herstellung von Wirklichkeit. Vertreter argumentieren, dass jede Erkenntnis der Logik der Sprache folgen muss und damit die Sprache beziehungsweise ihre Struktur (Grammatik, Semantik, Semiotik) Voraussetzung und gleichzeitig Zwang/Einengung ist. Da wir erst durch Worte Dingen eine Bedeutung geben, bilden die Grundbedingungen unserer Sprache gleichzeitig die Grundbedingungen unserer Erkenntnis.

Marginalisierung: Marginalisierung beschreibt einen Prozess, bei dem Mitglieder einer Gesellschaft oder ganze Bevölkerungsgruppen aus der Gesellschaft ausgeschlossen werden. Damit ist eine gleichberechtigte Teilnahme am gesellschaftlichen Leben nicht mehr möglich und die Betroffenen sind wirtschaftlich und sozial benachteiligt sowie politisch unterrepräsentiert. Durch diesen Ausschluss werden die Betroffenen und ihre gesamte Lebenssituation für die Gesellschaft unsichtbar.

Methodologie/Methoden: Methodologie beschäftigt sich mit der Frage, wie und mit welchen Methoden Wissen generiert werden kann.

Norm: Soziale Normen sind vom Großteil einer Gesellschaft akzeptierte Verhaltensregeln, die innerhalb bestimmter Situationen bestimmte Verhaltensweisen festlegen. Sie sind die Folge von ethnisch-moralischen Zielvorstellungen (Werten) und damit konkrete Vorschriften, die verbindliche Erwartungen darstellen. Die Durchsetzung von Normen wird durch Sanktionen geregelt. In spätmodernen westeuropäischen und amerikanischen Gesellschaften gilt v.a. als gültige Norm, dass heterosexuelle Ehepartner mit Kindern zusammen leben. Die Abweichung von dieser Norm kann zu Ausschlussprozessen aus der Gemeinschaft führen.

Paradigmenwechsel: Seit dem 18. Jahrhundert wird der Begriff ‚Paradigma' im deutschsprachigen Raum als erkenntnistheoretischer Ausdruck benutzt, um wissenschaftliche Denkweisen zu beschreiben. Wenn neue Erkenntnisse auf einem bestimmten Wissenschaftsgebiet dazu führen, dass bestehende Paradigmen nicht mehr haltbar sind, wird von der wissenschaftlichen Gemeinschaft ein Paradigmenwechsel festgestellt.

Patriarchat: Der Begriff stammt aus dem Lateinischen (Pater = Vater; arché = Ursprung, Herrschaft) und bezeichnet eine Herrschaftsform, die durch die Vorherrschaft der Männer gekennzeichnet ist. Diese Vorherrschaft findet zum Beispiel ihren Ausdruck in der Herrschaft älterer Männer über alle anderen Mitglieder innerhalb einer Familie. Die Frauen- und Geschlechterforschung bezeichnet mit dem Begriff ‚Patriarchat' die Verhältnisse innerhalb der gesamten Gesellschaft, in der Männer grundsätzlich gegenüber Frauen bevorzugt sind. In neueren Arbeiten der Frauen- und Geschlechterforschung löst das Begriffspaar der hegemonialen Männlichkeit den Begriff des Patriarchats ab.

Phänomenologie: Edmund HUSSERL als Begründer der Phänomenologie und Alfred SCHÜTZ als der wichtigste Vertreter im deutschsprachigen Raum gehen davon aus, dass die Welt, so wie sie den Menschen erscheint, aus Phänomenen (mit den Sinnen wahrnehmbare Ereignisse) besteht, die durch den Menschen selbst konstruiert werden. Aus diesem Grund ist es Aufgabe der Phänomenologie, die Vorgänge der Realitätskonstruktion ‚aufzudecken'.

Postmoderne: Die Moderne bezeichnet in den Sozial- und Geisteswissenschaften die im Zuge der Aufklärung einsetzenden Umwandlungen der Welt- und Lebensauffassungen durch Vernunft, Autonomie, Demokratie, Menschenrechte und Rationalität. Im Gegensatz zur Moderne wird die Welt in der Potmoderne nicht auf ein Fortschrittsziel hin, sondern vielmehr als pluralistisch und chaotisch (im Sinne von nicht-geradlinig) betrachtet. Untersuchungen von unterschiedlichen Subjekten und/oder Kulturen erfolgen daher nicht wertend, wie das durch den Gegensatz von ‚modern' – ‚unmodern' noch geschieht. Postmoderne Feministische Geographie verlangt zum Beispiel die Abkehr von eurozentrischen Weltbildern und der Vorstellung, Entwicklungsländer müssten nach dem Vorbild westlicher Länder entwickelt werden.

Poststrukturalismus: Der Strukturalismus beruht auf der Grundannahme, dass gesellschaftliche Phänomene nicht isoliert auftreten, sondern in Verbindung mit anderen gesellschaftlichen Phänomenen stehen: genauer gesagt in einem strukturierbaren Zusammenhang. Der Strukturalismus ist ein Ansatz zur Erfassung der sozialen Realität und wird vor allem durch die Studien zu Verwandtschaftsstrukturen von Claude LÉVI-STRAUSS bekannt. Der Poststrukturalismus akzeptiert die Idee, dass Phänomene nicht isoliert auftreten auf, geht jedoch weiter und hinterfragt, auf welche Weise diese Strukturen wie Sprache, Bedeutungszuschreibung, Symbolisierungen konstituiert, Machtbeziehungen ausgeübt und gesellschaftliche Strukturen verändert werden können. Innerhalb der Feministischen Geographie dient dieser Ansatz zur Erfassung und Veränderung von sozial konstruierten Raumstrukturen.

Raumkonzepte: Raum wurde innerhalb der geographischen Forschung als natürlicher Ort/Platz/Region/Territorium meist unhinterfragt bezüglich seiner Ausdehnung (Länge, Breite, Höhenunterschiede), der naturräumlichen Eigenschaften (Boden, Klima, Vegetation usw.) und hinsichtlich seiner Bevölkerung (Anzahl, Kultur, Staatenform) untersucht. Erst die Kritische Geographie setzt sich mit der Ontologie (Seinsweise) von Raum auseinander und kann zeigen, dass Raum in der politischen, sozialen, wirtschaftlichen und auch wissenschaftlichen Wirklichkeit in verschiedenen Zeiträumen immer wieder bestimmten Weltanschauungen diente. Mit diesen Ideologien veränderte sich auch die jeweilige Vorstellung davon, was als Raum verstanden wurde.

Reproduktionsfunktionen: Reproduktion bezeichnet in der Biologie die Fortpflanzung. Mit Reproduktionsfunktionen beschreibt die Frauen- und Geschlechterforschung alle Bemühungen, die im Zusammenhang mit Kindererziehung, Pflege und damit verbunden Arbeiten im Haushalt und in der Familie stehen.

Soziale Praxen: Unter sozialen Praxen versteht man gesellschaftliche Prozesse in Form von Interaktionen und Handlungen.

Suffragettenbewegung: Da die Frauen der ersten Frauenbewegung vordergründig das Wahlrecht für Frauen anstrebten, nannte man sie auch (meist abwertend) Suffragetten (suffrage bedeutet in engl./franz. = Wahlrecht).

Territorialität: Grundsätzlich bezeichnet der Begriff ‚Territorialität' die Zugehörigkeit einer Person oder Gruppe zu einem bestimmten staatlichen Territorium. In diesem Sinne ist Territorialität eng mit der sozialen Kategorie ‚Ethnie' verknüpft und damit wesentlicher Bestandteil von Ethnizität. Das Prinzip der Territorialität gesteht einer Ethnie bzw. einer Nation das Recht zu, den eigenen (Staats)Raum homogen zu gestalten und dafür für einschließende bzw. ausschließende Regeln zu formulieren.

Die Frauen- und Geschlechterforschung konzentriert sich im Allgemeinen nicht auf die Verbindung von Territorialität und Ethnie, sondern stellt das Verhältnis von Territorialität und Geschlecht in den Mittelpunkt. In diesem Sinne stehen Räume im Zentrum des Interesses, die auf Grund normativer gesellschaftlicher Zuschreibungen (eher) für Frauen bzw. (eher) für Männer vorgesehen sind und somit die jeweils andere Genus-Gruppe ausschließen. In der Regel ist Territorialität auch heteronormativ verstanden.

Theorie: Eine Theorie ist die Grundlage und Folge wissenschaftlichen Denkens und Forschens. Neue Erkenntnisse werden bis zur Widerlegung im Gedankengebäude einer Theorie thematisch und logisch systematisiert. Thematisch, weil sich alle Aussagen auf das gleiche Forschungsobjekt beziehen. Logisch, weil alle Aussagen den Regeln der Logik (z.B. Zirkelfreiheit, Widerspruchsfreiheit) nicht widersprechen dürfen. Theorien sind damit Zusammenfassung und Erklärung von Erkenntnissen und dienen gleichzeitig der Prognose von Phänomenen.

Universalismus: Universalien bilden die Basis des Universalismus. Diese sind im Allgemeinen kulturelle Elemente wie Handlungsmuster oder Verhaltensweisen, die in allen Gesellschaften vorkommen, da ihre Entstehung auf die Gattung Mensch zurückgeführt wird. Universalistische Konzepte in der Frauen- und Geschlechterforschung beschreiben in diesem Sinne gleiche soziale Eigenschaften von Frauen, die sich von denen der Männer unterscheiden. Damit setzen universalistische Konzepte voraus, dass alle Personen einer Gruppe (in diesem Fall Frauen oder Männer) gleiche Erfahrungen, Wünsche und Ziele besitzen. Kritiker des Universalismus bezweifeln dies und machen auf Heterogenitäten innerhalb der Gruppe ‚Frau' aufmerksam.

Eine andere Verwendung findet der Begriff ‚Universalismus' innerhalb der Frauen- und Geschlechterforschung im Hinblick auf universelle Menschen- bzw. Frauenrechte. Universalisten betonen die weltweite Gültigkeit der Menschrechte unabhängig von Geschlecht, Nation, Klasse, Ethnie und anderen sozialen Differenzierungsmerkmalen. Somit sind Diskriminierungen in jeglicher Hinsicht (in diesem Falle auf Grund des Geschlechts) durch keinerlei religiöse oder kulturelle Traditionen, Bräuche oder Sitten legitimierbar.

Sachindex

Androzentrismus 69, 133, 155
Aneignung 34, 130
Angstraum 28, 134, 135, 136, 137
Arbeitsmarktsegregation 97
Arbeitsmigrantin 113, 114, 117
Arbeitsteilung
– geschlechtsspezifische 89, 91, 102, 105, 106, 123, 126, 130, 131, 133, 157
– internationale 115
Arbeitsverhältnis, prekär 93, 97, 111, 115
Berufstätigkeit 22, 89, 90, 91, 115, 132, 157
Care economy 57, 105
Container 29, 30, 33, 34, 66, 76
Critical Geopolitics 178
Dekonstruktion, materielle 81
Demokratie 87, 107, 125, 139, 141, 145, 162, 182
Dequalifikation, Engl. de-skilling 111, 113
Diskriminierung 19, 22, 24, 47, 52, 54, 56, 58, 71, 108, 153, 185, 196
Diskurs
– analyse 56, 59, 61, 62, 63
– forschung 61, 62
Dominanzkultur 82
Dualismus 39, 70, 82, 85, 125, 139, 166
Emanzipation 57, 58, 108, 117, 123, 153
Entwicklungs
– politik 83, 191, 192, 194, 198, 202
– zusammenarbeit 180, 192, 196, 202
Erwerbsarbeit formelle, informelle 43, 89, 96, 99, 115, 132, 155, 159, 186
Essentialisierung (von Geschlecht) 55
Familienpolitik 153, 154, 155, 157, 159
Feminismus 19, 20, 24, 51, 57, 83, 84, 85, 88, 113, 131
Feministische politische Ökologie 185, 191, 201
Forschungspartnerschaft 55, 60
Frauen
– bewegung 21, 22, 23, 53, 85, 89, 126, 129, 130, 136, 139, 140, 141, 187, 194
– dekade 194
– handel 108, 117, 118, 119, 167
– politik 157, 194
– wahlrecht 140
Freie Exportzonen (FEZ) 120, 121, 122
Geographie
– feministische physische 82

– feministische politische 160, 161, 162
– postkoloniale 49, 55
Gender and development 192, 196, 202
Gender Development Index 184, 200
Gender Regime 139, 143, 149, 150, 151, 152, 154, 157, 158, 159, 160, 169, 180
Gender Studies 19, 20, 21, 26, 27, 28, 37, 61, 83, 182
Geschlechter
– arrangement 42, 44, 51, 75, 96, 105, 127, 132, 149, 151, 152, 158, 159, 160
– beziehungen 21, 38, 42, 131, 139, 149, 190, 197
– bilder 42, 89, 113, 143
– polaritäten 79
– rollen 22, 23, 63, 75, 89, 100, 102, 104, 108, 131, 132, 165, 181, 199
– segregation 151, 157
– stereotypen 70, 89, 151, 169
– verhältnis 25, 26, 28, 38, 61, 78, 83, 89, 105, 108, 110, 113, 114, 125, 127, 129, 132, 134, 137, 138, 158, 160, 163, 168, 192, 195, 196, 197, 198
Geschlechtsidentität 27, 45, 61, 62, 136, 162
Gesellschaftsordnung 52, 153
Gewalt / Gewaltformen 37, 73, 85, 119, 126, 129, 134, 161, 162, 164
– gegen Frauen 85, 116, 126, 129, 134, 135, 136, 162, 166, 167, 172, 174
– häusliche 162, 167
– legale 178
– militärische 166
– monopol 161, 178, 179
– sexuelle 167, 173, 174, 175, 190
– strukturelle 107
Gleichberechtigung 98, 152, 153, 154, 155, 159
Globalisierung 57, 85, 86, 87, 91, 106, 107, 109, 110, 112, 114, 120, 161, 176, 201, 204
Globalisierungs
– forschung 107, 109, 110, 122
– kritik 85, 107
Heiratsmigrantin 112, 113
Herrschaftsverhältnis 35, 71, 84, 108, 113, 124, 130, 145
Heteronormativität 24, 45, 48, 66, 76
Human Development Index 184
Humankapitaltheorie 97

Identität 34, 36, 42, 50, 51, 55, 61, 68, 69, 70, 74, 115, 176
- intersektionelle 56, 67
- männliche 44, 162, 179
- nationale 139, 146
Inszenierung 74, 75, 78
Intersektionalität 24, 33, 34, 35, 36, 51, 64, 65, 66, 203
Klasse 23, 24, 32, 34, 35, 50, 57, 60, 71, 105, 124, 129, 143, 153, 186, 191, 203
Konflikt
- bearbeitung 170
- beilegungsprozess 172, 173
- bewaffneter 147, 171, 173, 174, 175, 182
- forschung 166, 170
Konstruktionen, soziale/gesellschaftliche 21, 28, 30, 45, 69, 75, 80, 131, 135, 166
Konstruktivismus 27, 30, 42, 44, 113, 137, 138
Körper/Körperlichkeit 22, 24, 31, 33, 35, 38, 39, 40, 68, 69, 70, 71, 72, 73, 74, 75, 76, 77, 78, 82, 125, 146, 163, 177, 186
LGBT 44
Macht 51, 52, 55, 61, 62, 64, 67, 73, 77, 79, 80, 81, 113, 135, 137, 139, 145, 162, 165, 185, 194, 201
Machtverhältnisse 34, 51, 68, 71, 73, 82, 83, 116, 130
Machtgefälle 37, 58, 63, 131
Machtbeziehungen 55, 61, 76, 136, 138
Machtstrukturen 71, 82, 137
Männlichkeit 20, 21, 22, 23, 24, 25, 26, 37, 38, 40, 41, 42, 43, 44, 48, 63, 66, 70, 71, 74, 113, 128, 139, 143, 144, 145, 146, 147, 154, 156, 157, 160, 161, 162, 163, 164, 165, 166, 180, 182, 203
Menschenbild 81, 168
Migration, Feminisierung der 111, 112, 123
Militarismus 85, 146, 161, 165, 176
Mobilität, transnationale 112
Modernisierungstheorie 192
Nationalismus 51, 139, 165
Nation 143, 145, 146, 149, 163, 182
Nationalstaat 87, 89, 118, 139, 143, 160, 163, 164, 167, 169, 176, 177, 180, 182
Natur-Kultur-Dichotomie 79, 80
Natürlichkeit 61, 62, 70, 74
Naturwissenschaft- und Technikkritik, feministische 79, 80
Netzwerk, transnationales 112
Normen 19, 32, 33, 53, 54, 66, 69, 71, 74, 79, 89, 135, 136, 143, 150, 160
Geschlechternormen/Geschlechtsnormen 23, 26, 27, 37, 197, 203
Objektivität 59, 67
Objektivitätskritik 79, 80, 81
Öffentlichkeit/ öffentlicher Raum 83, 108, 124, 125, 129, 131, 132, 138, 141, 148, 160, 165, 170, 172
Ökofeminismus 83, 84, 85, 88
Ökologie, soziale 83, 84
Ökologiebewegung 84
Performanz 73, 74, 75, 76, 77, 78
Positionalität 81
Post-development 198, 201
Postkolonial/ Postkolonialismus 49, 50, 51, 53, 56
Poststrukturalismus 27, 79
Privatheit/ privater Raum 124, 125, 129, 132, 138, 151, 160
Produktion 31, 51, 55, 57, 77, 81, 98, 99, 101, 114, 124, 153, 157, 158
Queer spaces 49
Queer Studies 21, 24, 44, 45, 46, 48, 58, 59
Räumlichkeit 31, 51, 61, 63, 66, 70, 77, 180
Reflexion 35, 60, 63, 64, 69, 77, 98, 162
Repräsentation 66, 75, 137, 141
Reproduktion 55, 82, 85, 89, 90, 98, 99, 100, 106, 115, 124, 125, 128, 134, 139, 158, 166
Reproduktionsarbeit 89, 106, 115
Ressourcen
- verteilung 35, 71, 141, 143, 188, 189, 194
- zugang 88, 185, 186, 187, 201
Sicherheitsdiskurs 134, 161, 163, 177
Sicherheitsforschung 165, 178
Sonderwirtschaftszonen (SEZ) 108, 120, 121, 122, 123, 180, 188
Subjekt/ Subjektpositionen 36, 45, 74, 76
Symbolsystem 139, 143
Teilzeitbeschäftigung 89, 96, 100
Territorialität 139
Theorie, postkoloniale 49, 56, 57, 109
Vergewaltigung 136, 164, 165, 167, 173, 174, 175
Reproduktionsarbeit 89, 106, 115
Versorgungsarbeit 104, 110, 115
Visuelle Methoden 59, 63
Weiblichkeit 20, 21, 22, 23, 25, 26, 37, 40, 41, 42, 44, 48, 51, 63, 66, 70, 93, 105, 108, 113, 123, 128, 139, 143, 145, 146, 147, 154, 156, 160, 161, 162, 163, 165, 166, 180, 182, 203
Weltbild 70, 168
Weltmarkt 108, 120, 121, 122
Wissensproduktion 55, 79, 81, 82, 83
Women in Development 192, 194
Zuschreibung 23, 26, 30, 38, 50, 63, 69, 70, 71, 73, 82, 93, 102, 106, 116, 132, 136, 163, 165
Zuschreibungsprozesse 70, 71, 102, 106
Zweigeschlechtlichkeit 21, 23, 24, 25, 26, 27, 44, 45, 46, 62, 66, 77, 109, 125, 135

Personenindex

Abdo, Nahla 148
Achilles, Nancy 46
Agnew, John 169
Althoff, Martina 59
Andall, Jaqueline 116
Anderson, Bridget 116
Anzaldúa, Gloria 33
Aristoteles 29, 38, 39
Aufhauser, Elisabeth 93, 110, 113
Bächli, Karin 14
Bachmann-Medick, Doris 50
Bacons, Francis 80
Baghdadi, Nadia 60, 111, 113
Barnevik, Percy N. 86
Bartels, Ulrike 197
Bäschlin, Elisabeth 14, 101
Batschneider, Tordis 162
Bauriedl, Sybille 48, 75, 82
Baylina, Mireia 97
Bebel, August 152, 157
Becher, Catrin 192
Beck, Ulrich 155
Becker, Ruth 136, 137
Becker-Schmidt, Regina 23, 81
Bell, David 42, 43, 46, 48, 90
Benhabib, Seyla 141
Bereswill, Mechthild 37
Berg, Lawrence D. 41, 42
Berndt, Christian 90
Betzelt, Sigrid 150
Bhabha, Homi 50, 52, 56
Bhaskaran, Suparna 50
Biemann, Ursula 121
Bieri, Sabin 128, 129, 130, 131, 192, 196
Binnie, Jon 48
Binswanger, Christa 203
Birckenbach, Hanne-Margret 170
Blassnig, Esther 120
Bliss, Frank 194
Bock, Gisela 115
Bookchin, Murray 84
Boserup, Ester 109, 192
Bourdieu, Pierre 71
Brodocz, André 144
Bruns, Claudia 145
Brutschin, Jeannine 108
Büchler, Bettina 36, 48
Bühler, Elisabeth 10, 13, 14, 59, 96
Bühler, Grit 153, 155, 157
Burgermeister, Nicole 145, 146ff.

Burkhard, Susanne 196
Butler, Judith 18, 24, 25, 26, 46, 48, 61, 62, 70, 73, 74, 75, 76, 81, 82
Caixeta, Luzenir 115
Campbell, Hugh 42
Carson, Rachel 84
Cassarino, Jean-Pierre 112
Castells, Manuel 46, 134
Castoriadis, Cornelius 145
Cockburn, Cynthia 96, 165
Cohn, Carol 163
Connell, Robert W. 38
Constable, Nicole 118
Coutras, Jaqueline 131
Coy, Martin 192
Crenshaw, Kimberlé 34
Crompton, Rosemarie 150
Curry, Leslie 41
Dalby, Simon 161, 177, 178
Daly, Mark 150
Dankwa, Serena 44
Davis, Kathy 34
De Beauvoir, Simone 22, 27
De Lauretis, Teresa 36, 45
De Pizan, Christine 168
Deere, Carmen D. 109
Degele, Nina 34, 35, 64, 65, 71, 72
Der Derian, James 176
Derrida, Jacques 27, 61
Dhawan, Nikita 56
Diemer, Susanne 155, 157
Dietzsch, Ina 154
Dittmer, Cordula 194
Do Mar Castro, María 56
Dodds, Klaus 177
Dölling, Irene 154, 155, 158, 159
Dreyfus, Hubert L. 77
Droth, Wolfgang 126
Duden, Barbara 115
Dumont, Jean-Christophe 112
Ebadi, Schirin 178
Echarte Fuentes-Kiefer, Rita 108
Eifler, Christine 164
Eisner, Manuel 135
Elshtain, Jean B. 162, 169
Engelbrech, Gerhard 96
Engels, Friedrich 152, 153, 157
England, Kim 96
Enloe, Cynthia 165
Esping-Andersen, Gøsta 150

PERSONENINDEX

Fagnani, Jeanne 131
Fassmann, Heinz 90
Felber Rufer, Patricia 64
Fernández-Kelly, Maria P. 109
Fiechter, Ursula 108, 119
Fleischmann, Katharina 13, 14
Foucault, Michel 27, 61, 62, 73, 77
Fourastié, Jean 90
Fox Keller, Evelyn 79, 80
Fraser, Nancy 58, 150
Fredrich, Bettina 178, 181
Fuchs, Martina 90
Gad, Gunter 96
Galtung, Johan 107
Gamerith, Werner 28
Garfinkel, Harold 25
Gather, Claudia 105
Gerodetti, Natalia 128, 129
Gilbert, Anne-Françoise 31
Gildemeister, Regine 26
Glasze, Georg 59, 61
Goffman, Erving 25
Goldstein, Joshua S. 169
Gorman-Murry, Andrew 43
Gottschall, Karin 102
Graham Davies, Sharyn 44
Gregory, Derek 61
Gregson, Nicky 76
Grosz, Elizabeth 71
Groult, Benoîte 140
Grown, Caren 195
Grünert, Holle 99
Gümen, Sedef 110
Habermas, Jürgen 125
Hagemann, Karen 164
Hagemann-White, Carol 22
Hägerstrand, Torsten 31
Haggett, Peter 9
Haidinger, Bettina 115
Halberstam, Judith 45
Hall, Peter 150
Hall, Stuart 50
Hannah, Matthew G. 163
Hänny, Ursula 108
Hansen, Ellen 108
Hanson, Susan 36
Haraway, Donna 69, 79, 81, 82
Harders, Cilja 162, 164, 165, 166, 167, 168
Harding, Sandra 79, 196
Hark, Sabine 45, 46, 61
Harry, Joseph 46
Hausen, Karin 79, 124
Heintz, Bettina 96
Hentschel, Gitti 167
Herzig, Pascale 36
Hess, Sabine 108
Hettner, Alfred 29
Hildebrandt, Karin 153, 154

Hillmann, Felicitas 110
Hines, Colin 86
Hirschauer, Stefan 131
Hobbes, Thomas 164, 176
Holland-Cunz, Barbara 145
Holst, Elke 11
Honegger, Claudia 23
Honneth, Axel 58
Hooks, Bell 33
Hoppe, Hella 115
Horn, Ina 145
Hörschelmann, Kathrin 37, 40
Hradil, Stefan 155
Hubic, Meliha 165
Hull, Gloria T. 33
Hungerbühler, Andrea 41
Hyam, Ronald 50
Hyndman, Jennifer 161
Ingram, Alan 177
Irigaray, Luce 27
Jackson, Peter 42
Jagose, Annamarie 45
Jensen, Hans J. 110
Johnston, Linda 42, 48
Jurczyk, Karin 102
Karrer, Cristina 119
Kerner, Ina 51
Kieffer, Rita 113
King, Ynestra 84
Klagge, Britta 90, 93, 97
Klaus, Elisabeth 125
Klauser, Francisco R. 136
Klein, Uta 149
Klinger, Cornelia 24, 34
Knapp, Gudrun-Axeli 20, 23, 34, 81
Kobayashi, Audrey 36
Kofman, Eleonore 110, 141
Koskela, Hille 135, 137
Kreisky, Eva 143, 144, 145
Krippendorff, Ekkehart 166
Kristeva, Julia 27
Kühne, Thomas 169
Kutschinske, Karin 137
Kuus, Merje 169
Lacan, Jacques 27
Lang, Sabine 141
Lanz, Anni 108
Le Breton, Maritza 108, 117, 118, 119
Lenin, Wladimir I. U. 152, 153, 157
Lenz, Claudia 145
Lewis, Jane 150,
Liebig, Thomas 112
Liepins, Ruth 43
Lim, Linda Y.C. 109
List, Elisabeth 71
Locke, John 141
Longhurst, Robin 41, 42, 43, 44, 68, 70, 74
Lossau, Julia 55, 58

Lutz, Burkart 99
Lutz, Helma 105, 110, 113, 115, 117
Maathai, Wangari 178
MacRae, Heather 150, 151
Maihofer, Andrea 69
Malecek, Sabine 48
Martschukat, Jürgen 37
Marx, Karl 58, 152, 153, 157
Massey, Doreen 31, 43, 48, 74, 82
Mattingly, Doreen J. 108
Mattissek, Annika 59, 61, 62
Mayer, Heike 93
Mayer, Tamar 164, 165
McCall, Leslie 34
McClintock, Anne 50
McDowell, Linda 42, 48, 59, 74, 114
Meier Kruker, Verena 59, 60, 90, 96, 136
Meier, Verena 40, 60, 93, 122
Menchú Tum, Rigoberta 178
Menon, Roshni 192
Merchant, Carolin 79, 80
Merleau-Ponty, Maurice 70, 71, 76
Meusburger, Peter 90
Meuser, Michael 37
Meyer-Hanschen, Ulrike 13, 14
Mies, Maria 59, 83, 84, 86
Mignolo, Walter 52
Mohanty, Chandra T. 51, 194, 202
Momsen, Janet 192, 195, 197, 204
Monk, Janice 192
Mordt, Gabriele 162
Morrison, Andrew R. 110
Mortimer-Sandilands, Catriona 191
Mose, Jörg 68
Moser, Annalise 196
Moser, Caroline 194, 196
Moss, Pamela 59
Mosse, George L. 42, 146
Murphy, Karen 46
Nassehi, Armin 51
Nast, Heidi J. 68
Nautz, Jürgen 108, 119
Newton, Isaac 29
Nickel, Hildegard M. 157
Nieberg, Holger 104
Niesner, Elvira 119
Nietzsche, Friedrich 176
Nowotny, Helga 79
Orloff, Ann S. 150
Orthofer, Maria 114
Oster, Martina 104
Ostner, Ilona 150
Otremba, Erich 29
Pain, Rachel 167
Pascall, Gillian 150
Pateman, Carol 143
Peake, Linda J. 36, 141
Pfaffenbach, Carmella 59, 61, 62, 96
Pfeiffer, Christian 134

Phillips, Richard 50
Phizacklea, Annie 116
Pile, Steve 68
Pope, Harrison G. 72
Pott, Andreas 68
Pratt, Geraldine 36, 106
Premchander, Smita 192
Prokes, Mary T. 73
Puar, Jasbir K. 47
Quinn, Ammicht 73
Rabinow, Paul 77
Raghuram, Parvati 110
Raju, Saraswati 50
Rake, Katharine 150
Randeria, Shalini 91, 109
Ratzel, Friedrich 29
Rauh, Jürgen 59
Reuber, Paul 59, 61, 62
Riaño, Yvonne 60, 111, 113
Richter, Marina 36, 113
Rocheleau, Dianne 186
Romani, Pierpaolo 119
Romero, Ana T. 120
Rose, Gillian 31, 63, 64, 70, 76, 77
Rosenfeld, Rachel A. 157
Ross, Bettina 164, 169
Rousseau, Jean-Jacques 141, 143, 144
Ruddick, Sue 36
Ruhne, Renate 135, 136
Ruppert, Uta 169
Said, Edward 50, 56
Sailer, Kerstin 134
Sainsbury, Diane 150
Samarasinghe, Vidya 115
San Suu Kyi, Aung 178
Sassen, Saskia 91, 109, 114
Sauer, Birgit 108, 119, 143
Saunders, Kriemild 134, 200
Schaal, Gary S. 144
Schaeffer-Hegel, Barbara 139
Scheich, Elvira 79
Scheller, Andrea 32
Schier, Michaela 93, 97, 102
Schlottmann, Antje 61
Schmidt, Heinz G. 108
Schreyögg, Friedel 135
Schröder, Anke 132
Schupp, Jürgen 115
Schurr, Carolin 51, 52ff., 112, 200
Schurtz, Heinrich 144
Schütz, Alfred 33
Seager, Joni 10, 11, 59, 121, 185, 200
Segal, Edwin S. 44
Sen, Gita 195
Seppelt, Jana 86
Shehada, Nahda Y. 148, 149
Shiva, Vandana 83, 86
Shrestha, Nanda 200
Silliman, Jael M. 84

Sinha, Mrinalini 51
Smith, Glendon D. 43
Sobiech, Gabriele 72
Sommers, Jeff 43
Soskice, David 150
Spiegel, Erika 126
Spivak, Gayatri C. 50, 51, 56, 58
Staeheli, Lynn A. 140
Stieglitz, Olaf 37
Stolt, Susanne 158
Stolz, Miriam 112
Ströh, Christiane 53
Strüver, Anke 48, 69, 71, 73, 77
Terlinden, Ulla 133, 134
Theweleit, Klaus 162
Thiessen, Barbara 85
Thrift, Nigel 68, 74
Thürmer-Rohr, Christiana 166
Tickner, Judith A. 168
Trappe, Heike 157
Trotz, Alissa D. 36
Tschannen, Pia 115
Tuathail, Gearoid 169
Uchatius, Wolfgang 117
Valentine, Gill 36, 42, 43, 46, 48, 55, 76, 167
Van Hoven, Bettina 37, 40, 96
Van Stralt, Jan 40
Vega, Silvia 53
Visvanathan, Nalini 192
Von Braunmühl, Claudia 180, 196
Von Streit, Anne 48, 93
Von Werlhof, Claudia 109, 110
Walby, Sylvia 150

Walgenbach, Katharina 34
Ward, Kathryn B. 109
Wardenga, Ute 29
Wasmuth, Ulrike 164, 165, 166
Wastl-Walter, Doris 40, 59, 101, 145, 187
Watson, Sophie 46
Weaver, Ole 180
Weber, Jutta 81
Weichhart, Peter 14, 29, 68
Weisshaupt, Brigitte 163
Werlen, Benno 29, 32, 33, 68
West, Candace 25
Wetterer, Angelika 20, 26, 34, 96
Wetzels, Peter 134
Wicherich, Christa 107, 120
Wick, Ingeborg 121, 122
Williams, Jody 178
Winchester, Hilary P.M. 43
Winker, Gabriele 34, 35, 64, 65, 71, 72
Wintzer, Jeannine 126f.
Wirth, Eugen 29
Woodward, Rachel 42, 43
Wucherpfennig, Claudia 14
Wyssmüller, Chantal 113
Young, Brigitte 115
Young, Iris M. 164
Young, Robert J.C. 50
Yuval-Davis, Nira 34
Zajovic, Stasa 167
Zecheru, Albert 86
Zetkin, Clara 153
Zibell, Barbara 132
Zimmermann, Don H. 25

Peter Weichhart
Entwicklungslinien der Sozialgeographie
Von Hans Bobek bis Benno Werlen

Sozialgeographie kompakt – Band 1

439 Seiten mit 84 Abbildungen. Kart.
ISBN 978-3-515-08798-8

Peter Weichhart skizziert mit vielen Beispielen aus der Forschung die verschiedenen sozialgeographischen Ansätze von der Begründung der Sozialgeographie durch Hans Bobek in den 1940er Jahren über die Wien-Münchener-Schule zur handlungstheoretischen Sozialgeographie Benno Werlens. Auch poststrukturalistische Ansätze und die Neue Kulturgeographie werden als jüngste Entwicklungslinien des Faches diskutiert.

Das mit reichhaltigem Anschauungsmaterial ausgestattete Lehrbuch stellt so in prägnanter Form die wichtigsten Konzepte und Denkmodelle der Sozialgeographie vor und bietet Studierenden eine übersichtliche Einführung in Entwicklung und neue Forschungsansätze der Disziplin.

AUS DEM INHALT

Sozialgeographie zwischen Anspruch und Wirklichkeit: ein erster Befund → Die Begründung der Sozialgeographie durch Hans Bobek → Die „Wien-Münchener Schule der Sozialgeographie" → Sozialgeographie – eine „Neuerfindung" der Soziologie durch Geographen? → Raum, Räumlichkeit, die „drei Welten" und der Zusammenhang zwischen Sinn und Materie → Der Aufbruch der Sozialgeographie im englischen Sprachraum → Perspektiven und Entwicklungslinien der Sozialgeographie – eine erste Übersicht → Die klassische Sozialraumanalyse → Mikroanalytische Ansätze I: „Wahrnehmungsgeographie" → Mikroanalytische Ansätze II: handlungsorientierte Sozialgeographie → Der Poststrukturalismus und die „Neue Kulturgeographie" → Sozialgeographie – quo vadis?

Franz Steiner Verlag

Geographie

Postfach 101061, 70009 Stuttgart
www.steiner-verlag.de
service@steiner-verlag.de